高等学校计算机专业核心课
名师精品·系列教材

数字电路与逻辑设计

实验指导与习题解析

——基于虚拟仿真实验

赵贻竹 何云峰 于俊清 编著

EXPERIMENTS AND EXERCISES
GUIDE FOR DIGITAL CIRCUIT
AND LOGIC DESIGN

人民邮电出版社

北京

图书在版编目（CIP）数据

数字电路与逻辑设计实验指导与习题解析：基于虚
拟仿真实验 / 赵贻竹，何云峰，于俊清编著. -- 北京：
人民邮电出版社，2025. --（高等学校计算机专业核心课
名师精品系列教材）. -- ISBN 978-7-115-65838-8

Ⅰ. TN79-33

中国国家版本馆 CIP 数据核字第 2025J4Z393 号

内 容 提 要

本书是《数字电路与逻辑设计（微课版）》（ISBN 978-7-115-61568-8）一书配套的实验指导与习题解析参考书，内容紧跟微电子产业和计算机硬件产业的发展现状和技术前沿，注重基础性、高阶性、创新性和挑战性的结合。全书共 6 章，主要内容包括常用集成电路芯片、组合逻辑电路、时序逻辑电路、数字系统设计、课后习题答案与解析、虚拟仿真实验平台简介。

本书可作为高等学校"数字电路与逻辑设计"课程的实验教材，也可作为数字集成电路设计相关专业人员实践能力培养的参考书。

◆ 编　著　赵贻竹　何云峰　于俊清
　　责任编辑　许金霞
　　责任印制　胡　南
◆ 人民邮电出版社出版发行　　北京市丰台区成寿寺路 11 号
　　邮编　100164　　电子邮件　315@ptpress.com.cn
　　网址　https://www.ptpress.com.cn
　　三河市君旺印务有限公司印刷
◆ 开本：787×1092　1/16
　　印张：13.25　　　　　　　　　　2025 年 4 月第 1 版
　　字数：355 千字　　　　　　　　2025 年 4 月河北第 1 次印刷

定价：56.00 元

读者服务热线：（010）81055256　印装质量热线：（010）81055316
反盗版热线：（010）81055315

数字电路与逻辑设计是信息学科各专业必修的一门专业基础课，是计算机类专业系统能力培养课程体系中的首门硬件课程。而数字电路与逻辑设计实践课程是理论课程的重要组成部分，本书通过实验，理论联系实际，巩固理论课程所学的内容，提升教学效果，培养读者的实践能力和创新能力。同时，数字电路与逻辑设计实践课程也是硬件系列实践课程的重要基础环节之一，本书通过实践环节，培养读者硬件思维和数字逻辑能力，为后续相关课程提供必要的理论知识和实践能力。

为了满足本科工程教育专业认证的要求，培养具备综合实践能力的工程技术人才，编者从课程目标出发，结合长期的教学实践和教学改革成果，重点解决实验课程普遍存在的缺乏工程实践训练、缺乏大局观、系统观和设计观的问题，编写了本书。

本书特色如下。

（1）实验内容全面，涵盖理论教材中的小规模和中规模数字电路的分析与设计方法，如下图所示，包括常用集成电路芯片的测试、仿真和验证，组合逻辑电路设计，时序逻辑电路设计，以及相对复杂、综合性较强的小型数字系统实验等。

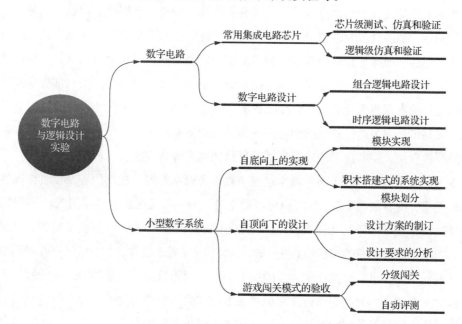

（2）常用集成电路芯片实验包括逻辑级仿真、验证实验，以及芯片级测试、仿真和验证实验。逻辑级仿真和验证是指用 Logisim 软件进行仿真和验证，这里仅仅是按照设计思路进行逻辑仿真，验证电路设计结果是否正确。芯片级验证则是指采用自主研发的虚拟实验平台进行芯片测试、电路仿真和验证，模拟实验箱的实验过程，用导线连接芯片，然后进行芯片测试、电路的仿真和验证。模拟工程中实际可能发生的错误，如芯片损坏、导线连接不正确等，引导读者学习排查电路错误的方法，以提高读者的工程实践能力。

（3）为了在小型数字系统实验中避免读者按照提示完成整个实验过程，对于整个系统的整体设计原理和方法缺乏理解的问题，本书采用搭建电子积木的方式，引导读者自顶向下根据设计要求进行分析，制订设计方案，确定各模块的划分；接着从小的模块开始，构建一个个电路并封装，类似制造电子积木的积木块；最后将这些积木块搭建拼接，从而实现小型数字系统的设计。在整个过程中，读者可以从大局入手，合理规划；从小处着手，由易到难，最终完成整个系统。

（4）本书适用本地和在线实践（头歌智慧实践教学平台）两种虚拟仿真实验方式，均采用游戏闯关的模式，并提供自动评测功能。完成全部关卡后实验通过；如果没有完成全部关卡，则根据实际工作量进行评价。这样可以解决实验课程中依赖教师检查、工作量大、费时又费力的问题，也为读者自主学习和自主实验提供支持。

本书是《数字电路与逻辑设计（微课版）》的配套教学参考书，也可以作为数字集成电路设计相关专业人员实践能力培养的参考书。全书分为 3 部分，共 6 章。第一部分包括第 1～3 章。第 1 章常用集成电路芯片实验，帮助读者通过虚拟平台、Logisim 软件搭建和验证简单的数字电路，掌握芯片测试、电路搭建和实验记录的基本过程和方法。第 2 章和第 3 章从常用的数字电路设计着手，通过电路设计、仿真和验证等训练过程，帮助读者掌握简单数字电路的设计和仿真过程。第一部分可以作为理论课程课中、课后的练习，与教学过程相配合，加深读者对电路分析和设计过程的理解。第二部分即第 4 章，这里提供了多个具备实用性、趣味性且综合性较强的实际应用电路实例，引导读者从电路的设计要求出发，设计总体方案，确定各个子模块电路功能，最终完成电路设计。第二部分实验可以选作课程实验或者课程设计的内容。第三部分包括第 5～6 章。第 5 章为配套教材课后习题的参考答案与解析，为理论课程的学习提供帮助。第 6 章对本书中使用的虚拟仿真实验平台进行简要的介绍，帮助读者快速掌握实验平台的基本操作方法。

本书实验众多，内容丰富，教学过程中教师可根据课时、教学内容及读者情况有针对性地选择部分内容展开实验，读者也可以根据自己的学习情况自主选择实验。一般情况下，实验课时设计为 12 课时、16 课时作为一周或两周的课程。对于 12 课时实验课，可根据学习内容和学情在前 3 章的实验中各选一个；对于 16 课时实验课，可根据学习内容和学情选择前 3 章的实验，也可以选择第 4 章的一个实验；课程设计建议选择第 4 章的数字系统设计实验。本书适合作为高等学校计算机相关专业"数字电路与逻辑设计""数字电路""数字电路系统"等课程的实验教材，也可供相关工程技术人员参考。

本书由赵贻竹、何云峰、于俊清编写，其中第 1 章、第 5 章由何云峰编写，第 2～4 章由赵贻竹编写，第 6 章由于俊清编写。参与本书编写的还有王跃嵩、宋子凯等。

限于编者水平，书中疏漏之处在所难免，敬请各位读者给予批评指正。

编者

2025 年 4 月

CONTENTS **目录**

第一部分

第1章　常用集成电路芯片　1

1.1　常用集成门电路芯片　1
1.1.1　实验目的　1
1.1.2　背景知识　1
1.1.3　实验平台及元器件　2
1.1.4　实验内容　2
1.1.5　实验思考　4

1.2　集成 D 触发器芯片 74LS273　4
1.2.1　实验目的　4
1.2.2　背景知识　5
1.2.3　实验平台及元器件　5
1.2.4　实验内容　5
1.2.5　实验思考　7

1.3　译码器芯片 74LS138　7
1.3.1　实验目的　7
1.3.2　背景知识　7
1.3.3　实验平台及元器件　8
1.3.4　实验内容　8
1.3.5　实验思考　10

1.4　多路选择器芯片 74LS157　10
1.4.1　实验目的　10
1.4.2　背景知识　10
1.4.3　实验平台及元器件　10
1.4.4　实验原理　11
1.4.5　实验内容　11
1.4.6　实验思考　13

1.5　4 位二进制并行加法器 74283　13

1.5.1　实验目的　13
1.5.2　背景知识　13
1.5.3　实验平台及元器件　14
1.5.4　实验内容　14
1.5.5　实验思考　15

1.6　集成计数器　15
1.6.1　实验目的　15
1.6.2　背景知识　15
1.6.3　实验平台及元器件　17
1.6.4　实验内容　18
1.6.5　实验思考　21

1.7　集成寄存器芯片 74194　21
1.7.1　实验目的　21
1.7.2　背景知识　21
1.7.3　实验平台及元器件　22
1.7.4　实验内容　22
1.7.5　实验思考　24

第2章　组合逻辑电路　25

2.1　代码转换电路　25
2.1.1　实验目的　25
2.1.2　实验平台及相关电路文件　25
2.1.3　实验内容　25
2.1.4　实验原理　26
2.1.5　实验思考　26

2.2　多人投票电路　26
2.2.1　实验目的　26
2.2.2　实验平台及相关电路文件　27
2.2.3　实验内容　27

2.2.4 实验原理 29
2.2.5 实验思考 30

2.3 血型配对电路 30
2.3.1 实验目的 30
2.3.2 实验平台及相关电路文件 30
2.3.3 实验内容 30
2.3.4 实验原理 31
2.3.5 实验思考 32

2.4 加/减可控电路 32
2.4.1 实验目的 32
2.4.2 实验平台及相关电路文件 32
2.4.3 实验内容 32
2.4.4 实验原理 35
2.4.5 实验思考 36

2.5 4 位二进制并行加法器 36
2.5.1 实验目的 36
2.5.2 实验平台及相关电路文件 37
2.5.3 实验内容 37
2.5.4 实验原理 40
2.5.5 实验思考 40

2.6 译码器 40
2.6.1 实验目的 40
2.6.2 实验平台及相关电路文件 40
2.6.3 实验内容 40
2.6.4 实验原理 43
2.6.5 实验思考 45

2.7 多路选择器 45
2.7.1 实验目的 45
2.7.2 实验平台及相关电路文件 45
2.7.3 实验内容 45
2.7.4 实验原理 48

2.7.5 实验思考 50

2.8 比较器 50
2.8.1 实验目的 50
2.8.2 实验平台及相关电路文件 50
2.8.3 实验内容 50
2.8.4 实验原理 53
2.8.5 实验思考 54

2.9 编码器 54
2.9.1 实验目的 54
2.9.2 实验平台及相关电路文件 54
2.9.3 实验内容 54
2.9.4 实验原理 56
2.9.5 实验思考 56

第3章 时序逻辑电路 57

3.1 同步计数器 57
3.1.1 实验目的 57
3.1.2 实验平台及相关电路文件 57
3.1.3 实验内容 57
3.1.4 实验原理 59
3.1.5 实验思考 60

3.2 异步计数器 61
3.2.1 实验目的 61
3.2.2 实验平台及相关电路文件 61
3.2.3 实验内容 61
3.2.4 实验原理 63
3.2.5 实验思考 66

3.3 同步序列检测器 66
3.3.1 实验目的 66
3.3.2 实验平台及相关电路文件 66
3.3.3 实验内容 67

CONTENTS 目录

3.3.4　实验原理　67
3.3.5　实验思考　69

3.4　异步序列检测器　69
3.4.1　实验目的　69
3.4.2　实验平台及相关电路文件　69
3.4.3　实验内容　70
3.4.4　实验原理　70
3.4.5　实验思考　72

3.5　代码检测器　72
3.5.1　实验目的　72
3.5.2　实验平台及相关电路文件　72
3.5.3　实验内容　72
3.5.4　实验原理　73
3.5.5　实验思考　75

3.6　移位寄存器　75
3.6.1　实验目的　75
3.6.2　实验平台及相关电路文件　76
3.6.3　实验内容　76
3.6.4　实验原理　78
3.6.5　实验思考　79

3.7　篮球 30 s 倒计时电路　79
3.7.1　实验目的　79
3.7.2　实验平台及相关电路文件　79
3.7.3　实验内容　79
3.7.4　实验原理　81
3.7.5　实验思考　82

3.8　自动售货机　82
3.8.1　实验目的　82
3.8.2　实验平台及相关电路文件　82
3.8.3　实验内容　82

3.8.4　实验原理　83
3.8.5　实验思考　84

第二部分

第4章　数字系统设计　85

4.1　交通灯控制系统设计　85
4.1.1　实验目的　85
4.1.2　实验平台及相关电路文件　85
4.1.3　实验内容　85
4.1.4　实验原理　91
4.1.5　实验思考　99

4.2　运动码表　99
4.2.1　实验目的　99
4.2.2　实验平台及相关电路文件　99
4.2.3　实验内容　99
4.2.4　实验原理　106
4.2.5　实验思考　109

4.3　多功能电子钟　109
4.3.1　实验目的　109
4.3.2　实验平台及相关电路文件　110
4.3.3　实验内容　110
4.3.4　实验原理　120
4.3.5　实验思考　123

4.4　汽车尾灯控制电路　123
4.4.1　实验目的　123
4.4.2　实验平台及相关电路文件　123
4.4.3　实验内容　123
4.4.4　实验原理　125
4.4.5　实验思考　126

目录 CONTENTS

第三部分

第5章　课后习题答案与解析　127

5.1　第 1 章习题解析　127

5.2　第 2 章习题解析　129

5.3　第 3 章习题解析　139

5.4　第 4 章习题解析　140

5.5　第 5 章习题解析　156

5.6　第 6 章习题解析　161

5.7　第 7 章习题解析　184

5.8　第 8 章习题解析　187

5.9　第 9 章习题解析　188

第6章　虚拟仿真实验平台简介　189

6.1　Logisim 软件　189

6.1.1　Logisim 软件的安装和
　　　 使用　189

6.1.2　Logisim 软件常用组件　190

6.1.3　使用 Logisim 软件搭建
　　　 电路　192

6.1.4　组合逻辑电路的自动
　　　 生成　193

6.1.5　电路中线路的状态　194

6.1.6　电路仿真　194

6.1.7　电路封装和调用　195

6.1.8　常见问题　195

6.2　数字电路虚拟实验平台　197

6.2.1　新手上路　197

6.2.2　首次运行　197

6.2.3　搭建平台和器件　198

6.2.4　添加线路　199

6.2.5　添加标签　200

6.2.6　仿真测试　200

6.2.7　常见问题　201

6.3　头歌实践教学平台　201

6.3.1　使用步骤　202

6.3.2　借助 Excel 设计状态转换
　　　 组合逻辑电路　202

6.3.3　常见问题　203

第一部分

第 1 章
常用集成电路芯片

集成电路芯片是实现中小规模数字电路的基础。本章通过介绍常用集成电路芯片，以及使用这些芯片进行仿真和功能测试，培养读者实验操作、数据记录和数据处理等实验技能，加深读者对同类集成电路芯片的理解和认识，提高读者的工程素养。

1.1 常用集成门电路芯片

1.1.1 实验目的

通过对集成门电路芯片的测试、电路仿真、功能验证等训练，读者将了解数字电路虚拟实验平台和 Logisim 软件的功能和使用方法，以及集成门电路芯片的功能测试和使用过程。

通过 Logisim 软件，读者可观察组合逻辑电路的险象，了解险象对电路的危害，掌握组合逻辑电路险象的分析和消除方法。

1.1.2 背景知识

1. 集成门电路芯片

集成门电路芯片主要分为 TTL 集成门电路芯片和 CMOS 集成门电路芯片两种类型，包括与门、非门、或门、与非门、或非门等。同种类的 TTL 集成门电路芯片和 CMOS 集成门电路芯片在功能上是完全一样的，只是由于使用的半导体材料不同，在性能参数上略有不同。

大多数简单的集成门电路芯片有 14 个引脚，包含 2~4 个同种类的逻辑门。例如，与非门芯片 74LS00 的引脚排列如图 1.1 所示，7 号引脚接地，14 号引脚接电源，集成了 4 个两输入与非门。

可以使用简单的集成门电路芯片实现组合逻辑电路功能，为了使电路达到最简，通常将电路的输出函数表达式转换成同类型逻辑门的结构，这样可以有效地减少使用集成门电路芯片的数目，从而使电路达到最简。

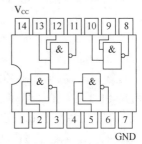

图 1.1 与非门芯片 74LS00 的引脚排列

2. 险象

在组合逻辑电路中，险象是指由于逻辑门和导线的延时，电路的输出端产生不应有的尖脉冲，暂时地破坏正常逻辑关系的现象。由于险象是一种瞬态现象，在 Logisim 软件中不能直接观察到，需要利用触发器或者计数器进行观察。例如，为了观察险象，在电路的输出端增加一个上升沿触发的 D 触发器，触发器的输入 D 端与触发器输出 $\overline{Q}$ 相连，时钟端与电路输出端相连。当电路输出端没有改变而触发器的状态发生了改变时，说明输出端有一个上升沿跳变产生，即出现了险象。

关于险象的详细说明，读者可以参阅配套教材 4.6 节。

1.1.3 实验平台及元器件

实验平台及元器件如表 1.1 所示。

表 1.1 实验平台及元器件

实验平台	元器件
数字电路虚拟实验平台	二输入四与非门芯片 74LS00
Logisim 软件	与非门、D 触发器

1.1.4 实验内容

用数字电路虚拟实验平台和 Logisim 软件实现图 1.2 所示的组合逻辑电路的仿真和测试。

实验具体内容如下。

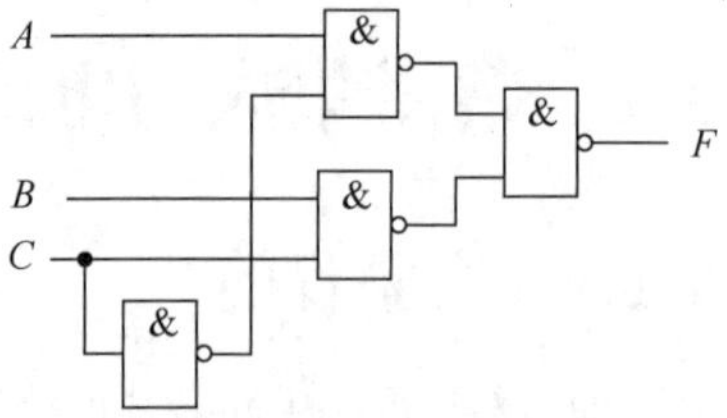

1. 在数字电路虚拟实验平台中测试芯片

根据给出的电路图进行分析，该电路有 3 个输入 A、B 和 C，1 个输出 F，使用了 4 个与非门，其中有 3 个两输入与非门、1 个单输入与非门（等同于非门）。因此，在数字电路虚拟实验平台中仿真该电路需要使用 1 个 74LS00 芯片。

图 1.2 组合逻辑电路

（1）打开数字电路虚拟实验平台，开始布局。在画布中部署 1 个包含 14 个引脚的接插单元、1 对电源引脚、3 个手动输入开关和 1 个输出指示灯，如图 1.3 所示。

（2）装配芯片。在芯片单元中，找到二输入四与非门芯片 74LS00，双击选择芯片，在画布中将选择的芯片安装到接插单元 IC-01 中，完成芯片装配操作。

（3）布线。首先将电源线和接地信号线分别连接到 IC-01 上芯片的 14 号和 7 号引脚，然后将手动开关 K00（输入端 A）和 K01（输入端 B）分别连接到 IC-01 上芯片的 1 号和 2 号引脚，最后将 3 号引脚连接到 LED 灯 L00，完成芯片功能测试布线。

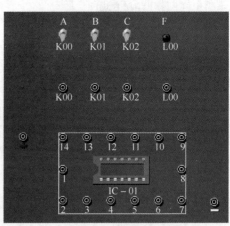

图 1.3 仿真电路布局

（4）开始仿真。通过拨动手动开关，观察输出指示灯 L00 的状态，判断与非门的逻辑功能是否正常。需要注意的是，开关向上表示接高电平，逻辑值为 1；开关向下表示接地，逻辑值为 0。

（5）对需要使用的另外 3 个与非门分别完成测试过程。注意，在进行导线连接时，可以在左侧管理窗选择对应的芯片，在器件信息区会展示芯片的引脚说明，便于进行导线连接。

2. 在数字电路虚拟实验平台中搭建电路和仿真

在数字电路虚拟实验平台完成集成芯片的功能测试后，删除测试用的导线，按照图 1.2 所示电路重新完成布线。仿真电路如图 1.4 所示。可以使用"布局"菜单中的"拆卸所有线路"功能删除所有的导线，也可以通过单击导线任意一端的接线柱实现导线的删除。

布线完成后开始进行仿真，通过修改手动开关 K00（输入端 A）、K01（输入端 B）和 K02（输入端 C）的逻辑值，观察 LED 灯的状态，填写表 1.2，并分析电路的逻辑功能。

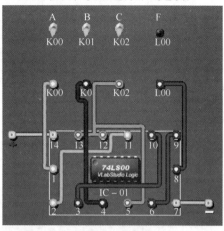

图 1.4　仿真电路

表 1.2　　　　　　　　　　　　**集成与非门芯片电路实验结果记录表**

输入			数字电路虚拟实验平台输出	Logisim 软件输出
A	*B*	*C*	*F*	*F*
0	0	0		
0	1	0		
1	0	0		
1	1	0		
0	0	1		
0	1	1		
1	0	1		
1	1	1		
功能分析				

3. 在 Logisim 软件中搭建电路和仿真

在 Logisim 软件中，利用与非门完成图 1.2 所示电路的搭建，然后可以通过以下两种方式实现功能测试。

（1）利用组合逻辑电路分析功能，观察电路的输入和输出真值表。

（2）在仿真状态下，利用戳工具，修改输入 A、B 和 C 的逻辑值，观察输出 F 的变化。

根据测试结果填写表 1.2，并与数字电路虚拟实验平台中的仿真结果进行比较。

4. 在 Logisim 软件中观察电路险象

在 Logisim 软件中，在电路的输出端增加 D 触发器用于观察险象，如图 1.5 所示。

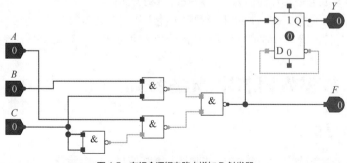

图 1.5　在组合逻辑电路中增加 D 触发器

在 Logisim 软件中,利用戳工具进行电路仿真测试,按照表 1.3 左边的输入顺序修改输入 A、B、C 的值,填写表 1.3,并说明电路在哪些情况下会产生何种类型的险象。

表 1.3   组合逻辑电路险象实验结果记录表

输入			输出		增加缓冲器（延时）后	增加冗余项后
A	B	C	F	Y	Y	Y
0	0	0		0	0	0
1	0	0				
0	0	0				
0	0	1				
0	0	0				
0	0	1				
0	1	1				
0	0	1				
1	1	1				
1	1	0				
1	1	1				
1	1	0				

5. 在 Logisim 软件中消除险象

（1）对电路进行修改,在组合逻辑电路中增加 3 个缓冲器,如图 1.6 所示,测试电路并修改 A、B、C 的值,填写表 1.3,观察险象是否仍然存在。

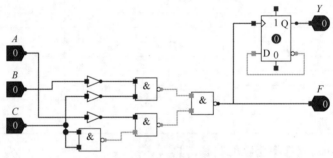

图 1.6   在组合逻辑电路中增加缓冲器

（2）利用冗余法消除险象。在电路中增加消除险象的冗余项,测试电路并修改 A、B、C 的值,填写表 1.3,观察险象是否仍然存在。

1.1.5 实验思考

做完本实验后请思考下列问题:

（1）假设所有与非门电路的延时均为 Δt,试分析图 1.2 所示组合逻辑电路的时间延迟。

（2）在使用集成电路芯片前,为什么需要进行功能测试?

（3）险象有什么危害? 如何判断组合逻辑电路中是否存在险象?

（4）说明增加缓冲器和增加冗余项两种消除险象方法的原理,及其在实际工程应用中的区别。

1.2 集成 D 触发器芯片 74LS273

1.2.1 实验目的

通过对集成 D 触发器芯片 74LS273 的测试、电路仿真、功能验证等训练,读者将了解集成

D 触发器的功能测试和使用方法，了解集成 D 触发器的工作机制及简单应用，理解组合逻辑电路与时序逻辑电路的区别与联系。

1.2.2　背景知识

触发器是一种能够存储二进制信息、具有记忆功能的数字存储单元电路。集成触发器的种类很多，使用最为广泛的是边沿触发的触发器，即在输入时钟脉冲信号的上升沿或者下降沿触发触发器使状态发生改变。数字电路虚拟实验平台主要提供了 8D 触发器（74LS273 芯片），其引脚排列如图 1.7 所示。

74LS273 芯片集成了 8 个 D 触发器，共有 20 个引脚，其中，1 号引脚 $\overline{CLR}$ 接清零信号，低电平有效；10 号引脚 GND 接地，20 号引脚 V_{cc} 接电源（高电平），11 号引脚 CLK 接时钟脉冲信号。8 个 D 触发器，在时钟脉冲信号 CP 的上升沿触发，输出 nQ 跳变为其输入电平 nD。

74LS02 芯片是常用的或非门芯片，它集成了 4 个二输入或非门，引脚排列如图 1.8 所示。其中，7 号引脚 GND 接地，14 号引脚 V_{cc} 接电源（高电平）。

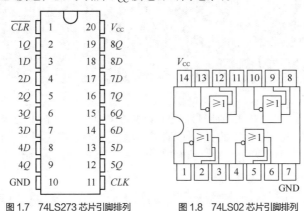

图 1.7　74LS273 芯片引脚排列　　　图 1.8　74LS02 芯片引脚排列

1.2.3　实验平台及元器件

实验平台及元器件如表 1.4 所示。

表 1.4　　　　　　　　　　　　　　　　实验平台及元器件

实验平台	元器件
数字电路虚拟实验平台	8D 触发器 74LS273 芯片，二输入四或非门 74LS02 芯片
Logisim 软件	D 触发器，或非门

1.2.4　实验内容

用数字电路虚拟实验平台和 Logisim 软件实现图 1.9 所示时序逻辑电路的仿真，实验具体内容如下。

1.　在数字电路虚拟实验平台中测试芯片

根据给出的电路图进行分析，该

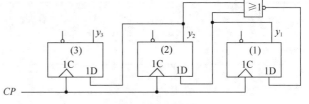

图 1.9　时序逻辑电路

电路有 3 个 D 触发器和 1 个或非门、1 个输入信号 CP、3 个状态输出信号，因此，在数字电路虚拟实验平台仿真该电路需要使用 1 个 74LS273 芯片和 1 个 74LS02 芯片。

（1）打开数字电路虚拟实验平台，开始布局，在画布中部署1个包含20个引脚的接插单元和1个包含14个引脚的接插单元、1对电源引脚、1个单脉冲信号P0、2个手动开关K00和K01，3个输出指示灯L00~L02。通常，可以增加与接插单元数目相匹配的电源引脚，将这些引脚配置在芯片插槽附近，以尽可能地减少长导线连接的概率。此外，单脉冲信号P0包括P0+和P0-两个引脚，分别对应正脉冲信号和负脉冲信号。

（2）装配芯片。在芯片单元中，找到8D触发器74LS273芯片，双击选择该芯片，在画布中将其安装到接插单元中IC-01中，完成74LS273芯片装配操作；在芯片单元中，找到二输入四或非门74LS02芯片，双击选择该芯片，在画布中将选择的芯片安装到接插单元IC-02中，完成芯片装配操作，如图1.10所示。

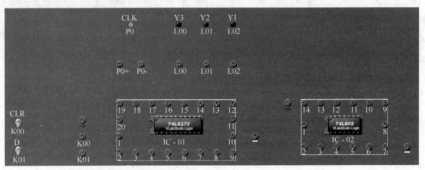

图1.10 仿真电路布局

（3）布线。首先将电源和接地信号分别连接到IC-01的20号和10号引脚，然后将单脉冲信号P0的P0+引脚连接到IC-01的11号引脚，手动开关K00连接到IC-01的1号引脚，手动开关K01连接到IC-01的3号引脚对应触发器激励端D，最后将IC-01中的2号引脚连接到LED灯L00对应状态输出Y，完成测试布线。

（4）开始仿真。通过拨动时钟脉冲信号输入端P0、手动开关K00和K01，观察输出指示（LED）灯L00的状态，确定D触发器的逻辑功能是否正常。测试过程如下：将手动开关K00保持高电平（$\overline{CLR}=1$），然后拨动手动开关K01（触发器激励端D），再单击单脉冲信号，观察LED灯L00（触发器状态）变化的情况；将手动开关K00拨到低电平，然后单击单脉冲信号，观察LED灯L00变化的情况。

2. 在数字电路虚拟实验平台中搭建电路和仿真

在数字电路虚拟实验平台完成集成芯片的功能测试后，拆卸所有线路，按照图1.9所示的电路完成布线。

完成布线后，开始进行仿真。假设初始状态为000，通过输入时钟脉冲信号，观察LED灯的状态，填写表1.5，并分析电路的逻辑功能。

表1.5　　　　　　　　　　　**集成D触发器芯片电路实验结果记录**

输入时钟脉冲	数字电路虚拟实验平台输出 $Y_3Y_2Y_1$	Logisim软件输出 $Y_3Y_2Y_1$
0	000	000
1		
2		
3		
4		
5		
6		
功能分析		

3. 在 Logisim 软件中搭建电路和仿真

在 Logisim 软件中，使用上升沿触发的 D 触发器和或非门完成图 1.9 所示电路的搭建。然后在仿真状态下，利用戳工具或者"电路仿真"菜单中的"信号单步传递"功能（快捷键 Ctrl+I），连续输入脉冲信号，观察触发器状态的变化，填写表 1.5。

1.2.5 实验思考

做完本实验后请思考下列问题：

（1）常用的触发器的输入端一般分为时钟端和激励端两类，在测试时，这两类输入端改变的时间顺序对电路有什么影响？

（2）在图 1.9 中，使用下降沿触发器的 D 触发器对电路功能有什么影响？试在 Logisim 软件中将 D 触发器改为下降沿触发，然后观察电路的输出状态。

1.3 译码器芯片 74LS138

1.3.1 实验目的

通过对译码器芯片 74LS138 的测试、电路仿真、功能验证等训练过程，读者将掌握译码器的工作原理及设计方法，了解译码器的测试和使用方法，了解利用二进制译码器实现组合逻辑函数功能的方法。

1.3.2 背景知识

二进制译码器是译码器的一种，能将 n 个输入变量变换成 2^n 个输出函数，3-8 线译码器（74LS138 芯片）是较常用的中规模二进制译码器，其引脚排列如图 1.11 所示。

其中，A、B、C 为输入端；$\overline{Y_0} \sim \overline{Y_7}$ 为输出端，输出为低电平有效，即低电平译码；G_1、$\overline{G}_{2A}$、$\overline{G}_{2B}$ 为使能端，作用是禁止或选通译码器。当 $G_1 = 1$、$\overline{G}_{2A} = 0$ 且 $\overline{G}_{2B} = 0$ 时，译码器正常工作，输出至少有一个为 0，否则译码器不工作，所有输出均为 1。

74LS138 芯片真值表如表 1.6 所示。

图 1.11 74LS138 芯片的引脚排列

表 1.6   **74LS138 芯片真值表**

输入					输出							
G_1	$\overline{G}_{2A} + \overline{G}_{2B}$	C	B	A	$\overline{Y_0}$	$\overline{Y_1}$	$\overline{Y_2}$	$\overline{Y_3}$	$\overline{Y_4}$	$\overline{Y_5}$	$\overline{Y_6}$	$\overline{Y_7}$
1	0	0	0	0	0	1	1	1	1	1	1	1
1	0	0	0	1	1	0	1	1	1	1	1	1
1	0	0	1	0	1	1	0	1	1	1	1	1
1	0	0	1	1	1	1	1	0	1	1	1	1
1	0	1	0	0	1	1	1	1	0	1	1	1
1	0	1	0	1	1	1	1	1	1	0	1	1
1	0	1	1	0	1	1	1	1	1	1	0	1
1	0	1	1	1	1	1	1	1	1	1	1	0
0	—	—	—	—	1	1	1	1	1	1	1	1
—	1	—	—	—	1	1	1	1	1	1	1	1

注：表中"—"表示值不确定或任意值。

四输入双与非门芯片（74LS20 芯片）集成了 2 个四输入与非门，其引脚排列示意图如图 1.12 所示。其中，7 号引脚 GND 接地，14 号引脚 V_{CC} 接电源（高电平）。

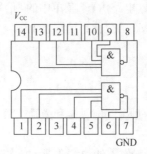

图 1.12　74LS02 芯片的引脚排列图

1.3.3　实验平台及元器件

实验平台及元器件如表 1.7 所示。

表 1.7　　　　　　　　　　　　实验平台及元器件

实验平台	元器件
数字电路虚拟实验平台	3-8 线译码器 74LS138 芯片，四输入双与非门 74LS20 芯片
Logisim 软件	74LS138 电路，与非门

1.3.4　实验内容

用数字电路虚拟实验平台和 Logisim 软件实现图 1.13 所示译码器电路的仿真，实验具体内容如下。

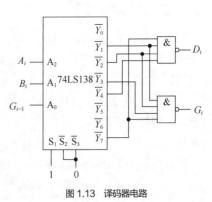

图 1.13　译码器电路

1. 在数字电路虚拟实验平台中测试芯片

根据给出的电路图进行分析，该电路包含 1 个 74LS138 译码器电路、2 个四输入与非门、3 个输入信号、3 个使能信号，因此，在数字电路虚拟实验平台仿真该电路需要使用 1 个 3-8 线译码器和 1 个四输入二与非门芯片 74LS20。注意，74LS138 译码器电路图中的输入和使能端输入与芯片的引脚排列图中的有所不同，需要根据芯片功能进行对应。

（1）打开数字电路虚拟实验平台，开始布局，在画布中部署 1 个包含 16 个引脚的接插单元和 1 个包含 14 个引脚的接插单元、1 对电源引脚、6 个手动开关、8 个 LED 灯，如图 1.14 所示。

（2）装配芯片。在芯片单元中，找到 74LS138 芯片，双击选择芯片，在画布中将选择的芯片安装到接插单元 IC-01 中，完成芯片装配操作。

（3）布线。将电源和接地信号分别连接到 IC-01 的 16 号和 8 号引脚，然后将手动开关 K00~K02 连接到芯片的 3~1 号引脚，手动开关 K03~K05 连接到芯片的 4~6 号引脚，最后将所有的输出引脚连接到 LED 灯 L00~L07，完成布线。

（4）开始仿真。将手动开关 K03~K05 分别设置为 001，然后按照表 1.7 确定手动开关 K00~K02 的信号，观察输出信号是否与表 1.7 的一致。

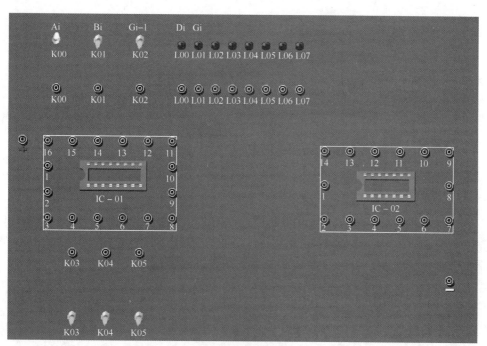

图 1.14 仿真电路布局

2. 在数字电路虚拟实验平台中搭建电路和仿真

在数字电路虚拟实验平台完成集成芯片的功能测试后，拆卸所有线路，按照图 1.13 所示电路完成布线。

完成布线后，开始进行仿真，通过改变输入信号的值，观察 LED 灯的状态，填写表 1.8，并分析电路的逻辑功能。

表 1.8　　　　　　　　　　　　　74LS138 芯片电路实验结果记录

输入			数字电路虚拟实验平台输出		Logisim 软件输出	
A_i	B_i	G_{i-1}	D_i	G_i	D_i	G_i
0	0	0				
0	0	1				
0	1	0				
0	1	1				
1	0	0				
1	0	1				
1	1	0				
1	1	1				
功能分析						

3. 在 Logisim 软件中搭建电路和仿真

（1）在 Logisim 软件中，通过"工程"菜单的"加载库"→"Logisim 软件库"功能，加载 Privatelib.circ，在左侧树形结构的最下侧可以看到添加好的库。

（2）新建一个电路，然后将私有库中的 74LS138 芯片拖动到新的电路中，按照其功能连接输入和输出信号，然后利用戳工具修改输入信号的值，观察输出信号是否与功能表（见表 1.6）中的一致。注意，在使用芯片前需要进行功能测试，将封装的 74LS138 芯片引脚与图 1.11 上的引脚对应。

（3）按照图 1.13 搭建电路并对电路进行测试，观察电路的输出并填写表 1.8。

1.3.5 实验思考

做完本实验后请思考下列问题:
(1)低电平译码和高电平译码有什么区别?
(2)3-8 线译码器在实现组合逻辑电路时有哪些优缺点?

1.4 多路选择器芯片 74LS157

1.4.1 实验目的

通过对多路选择器芯片 74LS157 的测试、电路仿真、功能验证等训练过程,读者将掌握多路选择器的工作原理,了解多路选择电路的测试和使用方法;掌握使用 2 路选择器实现 4 路选择器的方法;了解利用多路选择器实现组合逻辑函数功能的方法。

1.4.2 背景知识

数字电路虚拟实验平台提供了 4 组 2 选 1 数据选择器(74LS157 芯片),其引脚排列图如图 1.15 所示。

其中,$\overline{G}$ 为选通信号,低电平有效;(1A 1B 1Y)～(4A 4B 4Y)分别为 4 组 2 选 1 数据选择器的输入端和输出端;$\overline{A}/B$ 引脚为控制信号,低电平时选择 A,高电平时选择 B 输出到信号 Y。

二输入四或门(74LS32 芯片)集成了 2 个四输入的或门,其引脚排列图如图 1.16 所示。其中,7 号引脚 GND 接地,14 号引脚 V_{CC} 接电源(高电平)。

六门反相器(74LS04 芯片)集成了 6 个非门,其引脚排列图如图 1.17 所示。其中,7 号引脚 GND 接地,14 号引脚 V_{CC} 接电源(高电平)。

图 1.15 74LS157 芯片引脚排列图

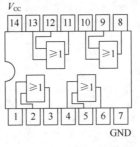

图 1.16 74LS32 芯片引脚排列图

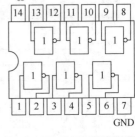

图 1.17 74LS04 芯片引脚排列图

1.4.3 实验平台及元器件

实验平台及元器件如表 1.9 所示。

表 1.9 实验平台及元器件

实验平台	元器件
数字电路虚拟实验平台	四 2 选 1 数据选择器 74LS157 芯片,二输入四或门 74LS32 芯片,六门反相器 74LS04 芯片
Logisim 软件	2 选 1 数据选择电路

1.4.4　实验原理

　　4 路选择器是常用的一种多路选择器，除了直接使用 4 路选择器外，也可以使用多个 2 路选择器构成 4 路选择器。

　　如果使用不带使能端的 2 路选择器（或不利用使能端），那么需要使用 3 个 2 路选择器实现 4 路选择器功能，电路图如图 1.18 所示。

　　如果使用带使能端的 2 路选择器，那么利用使能端的控制作用，只要使用 2 个 2 路选择器就可以实现 4 路选择器功能，但需要增加 1 个非门和 1 个或门，电路图如图 1.19 所示。

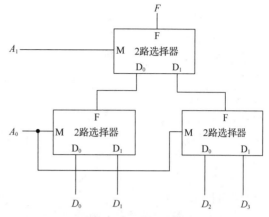

图 1.18　使用不带使能端（或不利用使能端）的 2 路选择器构成 4 路选择器的电路图

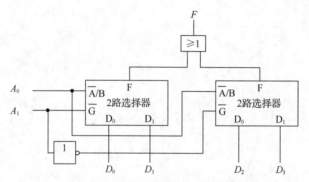

图 1.19　使用带使能端的 2 路选择器构成 4 路选择器的电路图

1.4.5　实验内容

　　用数字电路虚拟实验平台和 Logisim 软件实现图 1.20 所示的 4 路选择器实例电路，实验具体内容如下。

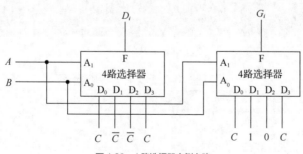

图 1.20　4 路选择器实例电路

1. 在数字电路虚拟实验平台中测试芯片

　　由于在数字电路虚拟实验平台中 74LS157 芯片为带有使能端的 2 路选择器，可以根据图 1.19 所示电路构成 4 路选择器。因此，该电路需要使用 2 个 74LS157 芯片、1 个 74LS32 芯片和 1 个 74LS04 芯片。

（1）打开数字电路虚拟实验平台，开始布局，在画布中部署2个包含16个引脚的接插单元和2个包含14个引脚的接插单元、1对电源引脚、6个手动开关K00～K05、1个LED灯L00。

（2）装配芯片。在芯片单元中，找到74LS157芯片，双击选中芯片，在画布中将其安装到16号引脚的接插单元IC-01和IC-02中，然后使用相同的方法将1个74LS04芯片和1个74LS32芯片分别安装到包含14个引脚的接插单元IC-03和IC-04中，完成芯片装配操作。

（3）布线。根据电路图1.18完成4路选择器的连线。手动开关K00（控制信号A）连接IC-01芯片的使能端（15号引脚），并通过一个IC-03芯片上的非门连接IC-02芯片的使能端（15号引脚）；手动开关K01（控制信号B）连接IC-01和IC-02芯片的选择端（1号引脚）；手动开关K02（D0）和K03（D1）连接IC-01芯片的输入端（2号和3号引脚），手动开关K04（D2）和K05（D3）连接IC-02芯片的输入端（2号和3号引脚）；IC-01芯片和IC-02芯片的一个输出端（4号引脚）接到IC-04芯片上的或门输入端，或门输出端接LED灯L00。连接完成后的仿真电路布局如图1.21所示。

（4）开始仿真。按照表1.10确定手动开关K00～K05的值，观察LED灯L00的状态。

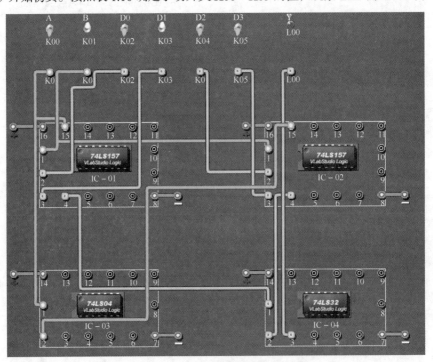

图1.21　仿真电路布局

表1.10　　　　　　　　　　　4路选择器功能验证实验结果记录表

输入						输出 Y	
选择输入		数据输入					
A	B	D_0	D_1	D_2	D_3	理想输出	实际数据
0	0	1	0	0	0	1	
0	0	0	1	1	0	0	
0	1	1	0	0	0	0	
0	1	0	1	1	0	1	
1	0	0	0	1	1	1	
1	0	1	1	0	0	0	
1	1	0	0	0	0	0	
1	1	0	1	1	1	1	

2. 在数字电路虚拟实验平台中搭建电路和仿真

在数字电路虚拟实验平台搭建 2 个 4 路选择器，并按照图 1.19 完成导线的连接。注意，这里需要在上一步芯片功能测试的基础上去掉 3 个手动开关并增加 1 个 LED 灯，将剩下的 3 个手动开关设置为 A、B 和 G_{i-1}，LED 灯设置为 D_i 和 G_i。布线完成后进行仿真，通过改变输入信号，观察 LED 灯的状态，分析电路的逻辑功能并填写表 1.11。

表 1.11　　　　　　　　　　　　　　选择器芯片电路实验结果记录表

输入			数字电路虚拟实验平台输出		Logisim 软件输出	
A	B	G_{i-1}	D_i	G_i	D_i	G_i
0	0	0				
0	0	1				
0	1	0				
0	1	1				
1	0	0				
1	0	1				
1	1	0				
1	1	1				
功能分析						

3. 在 Logisim 软件中搭建电路和仿真

（1）在 Logisim 软件中，通过"工程"菜单的"加载库"→"Logisim 软件库"功能，加载私有库.circ。

（2）新建一个电路，然后将私有库中的 2 选 1 电路拖动到新的电路中，利用 2 选 1 电路搭建 4 路选择器，由于 2 选 1 电路中没有提供使能端，因此使用图 1.18 所示的电路图构成 4 路选择器。利用戳工具修改输出信号，观察输出信号是否与表 1.10 中的一致。

（3）搭建图 1.20 所示电路并对电路功能进行仿真测试，观察电路的输出并填写表 1.11。

1.4.6　实验思考

做完本实验后请思考下列问题：

（1）该电路功能能否直接使用 2 选 1 数据选择器实现？

（2）使用带使能端和不带使能端的 2 路选择器实现 4 路选择器功能各有什么特点？

1.5　4 位二进制并行加法器 74283

1.5.1　实验目的

通过对二进制并行加法器集成芯片 74283 的测试、电路仿真、功能验证等训练，读者将了解二进制并行加法器的功能测试方法和使用方法。

1.5.2　背景知识

74283 是一种能够实现两个 4 位二进制数相加的超前进位加法器芯片，其引脚排列图和逻辑符号如图 1.22 所示。

其中，A_4、A_3、A_2、A_1 和 B_4、B_3、B_2、B_1 为两组 4 位二进制加数；F_4、F_3、F_2、F_1 为相加产生的 4 位和；C_0 为最低位的进位输入；FC_4 为最高位的进位输出。

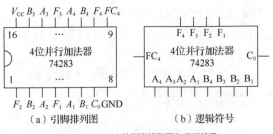

图 1.22 74283 的引脚排列图和逻辑符号

1.5.3 实验平台及元器件

实验平台及元器件如表 1.12 所示。

表 1.12 实验平台及元器件

实验平台	元器件
Logisim 软件	加法器 74283 芯片

1.5.4 实验内容

用 Logisim 软件实现图 1.23 所示加法器电路的仿真，实验具体内容如下。

图 1.23 加法器电路

1. 验证 74283 的功能

（1）在 Logisim 软件中，通过"工程"菜单的"加载库"→"Logisim 软件库"功能，加载私有库.circ。

（2）新建一个电路，然后将私有库中的 74283 电路拖到新的电路中，连接芯片中的输入输出信号，然后利用戳工具修改输出信号，观察输出信号并填写表 1.13。

表 1.13 74283 芯片功能验证实验结果记录表

输入				输出			
$A_4 A_3 A_2 A_1$	$B_4 B_3 B_2 B_1$	C_0		$F_4 F_3 F_2 F_1$		FC_4	
			预期	实际	预期	实际	
0 0 0 0	0 0 0 0	0	0000		0		
0 0 0 1	0 0 1 0	1	0100		0		
0 0 1 0	0 0 1 1	0	0101		0		
0 0 1 1	0 0 1 1	1	0111		1		
0 1 1 0	1 0 0 1	1	0000		1		
0 1 1 0	1 1 0 0	1	0010		1		
1 1 0 1	0 0 1 1	1	0001		1		
1 1 1 1	0 1 0 1	0	0100		1		
1 1 1 1	1 1 1 1	1	1111		1		

2. 搭建电路和仿真测试

利用 74283 加法器电路，搭建图 1.23 所示的电路，利用戳工具进行电路仿真，填写表 1.14 并分析电路功能。

表 1.14　　　　　　　　　　　74283 芯片电路实验结果记录表

输入	输出
$X_4\ X_3\ X_2\ X_1$	$Y_4Y_3Y_2Y_1$
0　0　0　0	
0　0　0　1	
0　0　1　0	
0　0　1　1	
0　1　0　0	
0　1　0　1	
0　1　1　0	
0　1　1　1	
1　0　0　0	
1　0　0　1	
1　0　1　0	
1　0　1　1	
1　1　0　0	
1　1　0　1	
1　1　1　0	
1　1　1　1	
功能分析	

1.5.5　实验思考

做完本实验后请思考下列问题：

（1）在加法器 74283 中，输入信号 A_1、B_1 和 C_0 有什么关系？是否能够互换？

（2）加法器 74283 能够实现哪些类型的功能？试举例说明。

1.6　集成计数器

1.6.1　实验目的

通过对集成计数器芯片 74193、74LS161 和 74290 的测试、电路仿真、功能验证等训练，读者将了解不同中规模计数器电路的测试和使用方法，掌握使用不同类型的计数器实现不同模值计数器的方法。

1.6.2　背景知识

计数器是数字系统中十分常用的时序逻辑器件，这里给出实验需要的常用集成计数器的相关说明。

1. 集成同步计数器 74193

74193 是双时钟 4 位二进制同步可逆计数器，它的引脚排列图及逻辑符号如图 1.24 所示。

74193 具有 8 个输入，包括高电平有效的清零控制信号 CLR，低电平有效的置数控制信号 $\overline{LD}$，4 个预置数据输入端 D、C、B、A，上升沿有效加法计数脉冲 CP_U 和减法计数脉冲 CP_D；具有 6 个输出，分别是计数状态输出值 Q_D、Q_C、Q_B、Q_A，进位输出负脉冲 $\overline{Q}_{CC}$，借位输出负脉冲 $\overline{Q}_{CB}$。74193 的功能表如表 1.15 所示。

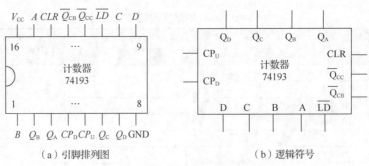

（a）引脚排列图　　　　　　　（b）逻辑符号

图 1.24　74193 的引脚排列图和逻辑符号

表 1.15　　　　　　　　　　　　74193 的功能表

输入								输出			
CLR	$\overline{LD}$	D	C	B	A	CP_U	CP_D	Q_D	Q_C	Q_B	Q_A
1	d	d	d	d	d	d	d	0	0	0	0
0	0	x_3	x_2	x_1	x_0	d	d	x_3	x_2	x_1	x_0
0	1	d	d	d	d	↑	1	累加计数			
0	1	d	d	d	d	1	↑	累减计数			

74193 的主要功能如下。

（1）异步清零。当 CLR 为高电平时，无论时钟脉冲信号和置数控制信号为何值，计数器状态立刻清零，即 $Q_DQ_CQ_BQ_A$ =0000。

（2）异步置数。当 CLR 为无效电平（低电平），$\overline{LD}$ =0 时，不管时钟脉冲信号为何值，计数器状态都被置为 D、C、B、A 端输入的值，即 $Q_DQ_CQ_BQ_A = DCBA$。

（3）累加计数。当 CLR=0、$\overline{LD}$ =1、CP_D=1，且 CP_U 端输入计数脉冲时，芯片处于累加计数状态，每当 CP_U 端输入的脉冲到达上升沿时，$Q_DQ_CQ_BQ_A$ 在当前状态上加 1，实现 4 位二进制加法计数器功能。出现进位时，$\overline{Q_{CC}}$ 输出一个负脉冲。

（4）累减计数。当 CLR=0、$\overline{LD}$ =1、CP_U=1，且 CP_D 端输入计数脉冲时，芯片处于累减计数状态，每当 CP_D 端输入的脉冲到达上升沿时，$Q_DQ_CQ_BQ_A$ 在当前状态上减 1，实现 4 位二进制减法计数器功能。出现借位时，$\overline{Q_{CB}}$ 输出一个负脉冲。

更多内容可以查阅配套教材 6.4.1 小节。

2. 异步清零模 16 计数器 74LS161

74LS161 也是一种常用的异步清零模 16 计数器，它的引脚排列图如图 1.25 所示。

除了无法进行可逆计数外，74LS161 其他的功能与 74193 的类似：$\overline{CLR}$（1 号引脚）为异步清零端，当其为低电平时，计数器状态输出 $Q_3Q_2Q_1Q_0$（11—14 号引脚）立即变为 0000；当置入控制信号 $\overline{PE}$（9 号引脚）为低电平时，将输出 $Q_3Q_2Q_1Q_0$ 置为输入数据 $D_3D_2D_1D_0$（6~3 号引脚）；当高电平有效允许输入 CEP（7 号引脚）或者高电平有效允许输出 CET（10 号引脚）为低电平时，计数器处于保持状态；当 $\overline{CLR}$、$\overline{PE}$、CEP、CET

图 1.25　74LS161 的引脚排列图

均为高电平时，在时钟脉冲信号作用下进行加 1 计数；TC（15 号引脚）为进位输出信号，有进位时输出一个正脉冲。

3. 集成异步计数器 74290

集成异步计数器 74290 是异步二—五—十进制加法计数器，其引脚排列和逻辑符号如图 1.26 所示。74290 共有 6 个输入和 4 个输出。其中，R_{0A}、R_{0B} 为清零控制信号，高电平有效；R_{9A}、R_{9B} 为置 9（即二进制 1001）控制信号，高电平有效；CP_A、CP_B 为计数脉冲信号；Q_D、Q_C、Q_B、Q_A 为状态输出信号。

集成加法计数器 74290 的内部包括 4 个触发器。触发器 0 以 CP_A 为时钟脉冲信号、Q_A 为输出构成一个模 2 计数器；触发器 1~触发器 3 以 CP_B 为时钟脉冲信号、$Q_DQ_CQ_B$ 为输出构成一个模 5 计数器，其功能表如表 1.16 所示。

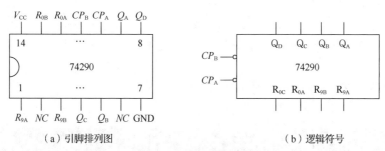

（a）引脚排列图   （b）逻辑符号

图 1.26　74290 的引脚排列图和逻辑符号

表 1.16　　　　　　　　　　　　　　　　**74290 的功能表**

输入						输出			
R_{0A}	R_{0B}	R_{9A}	R_{9B}	CP_A	CP_B	Q_D	Q_C	Q_B	Q_A
1	1	0	d	d	d	0	0	0	0
1	1	d	0	d	d	0	0	0	0
d	d	1	1	d	d	1	0	0	1
$R_{0A}R_{0B}=0$		$R_{9A}R_{9B}=0$		↓	d	模 2 计数			
$R_{0A}R_{0B}=0$		$R_{9A}R_{9B}=0$		d	↓	模 5 计数			
$R_{0A}R_{0B}=0$		$R_{9A}R_{9B}=0$		↓	Q_A	模 10 计数（8421 码）			
$R_{0A}R_{0B}=0$		$R_{9A}R_{9B}=0$		Q_D	↓	模 10 计数（5421 码）			

74290 具有如下功能。

（1）异步置 9 功能：当 $R_{9A}=R_{9B}=1$ 时，无论 R_{0A}、R_{0B} 及输入脉冲为何值，均可实现异步置 9 操作，使 $Q_DQ_CQ_BQ_A=1001$。

（2）异步清零功能：当 $R_{9A}R_{9B}=0$ 且 $R_{0A}=R_{0B}=1$ 时，不需要输入脉冲配合，电路即可以实现异步清零操作，使 $Q_DQ_CQ_BQ_A=0000$。

（3）计数功能：当 $R_{9A}R_{9B}=0$ 且 $R_{0A}R_{0B}=0$ 时，电路可以实现模 2、模 5 和模 10 计数器功能。更多内容可以查阅配套教材 6.4.1 小节。

1.6.3　实验平台及元器件

实验平台及元器件如表 1.17 所示。

表 1.17　　　　　　　　　　　　　　　　**实验平台及元器件**

实验平台	元器件
数字电路虚拟实验平台	异步清零模 16 计数器 74LS161 芯片，四输入双与非门芯片 7400 芯片
Logisim 软件	74193、74290

1.6.4　实验内容

用数字电路虚拟实验平台和 Logisim 软件实现计数器电路的仿真和测试，实验具体内容如下。

1. 在数字电路虚拟实验平台中使用 74LS161

在数字电路虚拟实验平台中完成对图 1.27 所示电路的仿真和功能测试。

（1）打开数字电路虚拟实验平台，开始布局，在画布中部署 1 个包含 16 个引脚的接插单元、1 对电源引脚、8 个手动开关、5 个输出指示灯和 1 个单脉冲信号。

（2）装配芯片。在芯片单元中，找到 74LS161 芯片，在画布中将选择的芯片安装到对应的接插单元中，完成芯片装配操作。

（3）布线。完成计数器测试电路的连线，如图 1.28 所示。

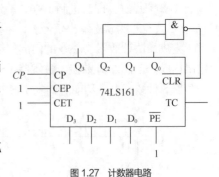

图 1.27　计数器电路

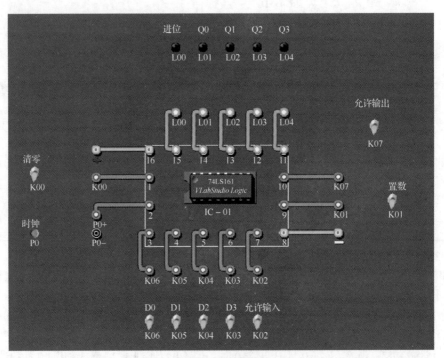

图 1.28　仿真电路布局

（4）开始仿真。先将手动开关 K02（CEP）和 K07（CET）拨到高电平，然后按照表 1.18 确定输入信号，观察输出信号。注意电平输入与时钟脉冲信号的配合，即先修改输入信号中的开关信号（电平），然后触发时钟脉冲信号 P0（单脉冲信号）。

表 1.18　　　　　　　　　　　74LS161 芯片功能验证实验结果记录表

输入				输出	
时钟脉冲信号 CP	清零 $\overline{CLR}$	置数 $\overline{PE}$	并行输入 $D_3\ D_2\ D_1\ D_0$	状态输出 $Q_3\ Q_2\ Q_1\ Q_0$	进位 TC
0	1	0	0　1　0　1	0　0　0　0	0

续表

输入				输出	
时钟脉冲信号 CP	清零 $\overline{CLR}$	置数 $\overline{PE}$	并行输入 $D_3\ D_2\ D_1\ D_0$	状态输出 $Q_3\ Q_2\ Q_1\ Q_0$	进位 TC
1	0	1	0 1 0 1		
2	1	1	0 1 0 1		
3	1	1	0 1 0 1		
4	1	1	0 1 0 1		
5	1	0	0 1 0 1		
6	1	1	0 1 0 1		
7	0	1	0 1 0 1		
8	1	1	0 1 0 1		
9	1	1	0 1 0 1		
10	1	1	0 1 0 1		
11	1	1	0 1 0 1		
12	1	1	0 1 0 1		
13	1	1	0 1 0 1		
14	1	1	0 1 0 1		
15	1	1	0 1 0 1		
16	1	1	0 1 0 1		
17	1	1	0 1 0 1		

（5）按照图 1.27 所示完成电路布局。开始布局，增加 1 个包含 14 个引脚的接插单元；装配芯片，在芯片单元中，找到四输入双与非门芯片 7400，并将其安装到接插单元中，完成芯片装配操作；将 IC-01 芯片的 12 和 13 号引脚接一个与非门输出，删除 IC-01 芯片 1 号引脚（$\overline{CLR}$）连接手动开关的导线，与非门的输出连接 IC-01 芯片 1 号引脚。

完成电路布局和连线后开始进行仿真，将手动开关 K02（CEP）和 K07（CET）拨到高电平，然后填写表 1.19 并分析电路功能。

表 1.19　　　　　　　　　　　　74LS161 芯片电路实验结果记录表

输入			输出	
时钟脉冲信号 CP	置数 $\overline{PE}$	并行输入 $D_3\ D_2\ D_1\ D_0$	状态输出 $Q_3\ Q_2\ Q_1\ Q_0$	进位 TC
0	1	0 0 0 0	0 0 0 0	0
1	1	0 0 0 0		
2	1	0 0 0 0		
3	1	0 0 0 0		
4	1	0 0 0 0		
5	1	0 0 0 0		
6	1	0 0 0 0		
7	1	0 0 0 0		
8	1	0 0 0 0		
9	1	0 0 0 0		
10	1	0 0 0 0		
功能分析				

2. 在 Logisim 软件中使用 74193

用 Logisim 软件对 74193 的功能进行测试，并利用 74193 搭建图 1.29 所示的电路。

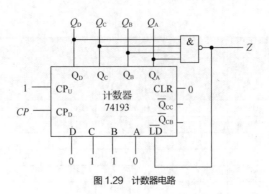

图 1.29 计数器电路

（1）在 Logisim 软件中，通过工程"菜单"的"加载库"→"Logisim 软件库"功能，加载私有库.circ。

（2）新建一个电路，然后将私有库中的 74193 电路拖动到新的电路中，按照功能连接输入和输出信号，然后利用戳工具或者"信号单步传递"功能进行仿真，观察输出信号是否符合表 1.15。

（3）利用 74193 按照图 1.29 所示连接电路，进行仿真测试，将测试结果填写到表 1.20 中，并判断电路的功能。

表 1.20   74193 芯片电路实验结果记录表

输入	输出	
时钟脉冲信号 CP	Q_3 Q_2 Q_1 Q_0	Z
0	0 0 0 0	0
1		
2		
3		
4		
5		
6		
7		
8		
9		
10		
功能分析		

3. 在 Logisim 软件中使用计数器 74290

在 Logisim 软件中对 74290 的功能进行测试，并利用 74290 搭建图 1.30 所示的电路。

（1）在 Logisim 软件中，通过"工程"菜单的"加载库"→"Logisim 软件库"功能，加载私有库.circ。

（2）新建一个电路，然后将私有库中的 74290 电路拖动到新的电路中，按照功能连接输入和输出信号，然后利用戳工具或者"信号单步传递"功能进行仿真，观察输出信号是否符合表 1.16。

（3）利用 74193 按照图 1.30 所示连接电路，进行仿真测试，将测试结果填写到表 1.21 中，并分析电路的功能。

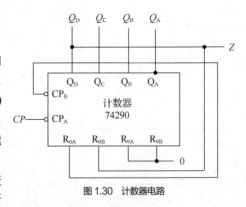

图 1.30 计数器电路

表 1.21　　　　　　　　**74290 芯片电路实验结果记录表**

输入	输出	
时钟脉冲信号 CP	Q_D Q_C Q_B Q_A	Z
0	0　0　0　0	0
1		
2		
3		
4		
5		
6		
7		
8		
9		
10		
功能分析		

1.6.5　实验思考

做完本实验请思考下列问题：

（1）使用集成计数器构造不同模值计数器时，有哪些方法？

（2）在使用清零法构造异步清零计数器时，有哪些需要注意的地方？

（3）如果不同模值的计数器实现串联，如何保证功能正确？试从进位信号和计数器状态改变的时刻进行分析。

1.7　集成寄存器芯片 74194

1.7.1　实验目的

通过对集成寄存器芯片 74194 的测试、电路仿真、功能验证等训练，读者将理解双向移位寄存器的工作方式，掌握双向移位寄存器的功能及简单应用。

1.7.2　背景知识

移位寄存器 74194 是一种常用的 4 位双向移位寄存器，其引脚排列图和逻辑符号如图 1.31 所示。

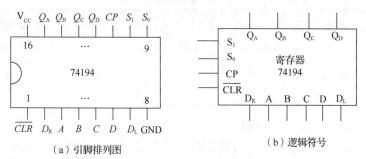

（a）引脚排列图　　　　　　　　（b）逻辑符号

图 1.31　74194 芯片的引脚排列图和逻辑符号

74194 有 10 个输入，包括清零控制输入 $\overline{CLR}$、并行数据输入 $ABCD$、右移串行数据输入 D_R、左移串行数据输入 D_L、工作方式选择输入 $S_1 S_0$，以及工作脉冲 CP。有 4 个输出端，即寄存器

的状态值 $Q_A Q_B Q_C Q_D$。74194 的功能表如表 1.22 所示。

表 1.22   **74194 的功能表**

输入										输出			
$\overline{CLR}$	CP	S_1	S_0	D_R	D_L	A	B	C	D	Q_A	Q_B	Q_C	Q_D
0	d	d	d	d	d	d	d	d	d	0	0	0	0
1	0	d	d	d	d	d	d	d	d	Q_A^n	Q_B^n	Q_C^n	Q_D^n
1	↑	1	1	d	d	x_3	x_2	x_1	x_0	x_3	x_2	x_1	x_0
1	↑	0	1	1	d	d	d	d	d	1	Q_A^n	Q_B^n	Q_C^n
1	↑	0	1	0	d	d	d	d	d	0	Q_A^n	Q_B^n	Q_C^n
1	↑	1	0	d	1	d	d	d	d	Q_B^n	Q_C^n	Q_D^n	1
1	↑	1	0	d	0	d	d	d	d	Q_B^n	Q_C^n	Q_D^n	0
1	d	0	0	d	d	d	d	d	d	Q_A^n	Q_B^n	Q_C^n	Q_D^n

双向移位寄存器在 $\overline{CLR}$、S_1 和 S_0 的控制下可完成数据的异步清零、并行输入、右移串行输入、左移串行输入、数据保持等 5 种功能。

（1）异步清零。当 $\overline{CLR}=0$ 时，无论时钟端、工作方式选择输入端为何值，输出状态立刻清零，即 $Q_A Q_B Q_C Q_D=0000$，清零信号在所有的输入信号中优先级最高。

（2）并行输入。当 $\overline{CLR}=1$、$S_1 S_0=11$、工作脉冲 CP 出现上升沿时，寄存器的状态值被置为并行数据输入端 $ABCD$ 输入的值，即 $Q_A^{n+1} Q_B^{n+1} Q_C^{n+1} Q_D^{n+1}=ABCD$，相当于同步置数功能。

（3）右移串行输入。当 $\overline{CLR}=1$、$S_1 S_0=01$、工作脉冲 CP 出现上升沿时，寄存器的状态值依次向高位移动，然后在 Q_A 端补上串行数据输入端 D_R 的值，即 $Q_A^{n+1} Q_B^{n+1} Q_C^{n+1} Q_D^{n+1}=D_R Q_A Q_B Q_C$。

（4）左移串行输入。当 $\overline{CLR}=1$、$S_1 S_0=10$、工作脉冲 CP 出现上升沿时，寄存器的状态值依次向低位移动，然后在 Q_D 端补上串行数据输入端 D_L 的值，即 $Q_A^{n+1} Q_B^{n+1} Q_C^{n+1} Q_D^{n+1}=Q_B Q_C Q_D D_L$。

（5）数据保持。当 $\overline{CLR}=1$、$S_1 S_0=00$、工作脉冲 CP 出现上升沿时，寄存器的状态值保持不变，即 $Q_A^{n+1} Q_B^{n+1} Q_C^{n+1} Q_D^{n+1}=Q_A Q_B Q_C Q_D$。

更多内容可以查阅配套教材 6.4.2 小节。

1.7.3   实验平台及元器件

实验平台及元器件如表 1.23 所示。

表 1.23   **实验平台及元器件**

实验平台	元器件
Logisim 软件	双向移位寄存器 74194 芯片

1.7.4   实验内容

用 Logisim 软件实现寄存器电路的仿真和测试，实验具体内容如下。

1. 对 74194 芯片进行功能测试

（1）在 Logisim 软件中，通过"工程"菜单的"加载库"→"Logisim 软件库"功能，加载私有库.circ。

（2）新建一个电路，然后将私有库中的 74194 电路拖动到新的电路中，按照功能连接输入和输出信号，然后利用戳工具或者"信号单步传递"功能进行仿真，观察输出信号是否符合表 1.22。

2. 利用 74194 芯片搭建电路和仿真测试

（1）在 Logisim 软件中，按照图 1.32 所示连接电路，进行仿真测试，将测试结果填写到表 1.24 中，并分析电路的逻辑功能。

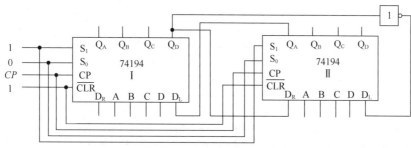

图 1.32　时序电路

表 1.24　　　　　　　　　　　**74194 芯片电路实验结果记录表 I**

输入	输出	
时钟脉冲信号 CP	74194 I 状态 Q_A Q_B Q_C Q_D	74194 II 状态 Q_A Q_B Q_C Q_D
0	0　0　0　0	0　0　0　0
1		
2		
3		
4		
5		
6		
7		
8		
9		
10		
11		
12		
功能分析		

（2）在 Logisim 软件中，按照图 1.33 所示连接电路，进行仿真测试，将测试结果填写到表 1.25 中，并判断电路的功能。注意，为了在仿真时确保电路功能正确，需要在 Q_A 端后面增加 3～5 个缓冲器再连接到两个 74194 芯片的 S_1 端，以延迟 Q_A 端变化对 74194 芯片功能的影响。

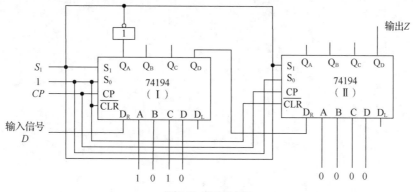

图 1.33　寄存器电路

表 1.25　　　　　　　74194 芯片电路实验结果记录表 Ⅱ

时钟脉冲信号 CP	右移输入 D_R	选择控制 S_1S_0	工作 状态	74194 Ⅰ 状态 $Q_AQ_BQ_CQ_D$	74194 Ⅱ 状态 $Q_AQ_BQ_CQ_D$	输出 Z
0	0					
1	1					
2	1					
3	1					
4	1					
5	1					
6	1					
7	0					
8	1					
9	1					
10	1					
功能分析						

1.7.5　实验思考

做完本实验后请思考下列问题：

（1）使用移位寄存器实现计数器功能与使用集成计数器有什么不同之处？

（2）使用移位寄存器实现并行–串行转换电路有哪些需要注意的地方，为什么要增加缓冲器？

第 2 章
组合逻辑电路

本章从简单、常用的组合逻辑电路的设计入手，通过对实验的设计、仿真、验证 3 个训练过程，熟悉 Logisim 软件的基本功能和使用方法，掌握小规模组合逻辑电路的设计、仿真、调试的方法，掌握常用的中规模组合逻辑芯片的原理、实现方法和简单的应用，为后续的学习打下坚实的基础。

2.1 代码转换电路

2.1.1 实验目的

熟悉并掌握不同 BCD 码的编码方案及相关特征，实现 8421 码到余 3 码的转换。

通过对实验的设计、仿真、验证 3 个训练，读者将熟悉 Logisim 软件的基本功能和使用方法，掌握小规模组合逻辑电路的设计、仿真、调试的方法。

2.1.2 实验平台及相关电路文件

实验平台及相关电路文件如表 2.1 所示。

表 2.1 　　　　　　　　　　　　　　实验平台及相关电路文件

实验平台	电路框架文件	元器件库文件
Logisim 软件	02_BCD.circ	无

在设计过程中，除逻辑门外，不能直接使用 Logisim 软件提供的逻辑库元器件。

2.1.3 实验内容

利用 Logisim 软件打开实验资料包中的 02_BCD.circ 文件，用门电路设计一个将 8421 码转换为余 3 码的变换电路，电路的输入为 8421 码 $A_4A_3A_2A_1$、输出为余 3 码 $B_4B_3B_2B_1$。

使用 Logisim 软件进行逻辑级设计和测试，根据测试结果，填写表 2.2。

表 2.2   8421 码转余 3 码实验观察记录表

$A_4\ A_3\ A_2\ A_1$	$B_4B_3B_2B_1$	
	预期	实际
0 0 0 0		
0 0 0 1		
0 0 1 0		
0 0 1 1		
0 1 0 0		
0 1 0 1		
0 1 1 0		
0 1 1 1		
1 0 0 0		
1 0 0 1		
1 0 1 0		
1 1 0 0		
1 1 0 1		
1 1 1 0		
1 1 1 1		

对设计好的电路进行封装，电路封装与引脚功能描述如表 2.3 所示。

表 2.3   8421 码转余 3 码变换电路封装与引脚功能描述

引脚	类型	位宽/位	功能说明
$A_4 \sim A_1$	输入	1	8421 码
$B_4 \sim B_1$	输出	1	余 3 码

2.1.4 实验原理

本实验旨在加深读者对 BCD 码的认识，同时练习组合逻辑电路的设计。本实验可根据 8421 码 $A_4 A_3 A_2 A_1$ 和余 3 码 $B_4 B_3 B_2 B_1$ 的对应关系，分别写出 B_4、B_3、B_2、B_1 关于 A_4、A_3、A_2、A_1 的逻辑表达式，并画出逻辑电路图，也可以填写对应的真值表，利用 Logisim 软件自动生成电路。

输出余 3 码等于 8421 码加上 0011，读者也可以查看配套教材 1.2 节中的表 1.4，具体真值表在此不赘述。

2.1.5 实验思考

做完本实验后请思考下列问题

（1）8421 码和余 3 码有什么样的对应关系？

（2）分析表 2.3 的后面 6 行，解释所得到的结果。

（3）你的设计方案是最优设计方案吗？为什么？如果不是，如何改进？

2.2 多人投票电路

2.2.1 实验目的

熟悉并掌握不同投票电路的实现原理及实现方法，设计不同投票规则的投票电路，并通过 2 路选择器设计多功能多人投票电路。

通过对实验的设计、仿真、验证 3 个训练，读者将熟悉 Logisim 软件的基本功能和使用方法，掌握小规模组合逻辑电路的设计、仿真、调试的方法。

2.2.2 实验平台及相关电路文件

实验平台及相关电路文件如表 2.4 所示。

表 2.4 实验平台及相关电路文件

实验平台	电路框架文件	元器件库文件
Logisim 软件	02_Voter.circ	无

在设计过程中，除逻辑门外，不能直接使用 Logisim 软件提供的逻辑库元器件。

2.2.3 实验内容

使用 Logisim 软件打开实验资料包中的 02_Voter.circ 文件，采用常用的逻辑门，设计三人投票电路，并利用 Logisim 软件检查电路设计是否达到要求。

在设计过程中，除逻辑门外，不能直接使用 Logisim 软件提供的逻辑库元器件。

具体内容如下。

1. 少数服从多数投票器

在 02_Voter.circ 文件对应的子电路中，用门电路设计一个少数服从多数投票器，电路有 3 个输入 A、B、C，一个输出 F，A、B、C 为 3 个投票者，F 为投票结果。若某议题获得 2 票及 2 票以上，则该议题可以通过，否则议题不通过。

使用 Logisim 软件进行逻辑级设计和测试，根据测试结果，填写表 2.5。

表 2.5 少数服从多数投票器实验观察记录表

$A\ B\ C$	F	
	预期	实际
0 0 0		
0 0 1		
0 1 0		
0 1 1		
1 0 0		
1 0 1		
1 1 0		
1 1 1		

对设计好的少数服从多数投票器进行封装，电路封装与引脚功能描述如表 2.6 所示。

表 2.6 少数服从多数投票器电路封装与引脚功能描述

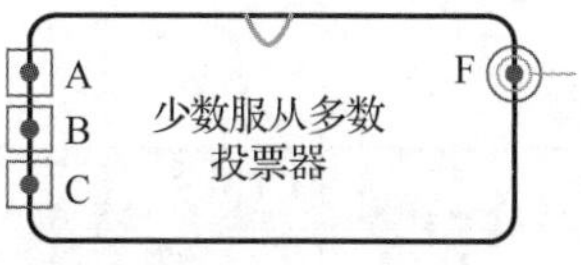

引脚	类型	位宽/位	功能说明
A	输入	1	投票人 A
B	输入	1	投票人 B
C	输入	1	投票人 C
F	输出	1	投票结果

2. 一票否决投票器

在 02_Voter.circ 文件对应的子电路中，用门电路设计一个一票否决投票器，电路有 3 个输入

A、B、C，一个输出 F，A、B、C 为 3 个投票者，F 为投票结果。其中 A 具有一票否决权，当 A 支持某议题时，B 和 C 只要有一人支持该议题，则议题通过；若 A 不支持某议题，则议题被否决。

使用 Logisim 软件进行逻辑级设计和测试，根据测试结果，填写表 2.7。

表 2.7　　　　　　　　　　　　　一票否决投票器实验观察记录表

A B C	F	
	预期	实际
0　0　0		
0　0　1		
0　1　0		
0　1　1		
1　0　0		
1　0　1		
1　1　0		
1　1　1		

对设计好的一票否决投票器进行封装，电路封装与引脚功能描述如表 2.8 所示。

表 2.8　　　　　　　　　　　　一票否决投票器电路封装与引脚功能描述

引脚	类型	位宽/位	功能说明
A	输入	1	投票人 A
B	输入	1	投票人 B
C	输入	1	投票人 C
F	输出	1	投票结果

3．2 路选择器

在 02_Voter.circ 文件对应的子电路中，用门电路设计一个 2 路选择器，电路有 3 个输入 A、B、M，一个输出 F，其中 A、B 为数据输入端，M 为选择控制端，F 为选择的结果。当 $M=0$ 时，$F=A$；当 $M=1$ 时，$F=B$。

使用 Logisim 软件进行逻辑级设计和测试，根据测试结果，填写表 2.9。

表 2.9　　　　　　　　　　　　　2 路选择器实验观察记录表

M A B	F	
	预期	实际
0　0　0		
0　0　1		
0　1　0		
0　1　1		
1　0　0		
1　0　1		
1　1　0		
1　1　1		

对设计好的 2 路选择器进行封装，电路封装与引脚功能描述如表 2.10 所示。

表 2.10　　　　　　　　　　　　2 路选择器封装与引脚功能描述

引脚	类型	位宽/位	功能说明
A	输入	1	A 通路的输入
B	输入	1	B 通路的输入
M	输入	1	选择控制端
F	输出	1	选择结果

4．多规则投票器

在 02_Voter.circ 文件对应的子电路中，用设计好的少数服从多数投票器、一票否决投票器和 2 路选择器，设计一个多规则投票器。电路有 4 个输入，M、A、B 和 C，其中，A、B 和 C 为 3 个投票者，M 为投票规则选择端，一个输出 F 为投票结果。当 $M=0$ 时，A、B 和 C 的投票规则为少数服从多数；当 $M=1$ 时，A、B 和 C 的投票规则为一票否决，其中，A 具有一票否决权。

多规则投票器电路封装与引脚功能描述如表 2.11 所示。

表 2.11 　　　　　　　　　　　　**多规则投票器电路封装与引脚功能描述**

引脚	类型	位宽/位	功能说明
A	输入	1	投票人 A 的输入
B	输入	1	投票人 B 的输入
C	输入	1	投票人 C 的输入
M	输入	1	选择控制端
F	输出	1	投票结果

（左侧图示：多规则投票器，输入 M、A、B、C，输出 F）

根据测试结果，填写表 2.12。

表 2.12 　　　　　　　　　　　　**多规则投票器实验观察记录表**

M A B C	F 预期	F 实际
0　0　0　0		
0　0　1　1		
0　1　0　1		
0　1　1　0		
1　0　0　0		
1　0　1　0		
1　1　0　1		
1　1　1　1		

2.2.4 　实验原理

1．少数服从多数投票器

根据设计要求进行逻辑抽象。设 3 个投票人用变量 A、B、C 表示，约定逻辑变量取值为 0 表示反对，逻辑变量取值为 1 表示赞成；逻辑函数 F 取值为 0 表示决议被否决，逻辑函数 F 取值为 1 表示决议通过。

由前文可知，当两个或两个以上投票人同意某议题时，议题被通过，否则，议题不被通过。按照少数服从多数的原则可知，函数和变量的关系：当 3 个变量 A、B、C 中总投票数大于或等于 2 时，函数 F 的值为 1，其他情况下函数 F 的值为 0，即 A、B、C 中有两个或两个以上输入为 1 时，$F=1$。因此，函数 F 的表达式为

$$F = AB + BC + AC + ABC$$

化简后，可得

$$F = AB + BC + AC$$

2．一票否决投票器

根据设计要求进行逻辑抽象。设 3 个投票人用变量 A、B、C 表示，约定逻辑变量取值为 0 表示反对，逻辑变量取值为 1 表示赞成；逻辑函数 F 取值为 0 表示决议被否决，逻辑函数 F 取值为 1 表示决议通过。

由题意可知，当 $A=0$ 时，$F=0$；当 $A=1$ 时，B 或 C 等于 1 则 $F=1$。因此，函数 F 的表达式为

$$F = AB + AC$$

3．2 路选择器

由前文可知，当 $M=0$ 时，$F=A$；当 $M=0$ 时，$F=B$，可得到

$$F = \overline{M}A + MB$$

4．多规则表决器

将 A、B 和 C 作为少数服从多数投票器和一票否决投票器的输入端，将二者的输出送到 2 路选择器的数据输入端，M 作为 2 路选择器的选择控制端，则 2 路选择器的输出为电路的投票结果 F。需要注意的是，当投票规则为一票否决时，因为 A 具有一票否决权，A 必须连接一票否决投票器的 A 输入端口。

2.2.5　实验思考

做完本实验后请思考下问题：

（1）任意一个组合逻辑电路是否都可以用与非门来实现？如何将一般组合逻辑电路转换成与非门实现的组合逻辑电路？

（2）使用同一类型的逻辑门（与非门）实现电路逻辑功能有什么优势？

2.3　血型配对电路

2.3.1　实验目的

熟悉并掌握血型配对电路的实现原理及实现方法。

通过对实验的设计、仿真、验证 3 个训练，读者将熟悉 Logisim 软件的基本功能和使用方法，掌握小规模组合逻辑电路的设计、仿真、调试的方法。

2.3.2　实验平台及相关电路文件

实验平台及相关电路文件如表 2.13 所示。

表 2.13　　　　　　　　　　　　实验平台及相关电路文件

实验平台	电路框架文件	元器件库文件
Logisim 软件	02_BMatching.circ	无

在设计过程中，除逻辑门外，不能直接使用 Logisim 软件提供的逻辑库元器件。

2.3.3　实验内容

使用 Logisim 软件打开实验资料包中的 02_BMatching.circ 文件，设计一个组合逻辑电路，用来判断献血者与受血者血型是否相容。血型相容规则如表 2.14 所示，表中用"√"表示两者血型相容。

表 2.14 血型相容规则

献血	受血			
	A	**B**	**AB**	**O**
A	√		√	
B		√	√	
AB			√	
O	√	√	√	√

使用 Logisim 软件进行逻辑级设计和测试，根据测试结果，填写表 2.15。

表 2.15 血型配对电路实验观察记录表

X_1 X_0 S_1 S_0	F
0 0 0 0	
0 0 0 1	
0 0 1 0	
0 0 1 1	
0 1 0 0	
0 1 0 1	
0 1 1 0	
0 1 1 1	
1 0 0 0	
1 0 0 1	
1 0 1 0	
1 0 1 1	
1 1 0 0	
1 1 0 1	
1 1 1 0	
1 1 1 1	

对设计好的电路进行封装，电路封装与引脚功能描述如表 2.16 所示。

表 2.16 血型配对电路封装与引脚功能描述

引脚	类型	位宽/位	功能说明
X_1 X_0	输入	1	献血人血型
S_1 S_0	输入	1	受血人血型
F	输出	1	血型配对结果

2.3.4 实验原理

由设计要求，首先进行逻辑抽象。根据前文可知，电路输入变量为献血者血型和受血者血型。血型共 4 种，可用两个变量的 4 种编码进行区分。设变量 WX 表示献血者血型，YZ 表示受血者血型。电路输出用 F 表示，当输血者与受血者血型相容时，F 为 1，否则 F 为 0。当血型编码确定时，可根据血型相容规则直接写出输出函数 F 的表达式。

需要注意的是，对该问题的逻辑描述与血型编码是直接相关的，不同的编码方案会导致电路的复杂程度不一样。因此，在设计过程中，需综合考虑各种编码方案，从中选出电路结构最简单的编码方案。

关于编码方案，可参考配套教材 4.3.2 小节中的例 4.8。

2.3.5 实验思考

做完本实验后请思考下列问题：

（1）本实验中，一共有多少种血型编码方案？

（2）在进行血型编码时，考虑了哪些使得电路结构简单化的因素？为什么？

2.4 加/减可控电路

2.4.1 实验目的

掌握半加器、全加器、全减器，以及 1 位加/减可控电路的工作原理及设计方法。

通过对实验的设计、仿真、验证 3 个训练过程，读者将熟悉 Logisim 软件的基本功能和使用方法，掌握小规模组合逻辑电路的设计、仿真、调试的方法，掌握如何利用小规模组合逻辑电路生成中规模组合逻辑芯片。

2.4.2 实验平台及相关电路文件

实验平台及相关电路文件如表 2.17 所示。

表 2.17　　　　　　　　　　　实验平台及相关电路文件

实验平台	电路框架文件	元器件库文件
Logisim 软件	02_adder .circ	无

在设计过程中，除逻辑门外，不能直接使用 Logisim 软件提供的逻辑库元器件。

2.4.3 实验内容

使用 Logisim 软件打开实验资料包中的 02_adder .circ 文件，采用常用的门电路设计一个串行进位 4 位二进制并行加法器，并利用 Logisim 软件来检查电路设计是否达到要求。

具体内容如下。

1. 半加器

在 02_adder .circ 文件对应的子电路中，用门电路设计一个半加器，电路有两个输入，即被加数 A_i 和加数 B_i，两个输出，即 S_i 和 C_i，S_i 为 A_i、B_i 相加得到的本位和，C_i 为 A_i、B_i 相加得到的向高位的进位。

使用 Logisim 软件进行逻辑级设计和测试，根据测试结果，填写表 2.18。

表 2.18　　　　　　　　　　　半加器实验观察记录表

$A_i\ B_i$	$S_i C_i$	
	预期	实际
0　0		
0　1		
1　0		
1　1		

对设计好的半加器进行封装，电路封装与引脚功能描述如表 2.19 所示。

表 2.19　　　　　　　　　　　　**半加器电路封装与引脚功能描述**

引脚	类型	位宽/位	功能说明
A_i	输入	1	被加数
B_i	输入	1	加数
S_i	输出	1	本位和
C_i	输出	1	向高位的进位

2. 全加器

在 02_adder .circ 文件对应的子电路中，用门电路或已设计完成的半加器，设计一个全加器，电路有 3 个输入 A_i、B_i 和 C_{i-1}，两个输出 S_i 和 C_i，输入 A_i、B_i 及 C_{i-1} 分别为被加数、加数和来自低位的进位，输出 S_i 为 A_i、B_i 及 C_{i-1} 相加得到的本位和，C_i 为 A_i、B_i 及 C_{i-1} 相加得到的向高位的进位。

使用 Logisim 软件进行逻辑级设计，并对设计好的全加器进行封装，电路封装与引脚功能描述如表 2.20 所示。

表 2.20　　　　　　　　　　　　**全加器电路封装与引脚功能描述**

引脚	类型	位宽/位	功能说明
A_i	输入	1	被加数
B_i	输入	1	加数
C_{i-1}	输入	1	来自低位的进位
S_i	输出	1	本位和
C_i	输出	1	向高位的进位

根据测试结果，填写表 2.21。

表 2.21　　　　　　　　　　　　**全加器实验观察记录表**

$A_i\ B_i\ C_{i-1}$	$S_i C_i$	
	预期	实际
0 0 0		
0 0 1		
0 1 0		
0 1 1		
1 0 0		
1 0 1		
1 1 0		
1 1 1		

3. 全减器

在 02_adder .circ 文件对应的子电路中，用门电路设计一个全减器，电路有 3 个输入 A_i、B_i 和 G_{i-1}，两个输出 D_i 和 G_i，输入 A_i、B_i 及 G_{i-1} 分别为被减数、减数和来自低位的借位，输出 D_i 为 A_i、B_i 及 G_{i-1} 相减得到的本位差，G_i 为 A_i、B_i 及 G_{i-1} 相减得到的向高位的借位。

使用 Logisim 软件进行逻辑级设计，并对设计好的全减器进行封装，电路封装与引脚功能描述如表 2.22 所示。

数字电路与逻辑设计实验指导与习题解析——基于虚拟仿真实验

表 2.22 全减器电路封装与引脚功能描述

引脚	类型	位宽/位	功能说明
A_i	输入	1	被减数
A_0	输入	1	减数
G_{i-1}	输入	1	来自低位的借位
D_i	输出	1	本位差
G_i	输出	1	向高位的借位

根据测试结果，填写表 2.23。

表 2.23 全减器实验观察记录表

$A_i\ B_i\ G_{i-1}$	$D_i G_i$	
	预期	实际
0 0 0		
0 0 1		
0 1 0		
0 1 1		
1 0 0		
1 0 1		
1 1 0		
1 1 1		

4. 1 位加/减可控电路

在 02_adder .circ 文件对应的子电路中，设计一个 1 位加/减可控电路，电路有 4 个输入 M、A_i、B_i 和 C_{i-1}，两个输出 S_i 和 C_i。当 $M=0$ 时，电路实现全加器功能，A_i、B_i 及 C_{i-1} 分别为被加数、加数和来自低位的进位，输出 S_i 为 A_i、B_i 及 C_{i-1} 相加得到的本位和，C_i 为 A_i、B_i 及 C_{i-1} 相加得到的向高位的进位；当 $M=1$ 时，电路实现全减器功能，A_i、B_i 及 C_{i-1} 分别为被减数、减数和来自低位的借位，输出 S_i 为 A_i、B_i 及 C_{i-1} 相减得到的本位差，C_i 为 A_i、B_i 及 C_{i-1} 相减得到的向高位的借位。

使用 Logisim 软件进行逻辑级设计，并对设计好的 1 位加/减可控电路进行封装，电路封装与引脚功能描述如表 2.24 所示。

表 2.24 1 位加/减可控电路封装与引脚功能描述

引脚	类型	位宽/位	功能说明
A_i	输入	1	被加数/被减数
B_i	输入	1	加数/减数
C_{i-1}	输入	1	来自低位的进位/借位
M	输入	1	加/减控制端
S_i	输出	1	本位和/本位差
C_i	输出	1	向高位的进位/借位

根据测试结果，填写表 2.25。

表 2.25　　　　　　　　　　　　1 位加/减可控电路实验观察记录表

M A_i B_i C_{i-1}	S_iC_i	
	预期	实际
0　0　0　0		
1　0　0　1		
1　0　1　0		
0　0　1　1		
1　1　0　0		
0　1　0　1		
0　1　1　0		
1　1　1　1		

2.4.4　实验原理

1．半加器

只考虑两个 1 位二进制数相加、不考虑来自低位的进位的运算电路称为半加器。

半加器有两个输入，即被加数 A_i 和加数 B_i，两个输出 S_i 和 C_i，S_i 为 A_i、B_i 相加得到的本位和，C_i 为 A_i、B_i 相加得到的向高位的进位。

根据半加器的功能，可以得到真值表，如表 2.26 所示。

表 2.26　　　　　　　　　　　　1 位二进制半加器真值表

A_i	B_i	S_i	C_i
0	0	0	0
0	1	1	0
1	0	1	0
1	1	0	1

故可以得到 S_i 和 C_i 的表达式分别为

$$S_i = A_i \oplus B_i$$
$$C_i = A_i B_i$$

2．全加器

要实现两个多位二进制数相加，则必须考虑来自低位的进位。将考虑被加数 A_i、加数 B_i，以及来自低位的进位 C_{i-1} 的加法运算称为全加。实现全加运算的逻辑电路称为全加器。全加器的输出本位和 S_i 与来自低位的进位 C_i 关于输入的逻辑关系为

$$S_i = A_i \oplus B_i \oplus C_{i-1}$$
$$C_i = (A_i \oplus B_i) C_{i-1} + A_i B_i$$

全加器的设计原理可参考配套教材 4.3.2 小节中的例 4.6，在此不赘述。

也可以利用两个已经封装好的 1 位二进制半加器来设计全加器，其中一个 1 位二进制半加器将 A_i、B_i 相加，所产生的和再用另一个 1 位二进制半加器和 C_{i-1} 相加，所得的和 S_i 即 A_i、B_i 及 C_{i-1} 的和，进位 C_i 则为两个半加器的进位的或。

其设计原理如图 2.1 所示。

3．全减器

全减器有 3 个输入 A_i、B_i 和 G_{i-1}，两个输出 D_i 和 G_i，输入 A_i、B_i 及 G_{i-1} 分别为被减数、减数和来自低位的借位，输出 D_i 为 A_i、B_i 及 G_{i-1} 相减得到的本位差，G_i 为 A_i、B_i 及 G_{i-1} 相减得到的向高位的借位。根据全减器的功能，可以得到真值表，如表 2.27 所示。

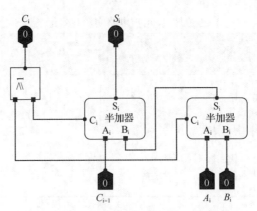

图 2.1　利用 1 位二进制半加器生成 1 位二进制全加器

表 2.27　　　　　　　　　　　　1 位二进制全加器真值表

A_i	B_i	G_{i-1}	D_i	G_i
0	0	0	0	0
0	0	1	1	1
0	1	0	1	1
0	1	1	0	1
1	0	0	1	0
1	0	1	0	0
1	1	0	0	0
1	1	1	1	1

故可以得到 D_i 和 G_i 的表达式分别为

$$D_i = A_i \oplus B_i \oplus G_{i-1}$$
$$G_i = \left(\overline{A_i \oplus B_i}\right)G_{i-1} + A_i B_i$$

4. 1 位加/减可控电路

可用全加器、全减器和 2 路选择器来实现 1 位加/减可控电路。

观察全加器和全减器的输出函数表达式，可以看出，二者仅在进位和借位的表达式上有区别，因此，也可以根据表达式在全加器的输入端通过直接加异或门来实现 1 位加/减可控电路。

2.4.5　实验思考

做完本实验后请思考下列问题：

（1）如何利用全减器实现全加/减器？

（2）设计的全加器是否存在险象？如果存在，如何消除险象？

2.5　4 位二进制并行加法器

2.5.1　实验目的

掌握串行进位二进制并行加法器和先行进位二进制并行加法器的工作原理及实现方法，掌握无符号 4 位二进制乘法器的工作原理，并能用生成的先行进位二进制并行加法器实现无符号 4 位二进制乘法器。

通过对实验的设计、仿真、验证 3 个训练，读者将熟悉 Logisim 软件的基本功能和使用方法，掌握小规模组合逻辑电路的设计、仿真、调试的方法，掌握如何利用小规模组合逻辑电路生成中规模组合逻辑芯片，以及如何使用中规模组合逻辑芯片进行二次开发。

2.5.2 实验平台及相关电路文件

实验平台及相关电路文件如表 2.28 所示。

表 2.28 实验平台及相关电路文件

实验平台	电路框架文件	元器件库文件
Logisim 软件	02_4bit_adder.circ	PrivateLib.circ

在设计过程中，除逻辑门和 PrivateLib.circ 中指定的元器件外，不能直接使用 Logisim 软件提供的逻辑库元器件。此外，需要注意的是，如果要在头歌实践教学平台自动检测，请勿改变各子电路的封装图，也不可使用 Logisim 软件自动生成电路，否则，自动评测可能无法进行。

2.5.3 实验内容

使用 Logisim 软件打开实验资料包中的 02_4bit_adder.circ 文件，用门电路和 PrivateLib.circ 中的全加器设计串行进位二进制并行加法器和超前进位二进制并行加法器，并利用超前进位二进制并行加法器，设计一个无符号 4 位二进制乘法器。使用 Logisim 软件检查电路设计是否达到要求。

具体内容如下。

1. 串行进位二进制并行加法器

在 02_4bit_adder.circ 文件对应的子电路中，利用 PrivateLib.circ 中的全加器及逻辑门，设计一个串行进位二进制并行加法器，电路有 9 个输入 A_4、A_3、A_2、A_1、B_4、B_3、B_2、B_1 和 C_0，5 个输出 S_4、S_3、S_2、S_1 和 C_4，其中，$A_4 A_3 A_2 A_1$ 和 $B_4 B_3 B_2 B_1$ 为两组 4 位无符号二进制被加数和加数，$S_4 S_3 S_2 S_1$ 为相加产生的 4 位和，C_0 为最低位的进位输入，C_4 为最高位的进位输出。

使用 Logisim 软件进行逻辑级设计和测试，并对设计好的串行进位二进制并行加法器进行封装，电路封装与引脚功能描述如表 2.29 所示。

表 2.29 串行进位二进制并行加法器电路封装与引脚功能描述

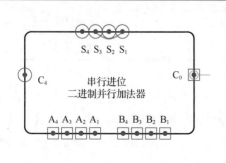

引脚	类型	位宽/位	功能说明
$A_4 \sim A_1$	输入	1	被加数
$B_4 \sim B_1$	输入	1	加数
C_0	输入	1	来自低位的进位
$S_4 \sim S_1$	输出	1	和
C_4	输出	1	向高位的进位

根据测试结果，填写表 2.30。

表 2.30   **串行进位二进制并行加法器实验观察记录表**

输入			输出			
$A_4\ A_3\ A_2\ A_1$	$B_4\ B_3\ B_2\ B_1$	C_0	$S_4S_3S_2S_1$		C_4	
			预期	实际	预期	实际
1 0 0 0	0 1 0 0	0				
1 0 0 1	0 1 0 1	1				
0 0 1 0	0 1 1 0	0				
0 0 1 1	0 1 1 1	1				
0 1 0 0	1 0 0 0	1				
0 1 0 1	1 0 0 1	0				

2. 先行进位发生器

在 02_4bit_adder.circ 文件对应的子电路中，使用门电路设计一个先行进位发生器，使其能并行产生两个无符号 4 位二进制数相加得到的各位向前的进位。

电路有 9 个输入 A_4、A_3、A_2、A_1、B_4、B_3、B_2、B_1 和 C_0，4 个输出 C_4、C_3、C_2、C_1，其中，$A_4\ A_3\ A_2\ A_1$ 和 $B_4\ B_3\ B_2\ B_1$ 分别为两个 4 位无符号二进制被加数和加数，C_0 为来自最低位的进位输入，C_4、C_3、C_2、C_1 为相加时各位产生的进位。

使用 Logisim 软件进行逻辑级设计和测试，根据测试结果，填写表 2.31。

表 2.31   **先行进位发生器实验观察记录表**

输入			输出	
$A_4\ A_3\ A_2\ A_1$	$B_4\ B_3\ B_2\ B_1$	C_0	$C_4C_3C_2C_1$	
			预期	实际
1 0 0 0	0 1 0 0	0		
1 0 0 1	0 1 0 1	1		
0 0 1 0	0 1 1 0	0		
0 0 1 1	0 1 1 1	1		
0 1 0 0	1 0 0 0	1		
0 1 0 1	1 0 0 1	0		

对设计好的先行进位发生器进行封装，电路封装与引脚功能描述如表 2.32 所示。

表 2.32   **先行进位发生器电路封装与引脚功能描述**

引脚	类型	位宽/位	功能说明
$A_4 \sim A_1$	输入	1	被加数
$B_4 \sim B_1$	输入	1	加数
C_0	输入	1	来自低位的进位
$C_4 \sim C_1$	输出	1	向高位的进位

3. 先行进位二进制并行加法器

在 02_4bit_adder.circ 文件对应的子电路中，利用 PrivateLib.circ 中的全加器、先行进位发生器，结合先行进位的思想，设计一个先行进位二进制并行加法器，电路有 9 个输入 A_4、A_3、A_2、A_1、B_4、B_3、B_2、B_1 和 C_0，5 个输出 S_4、S_3、S_2、S_1 和 C_4，其中，$A_4\ A_3\ A_2\ A_1$ 和 $B_4\ B_3\ B_2\ B_1$ 分别为两个 4 位无符号二进制被加数和加数，$S_4\ S_3\ S_2\ S_1$ 为相加产生的 4 位和，C_0 为最低位的进位输入，C_4 为最高位的进位输出。

对设计好的先行进位二进制并行加法器进行封装，电路封装与引脚功能描述如表 2.33 所示。

表 2.33　　　　　　　　先行进位二进制并行加法器电路封装与引脚功能描述

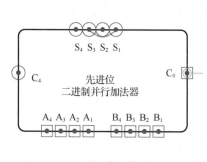

引脚	类型	位宽/位	功能说明
$A_4 \sim A_1$	输入	1	被加数
$B_4 \sim B_1$	输入	1	加数
C_0	输入	1	来自低位的进位
$S_4 \sim S_1$	输出	1	和
C_4	输出	1	向高位的进位

验证该电路的正确性，根据测试结果，填写表 2.34。

表 2.34　　　　　　　　　先行进位二进制并行加法器实验观察记录表

输入			输出			
			$S_4 S_3 S_2 S_1$		C_4	
$A_4\ A_3\ A_2\ A_1$	$B_4\ B_3\ B_2\ B_1$	C_0	预期	实际	预期	实际
1 0 0 0	0 1 0 0	0				
1 0 0 1	0 1 0 1	1				
0 0 1 0	0 1 1 0	0				
0 0 1 1	0 1 1 1	1				
0 1 0 0	1 0 0 0	1				
0 1 0 1	1 0 0 1	0				

4. 4 位二进制乘法器

能实现两个 4 位二进制数相乘的电路称为 4 位二进制乘法器，该电路有 8 个输入 A_3、A_2、A_1、A_0、B_3、B_2、B_1、B_0，8 个输出 Z_7、Z_6、Z_5、Z_4、Z_3、Z_2、Z_1、Z_0，其中，$A_4\ A_3\ A_2\ A_1$ 和 $B_4\ B_3\ B_2\ B_1$ 分别为两个 4 位无符号二进制被乘数和乘数；$Z_7\ Z_6\ Z_5\ Z_4\ Z_3\ Z_2\ Z_1\ Z_0$ 为相乘产生的积。

在 02_4bit_adder.circ 文件对应的子电路中，利用封装好的先行进位二进制并行加法器及逻辑门设计一个 4 位二进制乘法器。对设计好的先行进位的 4 位二进制乘法器进行封装，电路封装与引脚功能描述如表 2.35 所示。

表 2.35　　　　　　　　　　4 位二进制乘法器电路封装与引脚功能描述

引脚	类型	位宽/位	功能说明
$A_3 \sim A_0$	输入	1	被乘数
$B_3 \sim B_0$	输入	1	乘数
$Z_7 \sim Z_0$	输出	1	积

验证该电路的正确性，根据测试结果，填写表 2.36。

表 2.36 4 位二进制乘法器实验观察记录表

输入		输出（乘积）$Z_7Z_6Z_5Z_4Z_3Z_2Z_1Z_0$	
$A_3\ A_2\ A_1\ A_0$	$B_3\ B_2\ B_1\ B_0$	预期	实际
0 0 0 0	0 0 0 0		
1 1 0 1	0 0 1 1		
1 1 1 1	0 0 0 1		
1 1 1 1	1 1 1 1		

2.5.4 实验原理

串行进位二进制并行加法器和超前进位二进制并行加法器的工作原理见配套教材 4.4.1 小节，4 位二进制乘法器的设计过程见配套教材 4.5.2 小节中的例 4.13，在此不赘述。

2.5.5 实验思考

做完本实验后请思考下列问题：

（1）串行进位二进制并行加法器和先行进位二进制并行加法器的结构有何不同？为什么先行进位二进制并行加法器运算速度较快？

（2）如何利用 4 位二进制并行加法器实现 16 位二进制并行加法器？

2.6 译码器

2.6.1 实验目的

掌握译码器的工作原理及设计方法，并能利用设计好的译码器实现信号灯检测电路。

通过对实验的设计、仿真、验证 3 个训练，读者将熟悉 Logisim 软件的基本功能和使用方法，掌握小规模组合逻辑电路的设计、仿真、调试的方法，掌握如何利用小规模组合逻辑电路生成中规模组合逻辑芯片，以及如何使用中规模组合逻辑芯片进行二次开发。

2.6.2 实验平台及相关电路文件

实验平台及相关电路文件如表 2.37 所示。

表 2.37 实验平台及相关电路文件

实验平台	电路框架文件	元器件库文件
Logisim 软件	02_decoder.circ	无

在设计过程中，除逻辑门外，不能直接使用 Logisim 软件提供的逻辑库元器件。

2.6.3 实验内容

使用 Logisim 软件打开实验资料包中的 02_decoder.circ 文件，用门电路设计一个实现两个 1 位十进制数相加的电路，要求能在七段显示器上显示相加的结果。

具体内容如下。

1. 七段显示译码器

在 02_decoder.circ 文件对应的子电路中，利用与非门设计一个七段显示译码器，使其能驱动七段显示器显示对应的 1 位十进制数。电路的输入为 1 位的 8421 码 ABCD，输出为 a、b、c、d、e、f、g，分别驱动七段显示器的 7 个条形发光二极管，如图 2.2 所示。当发光二极管的输入为高电平时，发光二极管点亮；当发光二极管的输入为低电平时，发光二极管熄灭。

图 2.2 七段显示译码器输出驱动对应的 7 个条形发光二极管

使用 Logisim 软件进行逻辑级设计和测试，并对设计好的七段显示译码器进行封装，电路封装与引脚功能描述如表 2.38 所示。

表 2.38   **七段显示译码器电路封装与引脚功能描述**

引脚	类型	位宽/位	功能说明
ABCD	输入	1	8421 码
a～g	输出	1	译码器输出

根据测试结果，填写表 2.39。

表 2.39   **七段显示译码器实验观察记录表**

$A\ B\ C\ D$	$a\,b\,c\,d\,e\,f\,g$ 预期	实际
0 0 0 0		
0 0 1 0		
0 1 0 1		
1 0 1 0		
1 0 0 1		
1 1 0 0		
0 1 1 1		

2. 3-8 线译码器

在 02_decoder.circ 文件对应的子电路中，利用与非门设计一个 3-8 线译码器并验证其正确性，其真值表如表 2.40 所示。

表 2.40   **3-8 线译码器真值表**

输入			输出							
A_2	A_1	A_0	$\overline{Y_0}$	$\overline{Y_1}$	$\overline{Y_2}$	$\overline{Y_3}$	$\overline{Y_4}$	$\overline{Y_5}$	$\overline{Y_6}$	$\overline{Y_7}$
0	0	0	0	1	1	1	1	1	1	1
0	0	1	1	0	1	1	1	1	1	1
0	1	0	1	1	0	1	1	1	1	1
0	1	1	1	1	1	0	1	1	1	1
1	0	0	1	1	1	1	0	1	1	1
1	0	1	1	1	1	1	1	0	1	1
1	1	0	1	1	1	1	1	1	0	1
1	1	1	1	1	1	1	1	1	1	0

3-8 线译码器电路封装与引脚功能描述如表 2.41 所示。

表 2.41   **3-8 线译码器电路封装与引脚功能描述**

引脚	类型	位宽/位	功能说明
$A_2 \sim A_0$	输入	1	3-8 线译码器输入
$\overline{Y_0} \sim \overline{Y_7}$	输出	1	3-8 线译码器输出

根据测试结果，填写表 2.42。

表 2.42   **3-8 线译码器实验观察记录表**

输入			输出							
A_2	A_1	A_0	$\overline{Y_0}$	$\overline{Y_1}$	$\overline{Y_2}$	$\overline{Y_3}$	$\overline{Y_4}$	$\overline{Y_5}$	$\overline{Y_6}$	$\overline{Y_7}$
0	0	0								
0	0	1								
1	0	0								
1	1	0								
1	1	1								

3. 信号灯检测电路

在 02_decoder.circ 文件对应的子电路中，利用已完成的 3-8 线译码器、七段显示译码器、七段显示器等，设计一个监视信号灯工作状态并将结果显示在七段显示器上的检测电路，要求如下。

每一组信号灯均由红、黄、绿 3 盏灯组成，在正常工作情况下，任何时刻必有一盏灯点亮，而且只允许有一盏灯点亮。当出现灯全不亮、亮两盏、3 盏灯全亮等情况时，表明电路发生故障。根据信号灯的亮灭情况，七段显示器会显示对应的编码。信号灯和七段显示器对应情况如表 2.43 所示。

表 2.43   **信号灯和七段显示器对应情况**

红灯（R）	黄灯（Y）	绿灯（G）	故障码
亮	灭	灭	0
灭	亮	灭	0
灭	灭	亮	0
亮	亮	灭	3
亮	灭	亮	4
灭	亮	亮	5
亮	亮	亮	6
灭	灭	灭	7

信号灯检测电路封装与引脚功能描述如表 2.44 所示。

表 2.44 信号灯检测电路封装与引脚功能描述

引脚	类型	位宽/位	功能说明
R	输入	1	红色信号灯
Y	输入	1	黄色信号灯
G	输入	1	绿色信号灯
$M_2 \sim M_0$	输出	1	故障码

根据测试结果，填写表 2.45。

表 2.45 信号灯检测电路实验观察记录表

R	Y	G	$M_2M_1M_0$	
			预期	实际
1	0	0		
0	0	1		
1	0	1		
1	1	1		
0	0	0		

2.6.4 实验原理

1. 七段显示译码器

七段显示译码器的工作原理见配套教材 4.4.3 小节，此处不赘述。

与教材内容有所区别的是，在 Logisim 软件中，七段数码管是高电平译码，对应的驱动为 1 时，LED 灯点亮；对应的驱动为 0 时，LED 灯熄灭。因此，在本实验中，七段显示译码器的真值表如表 2.46 所示。

表 2.46 七段显示译码器的真值表

输入				输出						
A	B	C	D	a	b	c	d	e	f	g
0	0	0	0	1	1	1	1	1	1	0
0	0	0	1	0	1	1	0	0	0	0
0	0	1	0	1	1	0	1	1	0	1
0	0	1	1	1	1	1	1	0	0	1
0	1	0	0	0	1	1	0	0	1	1
0	1	0	1	1	0	1	1	0	1	1
0	1	1	0	0	0	1	1	1	1	1
0	1	1	1	1	1	1	0	0	0	0
1	0	0	0	1	1	1	1	1	1	1
1	0	0	1	1	1	1	0	0	1	1

将该真值表输入 Logisim 软件，可自动生成七段显示译码器电路。

2. 3-8 线译码器

由真值表可知，对任何一组输入，有且仅有一个输出端输出为 0，由此可以得到输出函数表达式为

$$\overline{Y_0} = \overline{\overline{A_2}\,\overline{A_1}\,\overline{A_0}} = \overline{m_0}$$

$$\overline{Y_1} = \overline{\overline{A_2}\,\overline{A_1}\,A_0} = \overline{m_1}$$

$$\overline{Y_2} = \overline{\overline{A_2}\,A_1\,\overline{A_0}} = \overline{m_2}$$

$$\overline{Y_3} = \overline{\overline{A_2}\,A_1\,A_0} = \overline{m_3}$$

$$\overline{Y_4} = \overline{A_2\,\overline{A_1}\,\overline{A_0}} = \overline{m_4}$$

$$\overline{Y_5} = \overline{A_2\,\overline{A_1}\,A_0} = \overline{m_5}$$

$$\overline{Y_6} = \overline{A_2\,A_1\,\overline{A_0}} = \overline{m_6}$$

$$\overline{Y_7} = \overline{A_2\,A_1\,A_0} = \overline{m_7}$$

3. 信号灯检测电路

3-8 线译码器可以输出任意最小项的非，而任意逻辑函数都可以表示成最小项之和的形式，因此，利用少量逻辑门，将这些最小项适当组合起来，便可以实现任意组合逻辑功能。利用 3-8 线译码器实现逻辑函数的过程如下。

（1）根据函数自变量的个数确定译码器输入编码位数。

（2）将函数自变量与译码器输入编码进行一一对应。

（3）写出函数的标准与或表达式。

（4）将标准与或表达式转换为与非形式。

（5）用译码器和与非门构成逻辑函数。

在设计的过程中，也可以将逻辑函数表达式转换成标准或与表达式，则在输出端需要将与非门换成与门。

要求用已完成的 3-8 线译码器、七段显示译码器、七段显示器来实现信号灯检测电路，可先找出编码和信号灯输入之间的逻辑关系，并用 3-8 线译码器实现这种逻辑关系，然后将输出的编码通过七段显示译码器显示在七段显示器上。

由设计要求，首先进行逻辑抽象。由表 2.44 可知，信号灯检测电路有 3 个输入，分别为 R、Y、G，输出为 3 位二进制数 $M_2M_1M_0$，假设信号灯亮用 1 表示，信号灯灭用 0 表示，可得到真值表，如表 2.47 所示。

表 2.47　　　　　　　　　　信号灯检测电路真值表

R	Y	G	$M_2M_1M_0$
0	0	0	1 1 1
0	0	1	0 0 0
0	1	0	0 0 0
0	1	1	1 0 1
1	0	0	0 0 0
1	0	1	1 0 0
1	1	0	0 1 1
1	1	1	1 1 0

由表 2.47 可得

$$M_2 = \sum m(0,3,5,7) = \overline{\overline{m_0}\cdot\overline{m_3}\cdot\overline{m_5}\cdot\overline{m_7}}$$

$$M_1 = \sum m(0,6,7) = \overline{\overline{m_0}\cdot\overline{m_6}\cdot\overline{m_7}}$$

$$M_0 = \sum m(0,3,6) = \overline{\overline{m_0}\cdot\overline{m_3}\cdot\overline{m_6}}$$

将 R、Y、G 连接 3-8 线译码器的输入端，将 0 和 3-8 线译码器的输出 $M_2 M_1 M_0$ 连接七段显示译码器的输入端，并将七段显示译码器连接七段显示器，即可将信号灯对应的编码显示出来。

2.6.5　实验思考

做完本实验后请思考下列问题：

（1）当七段显示译码器的输入为 10～15 时，对应的七段显示器显示的内容是什么？为什么？

（2）如果只使用与门，如何用 3-8 线译码器实现信号灯检测电路？

（3）如何将两个 3-8 线译码器扩展为 4-16 线译码器？

2.7　多路选择器

2.7.1　实验目的

掌握多路选择器的工作原理及设计方法，掌握多路选择器在数字电路中的应用，并能利用设计好的多路选择器实现 1 位十进制数加法器。

通过对实验的设计、仿真、验证 3 个训练，读者将熟悉 Logisim 软件的基本功能和使用方法，掌握小规模组合逻辑电路的设计、仿真、调试的方法，掌握如何利用小规模组合逻辑电路生成中规模组合逻辑芯片，以及如何使用中规模组合逻辑芯片进行二次开发。

2.7.2　实验平台及相关电路文件

实验平台及相关电路如表 2.48 所示。

表 2.48　　　　　　　　　　　　　　　**实验平台及相关电路文件**

实验平台	电路框架文件	元器件库文件
Logisim 软件	02_MUL.circ	PrivateLib.circ

在设计过程中，除逻辑门外和 PrivateLib.circ 中指定的元器件外，不能直接使用 Logisim 软件提供的逻辑库元器件。此外，需要注意的是，如果要在头歌实践教学平台自动检测，请勿改变各子电路的封装图，也不可使用 Logisim 软件自动生成电路，否则，自动评测可能无法进行。

2.7.3　实验内容

使用 Logisim 软件打开实验资料包中的 02_MUL.circ 文件，使用 2 路选择器设计一个 4 路选择器；利用 4 路选择器设计一个 8 路选择器；使用 4 路选择器实现工厂供电控制电路；使用 8 路选择器实现 3 位二进制并行数据比较器。利用 Logisim 软件来检查电路设计是否达到要求。

具体内容如下。

1．4 路选择器

在 02_MUL.circ 文件对应的子电路中，用 2 路选择器和适当的逻辑门设计一个 4 路选择器，该电路有 4 个数据输入端 D_3、D_2、D_1 和 D_0，2 个选择输入端 A_1 和 A_0，一个输出端 Y。当 $A_1 A_0 = 00$ 时，$Y = D_0$；当 $A_1 A_0 = 01$ 时，$Y = D_1$；当 $A_1 A_0 = 10$ 时，$Y = D_2$；当 $A_1 A_0 = 11$ 时，$Y = D_3$。

使用 Logisim 软件进行逻辑级设计和测试，并对设计好的 4 路选择器进行封装，电路封装与引脚功能描述如表 2.49 所示。

数字电路与逻辑设计实验指导与习题解析——基于虚拟仿真实验

表2.49　　　　　　　　　4路选择器电路封装与引脚功能描述

引脚	类型	位宽/位	功能说明
$D_0 \sim D_3$	输入	1	数据输入端
$A_1 A_0$	输入	1	选择控制端
Y	输出	1	选择器的输出

根据测试结果，填写表2.50。

表2.50　　　　　　　　　　4路选择器实验观察记录表

输入		输出	
$A_1\ A_0$	$D_3\ D_2\ D_1\ D_0$	Y	
		预期	实际
0　0	1　0　1　0		
0　0	0　0　1　0		
0　1	1　0　0　1		
0　1	1　1　0　0		
1　0	0　1　0　1		
1　0	0　0　0　1		
1　1	1　0　0　0		
1　1	0　1　1　1		

2. 8路选择器

在 02_MUL.circ 文件对应的子电路中，用已实现的4路选择器和适当的逻辑门设计一个8路选择器。

对设计好的8路选择器进行封装，电路封装与引脚功能描述如表2.51所示。

表2.51　　　　　　　　　8路选择器电路封装与引脚功能描述

引脚	类型	位宽/位	功能说明
$D_0 \sim D_7$	输入	1	数据输入端
$A_2 A_1 A_0$	输入	1	选择控制端
Y	输出	1	选择器的输出

根据测试结果，填写表2.52。

表2.52　　　　　　　　　　8路选择器实验观察记录表

输入		输出	
$A_2\ A_1\ A_0$	$D_7\ D_6\ D_5\ D_4\ D_3\ D_2\ D_1\ D_0$	Y	
		预期	实际
0　0　0	0　0　0　1　1　0　1　0		
0　0　1	0　0　1　0　0　1　1　0		
0　1　1	1　0　0　1　0　0　1　0		
1　0　1	1　0　1　1　1　1　0　0		
1　1　0	0　0　1　0　1　0　0　1		
1　0　0	0　0　0　1　1　0　0　0		
1　1　0	1　0　1　0　0　0　0　0		
1　1　1	0　1　1　1　1　1　1　1		

3. 工厂供电控制电路

在 02_MUL.circ 文件对应的子电路中，用设计好的 4 路选择器和适当的逻辑门设计一个工厂供电控制电路，具体要求如下。

某工厂有 3 条生产线，1 号生产线功率 10 kW，2 号生产线功率 20 kW，3 号生产线功率 30 kW，生产线的电能由 2 台发电机提供，其中 1 号发电机发电功率为 20 kW，2 号发电机发电功率为 40 kW。试设计一个供电控制电路，根据生产线的开工情况启动发电机，使电力负荷达到最佳配置。假设生产线开工用 1 表示，不开工用 0 表示，发电机工作用 1 表示，发电机不工作用 0 表示。

使用 Logisim 软件进行逻辑级设计和测试，并对设计好的工厂供电控制电路进行封装，电路封装与引脚功能描述如表 2.53 所示。

表 2.53　　　　　　　　　　工厂供电控制电路封装与引脚功能描述

引脚	类型	位宽/位	功能说明
L_1	输入	1	1 号生产线
L_2	输入	1	2 号生产线
L_3	输入	1	3 号生产线
E_1	输出	1	1 号发电机
E_2	输出	1	2 号发电机

根据测试结果，填写表 2.54。

表 2.54　　　　　　　　　　工厂供电控制电路实验观察记录表

L_1	L_2	L_3	$E_1 E_2$ 预期	$E_1 E_2$ 实际
0	0	1		
0	1	1		
1	0	0		
1	0	1		
1	1	1		

4. 并行数据比较器

在 02_MUL.circ 文件对应的子电路中，用 PrivateLib.circ 中的 3-8 线译码器 74138 和 8 路选择器实现 3 位二进制并行数据比较器。

使用 Logisim 软件进行逻辑级设计和测试，并对设计好的 3 位二进制并行数据比较器进行封装，电路封装与引脚功能描述如表 2.55 所示。

表 2.55　　　　　　　　　　并行数据比较器电路封装与引脚功能描述

引脚	类型	位宽/位	功能说明
ABC	输入	1	数据 1
XYZ	输入	1	数据 2
F	输出	1	比较结果

根据测试结果，填写表 2.56。

表 2.56　　　　　　　　　　并行数据比较器实验观察记录表

输入			输入			输出 F	
A	B	C	X	Y	Z	预期	实际
1	0	0	0	1	0		
1	0	1	1	0	1		
0	0	1	0	1	0		
0	1	1	1	1	1		
0	1	0	1	0	0		
1	0	1	1	0	1		

2.7.4　实验原理

1. 4 路选择器

4 路选择器的工作原理见配套教材 4.4.4 小节，在此不赘述。

4 路选择器可以直接使用逻辑门实现，也可以用 3 个 2 路选择器实现一个 4 路选择器，电路如图 2.3 所示。

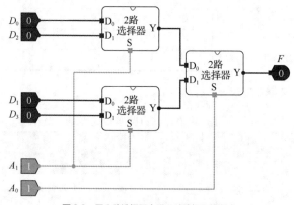

图 2.3　用 2 路选择器实现 4 路选择器的电路

2. 8 路选择器

可以根据 8 路选择器的真值表得到输出函数表达式，也可以直接将 8 路选择器的真值表输入 Logisim 软件，直接生成电路。

此外，和 4 路选择器一样，8 路选择器也可以用两个 4 路选择器和 1 个 2 路选择器实现，电路如图 2.4 所示。

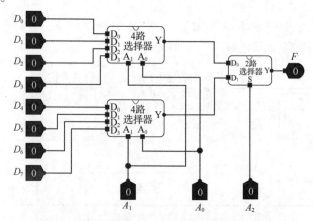

图 2.4　用 2 路选择器和 4 路选择器实现 8 路选择器的电路

3．工厂供电控制电路

根据设计要求进行逻辑抽象。工厂供电控制电路有 3 个输入，分别为 L_1、L_2、L_3，2 个输出 E_2、E_1，可得到真值表，如表 2.57 所示。

表 2.57　　　　　　　　　　　　　　　**工厂供电控制电路真值表**

L_1	L_2	L_3	E_1 E_2
0	0	0	0　0
0	0	1	0　1
0	1	0	1　0
0	1	1	1　1
1	0	0	1　0
1	0	1	0　1
1	1	0	0　1
1	1	1	1　1

由表 2.57 可得

$$E_1 = \sum m(2,3,4,7)$$
$$E_2 = \sum m(1,3,5,6,7)$$

假设用 L_1 和 L_2 作为选择控制变量，可得

$$E_1 = \overline{L_1}\,\overline{L_2} \cdot 0 + \overline{L_1}L_2 \cdot 1 + L_1\overline{L_2}\,\overline{L_3} + L_1L_2L_3$$
$$E_2 = \overline{L_1}\,\overline{L_2}L_3 + \overline{L_1}\,L_2L_3 + L_1\overline{L_2}L_3 + L_1\,L_2 \cdot 1$$

将 L_1 和 L_2 接在两个 4 路选择器的选择控制端 A_1 和 A_0，第一个 4 路选择器输出端接 E_1，4 个数据输入端 $D_0 \sim D_4$ 分别接 0、1、$\overline{L_3}$ 和 L_3，第二个 4 路选择器输出端接 E_2，4 个数据输入端 $D_0 \sim D_4$ 分别接 L_3、L_3、L_3 和 1。

4．并行数据比较器

由前文可知，可用 3-8 线译码器和 8 路选择器（MUX）实现 3 位二进制并行数据比较器。

对于 3-8 线译码器，其输入为 A、B、C，输出为 $\overline{Y_i}$，该 3-8 线译码器为低电平译码，因此，任何时刻，只有一个输出端输出低电平，其余输出端均为高电平。

对于 8 路选择器，其输入为 8 路数据 $D_7 \sim D_0$，以及选择控制变量 X、Y、Z，输出为 F。该 8 路选择器根据选择控制变量 X、Y、Z 的输入，选择一路送至输出 F。

若将 3-8 线译码器的输出端和 8 路选择器输入端逐一相连，即 $D_i = \overline{Y_i}$，则在任何时刻，8 路选择器只有一个输入端为低电平，其余输入端均为高电平。因此，当 $ABC=XYZ$ 时，输出 $F=0$；当 $ABC \neq XYZ$ 时，$F=1$。

逻辑电路如图 2.5 所示。

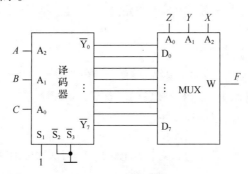

图 2.5　并行数据比较器逻辑电路

2.7.5　实验思考

做完本实验后请思考下列问题:

(1)多路选择器在实现组合逻辑函数功能时与二进制译码器有何不同?

(2)关于多路选择器,还有什么用途? 试举例说明。

2.8　比较器

2.8.1　实验目的

掌握比较器的工作原理及实现方法,用 1 位二进制比较器实现 4 位二进制比较器,并用 4 位二进制比较器实现 8421 码四舍五入电路。

通过对实验的设计、仿真、验证 3 个训练,读者将熟悉 Logisim 软件的基本功能和使用方法、掌握小规模组合逻辑电路的设计、仿真、调试的方法,掌握如何利用小规模组合逻辑电路生成中规模组合逻辑芯片,以及如何使用中规模组合逻辑芯片进行二次开发。

2.8.2　实验平台及相关电路文件

实验平台及相关电路文件如表 2.58 所示。

表 2.58　　　　　　　　　　　　　实验平台及相关电路文件

实验平台	电路框架文件	元器件库文件
Logisim 软件	02_comparer.circ	PrivateLib.circ

在设计过程中,除逻辑门和 PrivateLib.circ 中指定的元器件外,不能直接使用 Logisim 软件提供的逻辑库元器件。此外,需要注意的是,如果要在头歌实践教学平台自动检测,请勿改变各子电路的封装图,也不可使用 Logisim 软件自动生成电路,否则,自动评测无法进行。

2.8.3　实验内容

使用 Logisim 软件打开实验资料包中的 02_comparer.circ 文件,用门电路设计一个 1 位二进制比较器,并利用该器件设计一个 4 位二进制比较器,然后用 4 位二进制比较器设计一个 8421 码四舍五入电路,利用 Logisim 软件来检查电路设计是否达到要求。

具体内容如下。

1. 1 位二进制比较器

在 02_comparer.circ 文件对应的子电路中,使用门电路设计一个 1 位二进制比较器,该电路输入为两个 1 位二进制数 A 和 B,输出为 G、E、L。当 $A>B$ 时,$G=1$、$E=0$、$L=0$;当 $A=B$ 时,$G=0$、$E=1$、$L=0$;当 $A<B$ 时,$G=0$、$E=0$、$L=1$。

使用 Logisim 软件进行逻辑级设计和测试,根据测试结果,填写表 2.59。

对设计好的 1 位二进制比较器进行封装,电路封装与引脚功能描述如表 2.60 所示。

表 2.59   **1 位二进制比较器实验观察记录表**

输入		输出	
		GEL	
A	B	预期	实际
0	0		
0	1		
1	0		
1	1		

表 2.60   **1 位二进制比较器电路封装与引脚功能描述**

引脚	类型	位宽/位	功能说明
A	输入	1	比较数 A
B	输入	1	比较数 B
G	输出	1	比较输出大于
E	输出	1	比较输出等于
L	输出	1	比较输出小于

（封装图：G E L，1位二进制比较器，A B）

2. 4 位二进制比较器

在 02_comparer.circ 文件对应的子电路中,利用设计好的 1 位二进制比较器及逻辑门设计一个 4 位二进制比较器,该电路输入为两个 4 位二进制数 $A = A_4A_3A_2A_1$ 和 $B = B_4B_3B_2B_1$,输出为 G、E、L。当 $A>B$ 时,$G=1$、$E=0$、$L=0$;当 $A=B$ 时,$G=0$、$E=1$、$L=0$;当 $A<B$ 时,$G=0$、$E=0$、$L=1$。

使用 Logisim 软件进行逻辑级设计和测试,并对设计好的 1 位二进制比较器进行封装,电路封装与引脚功能描述如表 2.61 所示。

表 2.61   **4 位二进制比较器电路封装与引脚功能描述**

引脚	类型	位宽/位	功能说明
$A_4 \sim A_1$	输入	1	比较数 A
$B_4 \sim B_1$	输入	1	比较数 B
G	输出	1	比较输出大于
E	输出	1	比较输出等于
L	输出	1	比较输出小于

（封装图：G E L，4位二进制比较器，$A_4 A_3 A_2 A_1$ $B_4 B_3 B_2 B_1$）

根据测试结果,填写表 2.62。

表 2.62   **4 位二进制比较器实验观察记录表**

输入		输出	
		GEL	
$A_4\ A_3\ A_2\ A_1$	$B_4\ B_3\ B_2\ B_1$	预期	实际
0 0 0 0	1 0 0 1		
0 0 1 1	0 0 1 1		
0 1 1 0	0 0 0 1		
1 0 0 1	1 0 0 0		
1 1 0 0	0 0 1 1		
1 1 1 1	1 0 1 1		

3. 8421 码加法运算修正电路

在 02_comparer.circ 文件对应的子电路中，用 4 位二进制比较器、PrivateLib.circ 中的 4 位二进制并行加法器 74283 和适当的逻辑门，设计一个 8421 码加法运算修正电路，该电路输入为两个 1 位 8421 码 $A = A_4A_3A_2A_1$ 和 $B = B_4B_3B_2B_1$ 相加的和 $S' = S_4'S_3'S_2'S_1'$，以及进位 FC_4，输出为修正后的 1 位 8421 码 $S = S_4S_3S_2S_1$，以及二者相加产生的进位 C。

8421 码加法运算修正电路封装与引脚功能描述如表 2.63 所示。

表 2.63   **8421 码加法运算修正电路封装与引脚功能描述**

引脚	类型	位宽/位	功能说明
$S_4' \sim S_1'$	输入	1	被修正的数
FC_4	输入	1	两个 8421 码相加产生的进位
$S_4 \sim S_1$	输出	1	修正后的和
C_4	输出	1	修正后的进位

根据测试结果，填写表 2.64。

表 2.64   **8421 码加法运算修正电路实验观察记录表**

输入	输出			
	C_4		$S_4S_3S_2S_1$	
$FC_4\ S_4'\ S_3'\ S_2'\ S_1'$	预期	实际	预期	实际
0 0 0 0 0				
1 0 0 1 1				
0 0 1 1 0				
0 1 0 0 1				
1 1 1 0 0				
0 1 1 1 1				

4. 8421 码加法运算电路

在 02_comparer.circ 文件对应的子电路中，利用已完成的 8421 码加法运算修正电路和 PrivateLib.circ 中的 4 位二进制并行加法器 74283，设计一个 8421 码加法运算电路，该电路输入为两个 4 位二进制数 $A = A_4A_3A_2A_1$ 和 $B = B_4B_3B_2B_1$，输出为两个 4 位二进制数相加的和 $S = S_4S_3S_2S_1$，以及二者相加产生的进位 C。图 2.6 所示为利用探针组件和十六进制显示器直观地显示了两个 8421 码相加的结果，方便观察、测试。

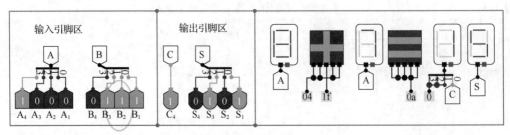

图 2.6   8421 码加法运算

8421 码加法运算电路封装与引脚功能描述如表 2.65 所示。

表 2.65 　　　　　　　　8421 码加法运算电路封装与引脚功能描述

引脚	类型	位宽/位	功能说明
$A_4 \sim A_1$	输入	1	被加数
$B_4 \sim B_1$	输入	1	加数
$S_4 \sim S_1$	输出	1	和
C_4	输出	1	向高位的进位

（封装示意图：$C_4\ S_4\ S_3\ S_2\ S_1$，8421码加法运算电路，$A_4\ A_3\ A_2\ A_1\quad B_4\ B_3\ B_2\ B_1$）

根据测试结果，填写表 2.66。

表 2.66 　　　　　　　　8421 码加法运算电路实验观察记录表

输入		输出			
$A_4\ A_3\ A_2\ A_1$ $\quad$ $B_4\ B_3\ B_2\ B_1$ $\quad$ C_0		$S_4 S_3 S_2 S_1$		C_4	
		预期	实际	预期	实际
1 0 0 0　0 1 0 0　0					
1 0 0 1　1 1 0 1　1					
0 0 1 0　0 1 1 0　0					
0 0 1 1　0 1 1 1　1					
0 1 0 0　1 0 0 0　1					
0 1 0 1　1 0 0 1　0					

2.8.4　实验原理

1．二进制比较器

1 位二进制比较器和 4 位二进制比较器的工作原理见配套教材 4.4.6 小节，在此不赘述。

2．8421 码加法运算修正电路

两个 8421 码相加时，当二者相加的和小于或等于 9 时，8421 码的加法与二进制并行加法器的运算结果相同，电路不需要修正。

当二者相加的和大于 9 且小于 16 时，8421 码相加的结果不能产生正确进位，和也需要进行修正。修正方法是进位 $C=1$，二者相加的和需要减去 10。可采用补码进行修正，即当 $S_4'S_3'S_2'S_1' > 1001$ 时，$C=1$，$S_4 S_3 S_2 S_1 = S_4'S_3'S_2'S_1' +0110$。

当二者相加的和大于 15 时（最大值 18），8421 码相加可以产生正确的进位（$FC_4=1$），和 $S_4'S_3'S_2'S_1'$ 为 0000～0010（小于 0011），因此和需要加 6，即进位 $C=1$，和 $S_4 S_3 S_2 S_1 = S_4'S_3'S_2'S_1' +0110$。

因此，需要使用两个 4 位二进制比较器，将 $S_4'S_3'S_2'S_1'$ 分别和 1001、0011 对比，如果 $S_4'S_3'S_2'S_1'>1001$，或 $S_4'S_3'S_2'S_1'<0011$ 且 $FC_4 =1$，则进位 $C=1$，$S_4 S_3 S_2 S_1 = S_4'S_3'S_2'S_1' +0110$，否则进位 $C=0$，$S_4 S_3 S_2 S_1 = S_4'S_3'S_2'S_1' +0000$。$S_4 S_3 S_2 S_1 = S_4'S_3'S_2'S_1' +0110$ 或 $S_4 S_3 S_2 S_1 = S_4'S_3'S_2'S_1' +0000$ 可用一个二进制并行加法器实现。

3．8421 码加法运算电路

分别将被加数 A、加数 B 接入二进制并行加法器 74283，将其结果 $F_4 F_3 F_2 F_1$ 和进位 FC_4 输入 8421 码加法运算修正电路，再将被加数 A、加数 B 及 8421 码加法运算修正电路的输出 C 和 S 分别接十六进制数字显示器即可。

2.8.5 实验思考

做完本实验后请思考下列问题:

(1)如何将 4 位二进制比较器扩展为 16 位二进制比较器?

(2)用比较器和简单的逻辑门都可以实现比较功能,请说明二者各有什么优缺点。

2.9 编码器

2.9.1 实验目的

掌握优先编码器的工作原理及设计方法,并能利用设计好的优先编码器实现病房呼叫电路。

通过对实验的设计、仿真、验证 3 个训练,读者将熟悉 Logisim 软件的基本功能和使用方法,掌握小规模组合逻辑电路的设计、仿真、调试的方法,掌握如何利用小规模组合逻辑电路生成中规模组合逻辑芯片,以及如何使用中规模组合逻辑芯片进行二次开发。

2.9.2 实验平台及相关电路文件

实验平台及相关电路文件如表 2.67 所示。

表 2.67　　　　　　　　　　　实验平台及相关电路文件

实验平台	电路框架文件	元器件库文件
Logisim 软件	02_encoder.circ	无

在设计过程中,除逻辑门外,不能直接使用 Logisim 软件提供的逻辑库元器件。

2.9.3 实验内容

使用 Logisim 软件打开实验资料包中的 02_encoder.circ 文件,用门电路设计一个 4-2 线优先编码器,并利用生成的 4-2 线优先编码器实现一个病房呼叫电路。

具体内容如下。

1. 4-2 线优先编码器

在 02_encoder.circ 文件对应的子电路中,用适当的逻辑门设计一个 4-2 线优先编码器,其真值表如表 2.68 所示。

表 2.68　　　　　　　　　　　4-2 线优先编码器真值表

输入				输出		
I_1	I_2	I_3	I_4	C_2	C_1	C_0
0	0	0	0	0	0	0
d	d	d	1	1	0	0
d	d	1	0	0	1	1
d	1	0	0	0	1	0
1	0	0	0	0	0	1

使用 Logisim 软件进行逻辑级设计和测试，并对设计好的 4-2 线优先编码器进行封装，电路封装与引脚功能描述如表 2.69 所示。

表 2.69 　　　　　　　　　　**4-2 线优先编码器电路封装与引脚功能描述**

引脚	类型	位宽/位	功能说明
$I_1 \sim I_4$	输入	1	编码输入端
$C_2C_1C_0$	输出	1	编码输出

（封装图：4-2线优先编码器，输入 I_1、I_2、I_3、I_4，输出 C_2、C_1、C_0）

验证该电路的正确性，根据测试结果，填写表 2.70。

表 2.70 　　　　　　　　　　**4-2 线优先编码器实验观察记录表**

输入 $I_1I_2I_3I_4$		输出 $C_2C_1C_0$	
		预期	实际
0	1010		
0	0010		
0	1001		
0	1100		
1	0101		
1	0001		
1	1111		
1	0111		

2. 病房呼叫电路

在 02_encoder.circ 文件对应的子电路中，用已实现的优先编码器、七段显示译码器、七段显示器和适当的逻辑门，设计一个病房呼叫电路。具体要求如下。

某医院有 4 个病房（编号 1~4），每个病房设有呼叫开关，值班室内装有一个七段显示器。呼叫开关优先级别由高到低依次为 1~4 号，要求：无病房按下呼叫开关时，数码管显示 0；有病房呼叫开关按下时，数码管显示对应的病房号；当有多个病房呼叫开关同时按下时，数码管显示优先级最高的病房号。

使用 Logisim 软件进行逻辑级设计，并对设计好的病房呼叫电路进行封装，电路封装与引脚功能描述如表 2.71 所示。

表 2.71 　　　　　　　　　　**病房呼叫电路封装与引脚功能描述**

引脚	类型	位宽/位	功能说明
$R_1 \sim R_4$	输入	1	4 个房间呼叫输入
$C_2C_1C_0$	输出	1	呼叫显示房间号

（封装图：病房呼叫电路，输入 R_1、R_2、R_3、R_4，输出 C_2、C_1、C_0）

验证该电路的正确性，根据测试结果，填写表 2.72。

表 2.72 　　　　　　　　　　**病房呼叫电路实验观察记录表**

输入 $R_1R_2R_3R_4$	输出 $C_2C_1C_0$	
	预期	实际
1010		

续表

输入 $R_1R_2R_3R_4$	输出 $C_2C_1C_0$	
	预期	实际
0010		
1001		
1100		
0101		
0001		
1111		
0111		

2.9.4 实验原理

1. 4-2 线优先编码器

在数字系统中，信息都是由代码来表示的，用一组二进制代码表示某一种信息的过程称为编码，完成编码逻辑功能的电路称为编码器（Encoder）。

由表 2.68 可知

$$C_2 = I_4$$
$$C_1 = I_2\overline{I_3}\,\overline{I_4} + I_3\overline{I_4}$$
$$C_0 = I_1\overline{I_2}\,\overline{I_3}\,\overline{I_4} + I_3\overline{I_4}$$

根据输出函数的表达式，可得到 4-2 线优先编码器的电路。

2. 病房呼叫电路

由设计要求，首先进行逻辑抽象。病房呼叫电路有 4 个输入，分别为 R_4、R_3、R_2、R_1，分别代表 4 个房间的呼叫输入，房间有呼叫用 1 表示，无呼叫用 0 表示；有 4 个房间号码要显示，再加上无呼叫时显示 0，共 5 个数字要显示，因此，需要用 3 位进行编码，输出编码用 $C_2C_1C_0$ 表示。

呼叫开关优先级别由高到低依次为 1~4 号，即房间号越小优先级越高，房间号越大优先级越低。可用前面完成的 4-2 线优先编码器实现，需要注意的是，4-2 线优先编码器下标越大优先级越高，因此房间输入需要根据优先级一一对应。最后将编码的结果即房间号通过七段显示译码器和七段显示器显示出来。

2.9.5 实验思考

做完本实验后请思考下列问题：

（1）什么叫编码器？它的主要功能是什么？

（2）一般编码器输入的编码信号为什么是互相排斥的？

（3）什么是优先编码器？它是否存在编码信号的相互排斥？

第 3 章
时序逻辑电路

本章从简单的、常用的时序逻辑电路的设计入手，通过对实验的设计、仿真、验证 3 个训练过程，熟悉 Logisim 软件的基本功能和使用方法，掌握小规模时序逻辑电路的设计、仿真、调试的方法，掌握常用的中规模时序逻辑芯片的原理、实现方法和简单应用，为后续的学习打下了坚实的基础。

3.1 同步计数器

3.1.1 实验目的

掌握同步计数器的工作原理及设计方法。

通过对实验的设计、仿真、验证 3 个训练，读者将熟悉 Logisim 软件的基本功能和使用方法，掌握小规模同步时序逻辑电路的设计、仿真、调试的方法，掌握如何利用小规模时序逻辑电路生成中规模时序逻辑芯片并进行二次开发。

3.1.2 实验平台及相关电路文件

实验平台及相关电路文件如表 3.1 所示。

表 3.1 实验平台及相关电路文件

实验平台	电路框架文件	私有库元器件
Logisim 软件	03_SynCounter.circ	74152 芯片

除逻辑门、触发器和 PrivateLib.circ 中指定的元器件外，不能直接使用 Logisim 软件提供的逻辑库元器件。

3.1.3 实验内容

使用 Logisim 软件打开实验资料包中的 03_SynCounter.circ 文件，采用常用的逻辑门电路、触发器设计一个同步模 5 计数器,利用同步模 5 计数器和 PrivateLib.circ 中的 8 路选择器 74152，实现 11011 序列发生器，利用 Logisim 软件来检查电路设计是否达到要求。

具体内容如下。

1. 同步模 5 计数器

在 03_SynCounter.circ 文件对应的子电路中，用门电路和 D 触发器设计一个同步模 5 计数器，电路的输入为脉冲信号 *CP*，输出为计数值。

使用 Logisim 软件进行逻辑级设计和测试，根据测试结果，填写表 3.2。

表 3.2   **同步模 5 计数器实验观察记录表**

CP	$y_2y_1y_0$	
	预期	实际
1（⊓）		
2（⊓）		
3（⊓）		
4（⊓）		
5（⊓）		
6（⊓）		
7（⊓）		
8（⊓）		
9（⊓）		
10（⊓）		

对设计好的电路进行封装，电路封装与引脚功能说明如表 3.3 所示。

表 3.3   **同步模 5 计数器电路封装与引脚功能说明**

引脚	类型	位宽/位	功能说明
CP	输入	1	计数脉冲
$y_2y_1y_0$	输出	1	计数值

（封装图：y_2 y_1 y_0，CP 同步模5计数器）

2. 11011 序列发生器

在 03_SynCounter.circ 文件对应的子电路中，用完成的同步模 5 计数器和 PrivateLib.circ 中的 8 路选择器 74152，设计一个 11011 序列发生器，电路的输入为脉冲信号 *CP*，输出为 *F*。

使用 Logisim 软件进行逻辑级设计和测试，根据测试结果，填写表 3.4。

表 3.4   **11011 序列发生器实验观察记录表**

x	*F*	
	预期	实际
1（⊓）		
2（⊓）		
3（⊓）		
4（⊓）		
5（⊓）		
6（⊓）		
7（⊓）		
8（⊓）		
9（⊓）		

续表

x	F	
	预期	实际
10（⊓）		
11（⊓）		
12（⊓）		
13（⊓）		
14（⊓）		
15（⊓）		

对设计好的电路进行封装，电路封装与引脚功能说明如表 3.5 所示。

表 3.5　　　　　　　　　　　　**11011 序列发生器电路封装与引脚功能说明**

引脚	类型	位宽/位	功能说明
CP	输入	1	脉冲输入
F	输出	1	串行输出的序列

（CP　11011 序列发生器　F 电路封装图）

3.1.4　实验原理

1.　同步模 5 计数器

根据设计要求，设计一个同步模 5 计数器，除了时钟脉冲信号 CP 外没有其他输入信号，输出为电路计数值，即电路的状态，这是一个 Moore 型的同步时序逻辑电路。

（1）状态图和状态表。该计数器是模 5 计数器，即电路有 5 个状态，设电路的状态变量 y_2、y_1、y_0，状态之间的转换关系比较清楚，状态图如图 3.1 所示，二进制状态表如表 3.6 所示。

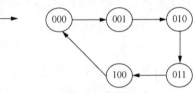

图 3.1　模 5 计数器状态图

表 3.6　　　　　　　　　　　　　　　**二进制状态表**

现态			次态		
y_2	y_1	y_0	y_2^{n+1}	y_1^{n+1}	y_0^{n+1}
0	0	0	0	0	1
0	0	1	0	1	0
0	1	0	0	1	1
0	1	1	1	0	0
1	0	0	0	0	0

（2）确定激励函数并化简。根据状态表和 D 触发器的激励表，写出每个状态下的激励，得到激励函数真值表，如表 3.7 所示。

表 3.7　　　　　　　　　　　　　　　**激励函数真值表**

现态			次态			激励函数		
y_2	y_1	y_0	y_2^{n+1}	y_1^{n+1}	y_0^{n+1}	D_2	D_1	D_0
0	0	0	0	0	1	0	0	1
0	0	1	0	1	0	0	1	0
0	1	0	0	1	1	0	1	1
0	1	1	1	0	0	1	0	0
1	0	0	0	0	0	0	0	0

依据激励函数真值表，电路中有 3 个无效状态 101、110 和 111，它们的激励可以作为无关项处理，画出激励函数和输出函数卡诺图，如图 3.2 所示。

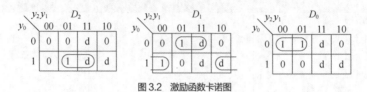

图 3.2　激励函数卡诺图

化简后，激励函数表达式为

$$D_2 = y_0 y_1 \qquad D_1 = y_1 \overline{y_0} + y_0 \overline{y_1} \qquad D_0 = \overline{y_2}\ \overline{y_0}$$

由于电路存在 3 个无效状态，因此根据激励函数填写无效状态检查表，如表 3.8 所示。

表 3.8　　　　　　　　　　　　　　**无效状态检查表**

现态			激励函数			次态		
y_2	y_1	y_0	D_2	D_1	D_0	y_2^{n+1}	y_1^{n+1}	y_0^{n+1}
1	0	1	0	1	0	0	1	0
1	1	0	0	1	0	0	1	0
1	1	1	1	0	0	1	0	0

由无效状态检查表可知，此方案的无效状态序列不会产生"挂起"现象，因此设计方案合理。

因为是同步计数器，所以选择上升沿或下降沿触发的 D 触发器均可。根据激励函数和输出函数表达式，可利用 Logisim 软件实现给定要求的逻辑电路。

2. 11011 序列发生器

序列发生器的周期 $T_p = 5$，因此可以采用模 5 计数器加上 8 路选择器实现。

将模 5 计数器状态输出连接一个 8 路选择器的控制端，选择器的输入顺次设为 11011xxx，x 表示任意数，选择器输出即整个电路的输出，逻辑电路如图 3.3 所示。当计数器在时钟脉冲信号作用下，状态输出 000～100 时，电路依次输出 11011。

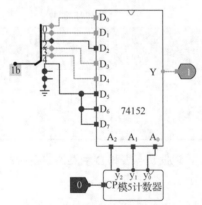

图 3.3　11011 序列发生器逻辑电路

3.1.5　实验思考

做完本实验后请思考下列问题：

（1）如果要求模 5 计数器每 5 个状态输出一个脉冲，电路该如何设计？

（2）同步计数器选择触发器时上升沿触发和下降沿触发是否会影响电路功能？

3.2 异步计数器

3.2.1 实验目的

掌握脉冲异步计数器的工作原理及设计方法。

通过对实验的设计、仿真、验证 3 个训练，读者将熟悉 Logisim 软件的基本功能和使用方法，掌握小规模异步时序逻辑电路的设计、仿真、调试的方法，掌握如何利用小规模时序逻辑电路生成中规模时序逻辑芯片。

3.2.2 实验平台及相关电路文件

实验平台及相关电路文件如表 3.9 所示。

表 3.9 实验平台及相关电路文件

实验平台	电路框架文件	元器件库文件
Logisim 软件	03_AsynCounter.circ	PrivateLib.circ

除逻辑门、触发器和 PrivateLib.circ 中指定的元器件外，不能直接使用 Logisim 软件提供的逻辑库元器件。

3.2.3 实验内容

使用 Logisim 软件打开实验资料包中的 03_AsynCounter.circ 文件，采用常用的逻辑门、触发器设计一个 Mealy 型脉冲异步模 16 计数器，利用异步模 16 计数器和 PrivateLib.circ 中的 3-8 线译码器 74138 芯片，实现一个 Π 发生器，利用 Logisim 软件来检查电路设计是否达到要求。

具体内容如下。

1. Mealy 型异步模 16 计数器

在 03_AsynCounter.circ 文件对应的子电路中，用门电路和下降沿触发的 T 触发器设计一个 Mealy 型异步模 16 计数器，该电路对输入端 x 出现的脉冲进行计数，当收到第 16 个脉冲时，输出端 Z 产生一个进位输出脉冲。

使用 Logisim 软件进行逻辑级设计和测试，根据测试结果，填写表 3.10。

表 3.10 Mealy 型异步模 16 计数器实验观察记录表

x	$y_4 y_3 y_2 y_1$		Z	
	预期	实际	预期	实际
1				
2				
3				
4				
0100				
0101				
0110				
0111				
1000				
1001				
1010				
1011				
1100				
1101				
1110				
1111				

对设计好的电路进行封装，电路封装与引脚功能说明如表 3.11 所示。

表 3.11　　　　　　　**Mealy 型异步模 16 计数器电路封装与引脚功能说明**

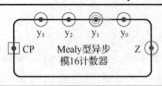

引脚	类型	位宽/位	功能说明
CP	输入	1	输入计数脉冲
Z	输出	1	进位输出
$y_3 \sim y_0$	输出	1	计数器计数状态

2. 4–16 线译码器

在 03_AsynCounter.circ 文件对应的子电路中，用 PrivateLib.circ 中的 3-8 线译码器 74138 实现一个 4-16 线译码器。

使用 Logisim 软件进行逻辑级设计和测试，并对设计好的电路进行封装，电路封装与引脚功能说明如表 3.12 所示。

表 3.12　　　　　　　**4–16 线译码器电路封装与引脚功能说明**

引脚	类型	位宽/位	功能说明
$A_3 \sim A_0$	输入	1	译码器输入端
$y'_{15} \sim y'_0$	输出	1	译码器输出

根据测试结果，填写表 3.13。

表 3.13　　　　　　　**4–16 线译码器实验观察记录表**

$A_3\ A_2\ A_1\ A_0$	输出 $y'_{15} \sim y'_0$	
	预期	实际
0　0　0　0		
0　0　0　1		
0　0　1　0		
0　0　1　1		
0　1　0　0		
0　1　0　1		
0　1　1　0		
0　1　1　1		
1　0　0　0		
1　0　0　1		
1　0　1　0		
1　0　1　1		
1　1　0　0		
1　1　0　1		
1　1　1　0		
1　1　1　1		

3. ∏发生器

在 03_AsynCounter.circ 文件对应的子电路中，用已完成的异步模 16 计数器和 4-16 线译码器设计一个∏发生器，该电路的输入为模 16 计数器的计数结果，串行输出∏，精确到小数点后 15 位（不需要输出小数点），即串行输出 3141592653589793。

使用 Logisim 软件进行逻辑级设计和测试，并对设计好的电路进行封装，电路封装与引脚功能说明如表 3.14 所示。

表 3.14　　　　　　　**∏发生器电路封装与引脚功能说明**

$Z_8\ Z_4$　$Z_2\ Z_1$

∏发生器

CP

引脚	类型	位宽/位	功能说明
CP	输入	1	时钟脉冲信号
$Z_8Z_4Z_2Z_1$	输出	1	∏序列串行输出

根据测试结果，填写表 3.15。

表 3.15　　　　　　　　**∏发生器实验观察记录表**

CP	$y_4y_3y_2y_1$		Z	
	预期	实际	预期	实际
1（⎍）				
2（⎍）				
3（⎍）				
4（⎍）				
5（⎍）				
6（⎍）				
7（⎍）				
8（⎍）				
9（⎍）				
10（⎍）				
11（⎍）				
12（⎍）				
13（⎍）				
14（⎍）				
15（⎍）				

3.2.4　实验原理

1. Mealy 型异步模 16 计数器

根据设计要求，设计一个 Mealy 型异步模 16 计数器，该电路的状态数目和状态转移关系均非常清楚，故可直接画出状态图和二进制状态表。

（1）画出状态图和状态表。设电路初始状态为 0000，状态变量用 $y_3y_2y_1y_0$ 表示，根据要求画出状态图，如图 3.4 所示；二进制状态表如表 3.16 所示。

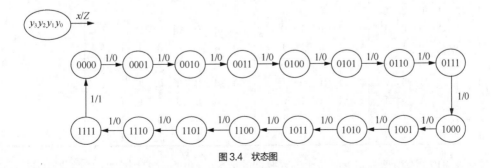

图 3.4　状态图

表 3.16 二进制状态表

输入 x	现态 y_3 y_2 y_1 y_0				次态 y_3^{n+1} y_2^{n+1} y_1^{n+1} y_0^{n+1}				输出函数 Z
1（脉冲）	0	0	0	0	0	0	0	1	0
2（脉冲）	0	0	0	1	0	0	1	0	0
3（脉冲）	0	0	1	0	0	0	1	1	0
4（脉冲）	0	0	1	1	0	1	0	0	0
5（脉冲）	0	1	0	0	0	1	0	1	0
6（脉冲）	0	1	0	1	0	1	1	0	0
7（脉冲）	0	1	1	0	0	1	1	1	0
8（脉冲）	0	1	1	1	1	0	0	0	0
9（脉冲）	1	0	0	0	1	0	0	1	0
10（脉冲）	1	0	0	1	1	0	1	0	0
11（脉冲）	1	0	1	0	1	0	1	1	0
12（脉冲）	1	0	1	1	1	1	0	0	0
13（脉冲）	1	1	0	0	1	1	0	1	0
14（脉冲）	1	1	0	1	1	1	1	0	0
15（脉冲）	1	1	1	0	1	1	1	1	0
16（脉冲）	1	1	1	1	0	0	0	0	1

（2）确定激励函数和输出函数并化简。假定采用下降沿触发的 T 触发器作为存储元件，根据表 3.16 所示二进制状态表，可以确定在输入脉冲作用下的状态转移关系，画出激励函数和输出函数真值表，如表 3.17 所示。

表 3.17 激励函数和输出函数真值表

输入 x	现态 y_3 y_2 y_1 y_0				次态 y_3^{n+1} y_2^{n+1} y_1^{n+1} y_0^{n+1}				激励函数 C_3 T_3 C_2 T_2 C_1 T_1 C_0 T_0								输出函数 Z
1	0	0	0	0	0	0	0	1	0	d	0	d	0	d	1	1	0
1	0	0	0	1	0	0	1	0	0	d	0	d	1	1	1	1	0
1	0	0	1	0	0	0	1	1	0	d	0	d	0	d	1	1	0
1	0	0	1	1	0	1	0	0	0	d	1	1	1	1	1	1	0
1	0	1	0	0	0	1	0	1	0	d	0	d	0	d	1	1	0
1	0	1	0	1	0	1	1	0	0	d	0	d	1	1	1	1	0
1	0	1	1	0	0	1	1	1	0	d	0	d	0	d	1	1	0
1	0	1	1	1	1	0	0	0	1	1	1	1	1	1	1	1	0
1	1	0	0	0	1	0	0	1	0	d	0	d	0	d	1	1	0
1	1	0	0	1	1	0	1	0	0	d	0	d	1	1	1	1	0
1	1	0	1	0	1	0	1	1	0	d	0	d	0	d	1	1	0
1	1	0	1	1	1	1	0	0	0	d	1	1	1	1	1	1	0
1	1	1	0	0	1	1	0	1	0	d	0	d	0	d	1	1	0
1	1	1	0	1	1	1	1	0	0	d	0	d	1	1	1	1	0
1	1	1	1	0	1	1	1	1	0	d	0	d	0	d	1	1	0
1	1	1	1	1	0	0	0	0	1	1	1	1	1	1	1	1	1

从表 3.17 可知，表中没有列出无输入脉冲的情况（x=0），这是因为此时触发器状态不会发

生改变，对应激励按照状态不变处理；而对于无关状态 110 和 111，对应的激励按照无关项处理，时钟脉冲信号 CP 和 T 都取 d。根据这个规则，通过观察可以写出激励函数和输出函数的表达式：

$$C_3 = xy_2y_1y_0 \quad C_2 = xy_1y_0 \quad C_1 = xy_0 \quad C_0 = x \quad T_3 = T_2 = T_1 = T_0 = 1 \quad Z = xy_3y_2y_1$$

由于电路没有无关状态，因此无须对无关状态进行分析。根据激励函数和输出函数表达式，可画出满足给定要求的逻辑电路。需要注意的是，这里选择下降沿触发的 T 触发器。

2. 4–16 线译码器

根据前文，可将 3-8 线译码器扩展为 4-16 线译码器，电路如图 3.5 所示。

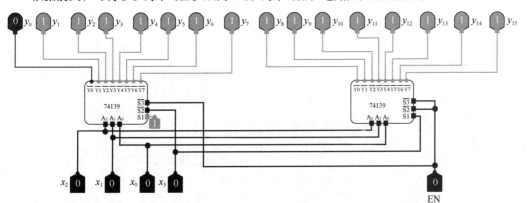

图 3.5 4-16 线译码器电路

3. Π 发生器

根据前文，Π 发生器的输入为模 16 计数器的计数结果，用 $y_3y_2y_1y_0$ 表示，串行输出 3141592653589793。因为每 1 位输出的都是 1 位十进制数，所以可用 8421 码表示，即用 $z_8z_4z_2z_1$ 表示。由此可得输入和输出之间的真值表，如表 3.18 所示。

表 3.18   **Π 发生器真值表**

y_3	y_2	y_1	y_0	z_8	z_4	z_2	z_1	Π
0	0	0	0	0	0	1	1	3
0	0	0	1	0	0	0	1	1
0	0	1	0	0	1	0	0	4
0	0	1	1	0	0	0	1	1
0	1	0	0	0	1	0	1	5
0	1	0	1	1	0	0	1	9
0	1	1	0	0	0	1	0	2
0	1	1	1	0	1	1	0	6
1	0	0	0	0	1	0	1	5
1	0	0	1	0	0	1	1	3
1	0	1	0	0	1	0	1	5
1	0	1	1	1	0	0	0	8
1	1	0	0	1	0	0	1	9
1	1	0	1	0	1	1	1	7
1	1	1	0	1	0	0	1	9
1	1	1	1	0	0	1	1	3

由表 3.18 可得

$$z_8 = \sum m(5,11,12,14)$$
$$z_4 = \sum m(2,4,7,8,10,13)$$

$$z_2 = \sum m(0,6,7,9,13,15)$$
$$z_1 = \sum m(0,1,3,4,5,8,9,10,12,13,14,15) = \prod M(2,6,7,11)$$

因此，用模 16 计数器和 4-16 线译码器设计的 $\prod$ 发生器电路如图 3.6 所示。

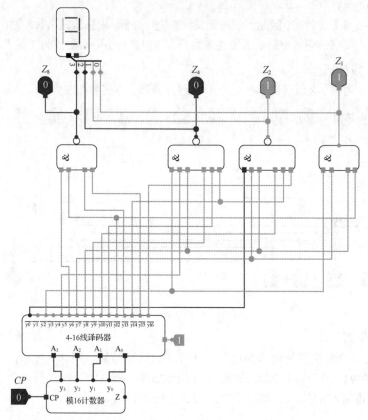

图 3.6 $\prod$ 发生器电路

3.2.5 实验思考

做完本实验后请思考下列问题：

（1）在设计模 16 计数器时，若采用上升沿触发的 T 触发器，则电路功能有何不同？

（2）异步计数器在设计时和同步计数器有何区别？

3.3 同步序列检测器

3.3.1 实验目的

掌握脉冲同步序列检测器的工作原理及设计方法。

通过对实验的设计、仿真、验证 3 个训练，读者将熟悉 Logisim 软件的基本功能和使用方法，掌握小规模异步时序逻辑电路的设计、仿真、调试的方法，掌握如何利用小规模时序逻辑电路生成中规模时序逻辑芯片。

3.3.2 实验平台及相关电路文件

实验平台及相关电路文件如表 3.19 所示。

表 3.19 实验平台及相关电路文件

实验平台	电路框架文件	元器件库文件
Logisim 软件	03_SynSeqDetector.circ	无

在设计过程中，除逻辑门和触发器外，不能直接使用 Logisim 软件提供的逻辑库元器件。

3.3.3 实验内容

使用 Logisim 软件打开实验资料包中的 03_SynSeqDetector.circ 文件，采用常用的逻辑门电路、下降沿触发的 T 触发器设计一个 Mealy 型 1101 序列检测器。该电路有一个输入 x 和一个输出 Z，当输入序列中出现 1101 时，输出一个 1 信号。典型的输入输出序列如下。

输入：0110110100101

输出：0000100100000

使用 Logisim 软件进行逻辑级设计和测试，根据测试结果，填写表 3.20，其中，电路初始状态为 00。

表 3.20 1101 序列检测器输出响应序列

时钟脉冲信号	1	2	3	4	5	6	7	8	9	10	11	12	13
x	0	1	1	0	1	0	1	1	0	0	1	1	1
y_2	0												
y_1	0												
Z	0												

对设计好的电路进行封装，电路封装与引脚功能说明如表 3.21 所示。

表 3.21 1101 序列检测器电路封装与引脚功能说明

引脚	类型	位宽/位	功能说明
x	输入	1	串行序列输入
CP	输入	1	计数脉冲
F	输出	1	序列检测器的检测结果

3.3.4 实验原理

从设计要求及典型的输入输出可以看出该电路是一个可重叠的 Mealy 型序列检测器。

（1）画出原始状态图和状态表。如图 3.7 所示，设初始状态为 A，B 状态表示序列收到第一个 1 的状态，C 状态表示序列接收到第二个 1，即序列收到 11 的状态，D 状态表示序列收到 110 的状态。根据原始状态图得到原始状态表，如表 3.22 所示。

表 3.22 原始状态表

现态	次态/输出	
	$x=0$	$x=1$
A	$A/0$	$B/0$
B	$A/0$	$C/0$
C	$D/0$	$C/0$
D	$A/0$	$B/1$

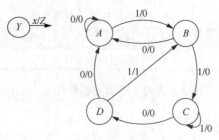

图 3.7　原始状态图

（2）状态化简。由于原始状态表中的状态数较少，因此可以用观察法便可知表 3.22 已是最小化状态表。

（3）状态编码。因为最小化状态表中有 4 个状态，所以需要用 2 位二进制代码来表示，电路中需要 2 个触发器。假设状态变量为 y_2、y_1，根据相邻法的编码规则，选择一种状态分配方案，如图 3.8 所示。将状态编码代入原始状态表得到二进制状态表，如表 3.23 所示。

表 3.23　　　　　　　　　　　　　　　　**二进制状态表**

现态	次态 $y_2^{n+1} y_1^{n+1}$/输出 Z	
$y_2\ y_1$	$x=0$	$x=1$
0　0	0　0/0	0　1/0
0　1	0　0/0	1　0/0
1　0	1　1/0	1　0/0
1　1	0　0/0	0　1/1

图 3.8　状态分配方案

（4）确定激励函数和输出函数并化简。根据二进制状态表，可以得到电路的激励函数和输出函数真值表，如表 3.24 所示。

表 3.24　　　　　　　　　　　　　　**激励函数和输出函数真值表**

输入函数	现态	次态	激励	输出函数
x	$y_2\ y_1$	$y_2^{n+1}\ y_1^{n+1}$	$J_2\ K_2\ J_1\ K_1$	Z
0	0　0	0　0	0　d　0　d	0
0	0　1	0　0	0　d　d　1	0
0	1　0	1　1	d　0　1　d	0
0	1　1	0　0	d　1　d　1	0
1	0　0	0　1	0　d　1　d	0
1	0　1	1　0	1　d　d　1	0
1	1　0	1　0	d　0　0　d	0
1	1　1	0　1	d　1　d　0	1

可以得到电路的激励函数和输出函数卡诺图，如图 3.9 所示。

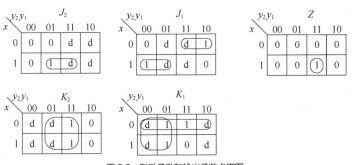

图 3.9　激励函数和输出函数卡诺图

得到电路的激励函数和输出函数表达式：

$$J_2 = xy_1 \qquad K_2 = y_1$$
$$J_1 = x\overline{y_2} + \overline{x}y_2 \qquad K_1 = \overline{x} + \overline{y_2}$$
$$Z = xy_2y_1$$

由于该电路不存在无效状态，因此不需要进行无效状态检查。

根据输出函数和边沿 JK 触发器的激励函数表达式，即可得到 Mealy 型 1101 序列检测器的逻辑电路图。

3.3.5　实验思考

做完本实验后请思考下列问题：

（1）如果 1101 序列检测器的逻辑电路为 Moore 型，则电路需要几个触发器？

（2）同步序列检测器使用上升沿触发的触发器和下降沿触发的触发器，对电路功能有何影响？

（3）设计序列检测器时，序列的长短和所需的状态数有何关系？

3.4　异步序列检测器

3.4.1　实验目的

掌握异步序列检测器的工作原理及实现方法。

通过对实验的设计、仿真、验证 3 个训练，读者将熟悉 Logisim 软件的基本功能和使用方法，掌握小规模时序逻辑电路的设计、仿真、调试的方法，掌握如何利用小规模组合逻辑电路生成中规模组合逻辑芯片，以及如何使用中规模组合逻辑芯片进行二次开发。

3.4.2　实验平台及相关电路文件

实验平台及相关电路文件如表 3.25 所示。

表 3.25　　　　　　　　　　　实验平台及相关电路文件

实验平台	电路框架文件	元器件库文件
Logisim 软件	03_ASynSeqDetector.circ	无

在设计过程中，除逻辑门和触发器外，不能直接使用 Logisim 软件提供的逻辑库元器件。

3.4.3 实验内容

使用 Logisim 软件打开实验资料包中的 03_ASynSeqDetector.circ 文件,采用常用的逻辑门、触发器设计一个异步序列检测器,具体内容如下。

用边沿 D 触发器作为存储元件,设计一个不可重叠 $x_1 - x_2 - x_1$ 序列检测器。该电路有两个输入 x_1 和 x_2,一个输出 Z。仅当 x_1、x_2、x_1 连续输入脉冲时,输出 Z 由 0 变为 1,该信号将一直维持到输入 x_1 或 x_2 再出现脉冲时才由 1 变为 0。其输入输出时间图如图 3.10 所示。

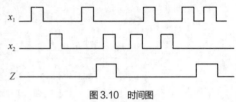

图 3.10 时间图

使用 Logisim 软件进行逻辑级设计和测试,根据测试结果,填写表 3.26,其中,电路初始状态为 00。

表 3.26　　　　　　　　　　$x_1 - x_2 - x_1$ 序列检测器输出响应序列

时钟脉冲信号	1	2	3	4	5	6	7	8	9	10	11	12	13
x_1	0	1	1	0	1	0	1	1	0	0	1	1	1
x_2	0	0	0	1	0	1	0	0	1	1	0	0	0
y_2	0												
y_1	0												
Z	0												

对设计好的电路进行封装,电路封装与引脚功能说明如表 3.27 所示。

表 3.27　　　　　　　$x_1 - x_2 - x_1$ 序列检测器电路封装与引脚功能说明

CP
X₂ x1—x2—x1序列检测器 F
X₁

引脚	类型	位宽/位	功能说明
CP	输入	1	时钟脉冲信号
$x_1 x_2$	输入	1	串行序列输入
F	输出	1	序列检测器的输出

3.4.4 实验原理

由时间图可以看出,电路有两个脉冲输入,输出的变化发生在脉冲的下降沿,且持续到下一次输入 x_1 或 x_2 再出现脉冲,输出和输入没有直接关系,因此这是一个 Moore 型脉冲异步时序逻辑电路;由于输入是正脉冲,状态变化发生在下降沿,因此使用下降沿触发的边沿 D 触发器。

(1)画出原始状态图和原始状态表。假设初始状态为 A(输出为 0),根据设计要求,接收到第一个脉冲信号 x_1,转移至状态 B(输出为 0);在状态 B 接收到第二个脉冲信号 x_2,转移至状态 C(输出为 0);在状态 C 接收到第三个脉冲信号 x_1,转移至状态 D(输出为 1)。得到的原始状态图如图 3.11 所示,原始状态表如表 3.28 所示。为了清晰起见,原始状态图和原始状态表中用 x_1 表示 x_1 端有脉冲输入,x_2 表示 x_2 端有脉冲输入。

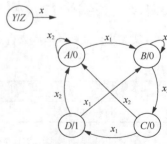

图 3.11 原始状态图

表 3.28   原始状态表

| 现态 | 次态 | | 输出函数 |
	x_1	x_2	Z
A	B	A	0
B	B	C	0
C	D	A	0
D	B	A	1

（2）状态化简。对表 3.28 所示原始状态表进行化简，通过观察法可以知道表中的状态均不等效，该表已经是最简状态表。

（3）状态编码。最简状态表中一共有 4 个状态，需用 2 位二进制代码表示。设状态变量用 $y_2 y_1$ 表示，根据相邻编码法的原则，可采用图 3.12 所示状态分配方案。根据表 3.28、图 3.12 可得到二进制状态表，如表 3.29 所示。

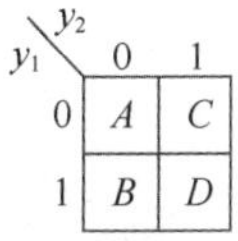

$y_1 \backslash y_2$	0	1
0	A	C
1	B	D

图 3.12 状态分配方案

表 3.29   二进制状态表

| 现态 | 次态 $y_2^{n+1} y_1^{n+1}$ | | 输出函数 |
$y_2 y_1$	x_1	x_2	Z
0 0	0 1	0 0	0
0 1	0 1	1 0	0
1 0	1 1	0 0	0
1 1	0 1	0 0	1

（4）确定输出函数和激励函数并化简。根据二进制状态表和 D 触发器的激励表，可得到激励函数和输出函数真值表，如表 3.30 所示。需要注意的是，状态不变时，时钟端 CP 取值为 0，D 端取值任意。

表 3.30   激励函数和输出函数真值表

| 输入 | | 现态 | | 次态 | | 激励函数 | | | | 输出函数 |
x_2	x_1	y_2	y_1	y_2^{n+1}	y_1^{n+1}	C_2	D_2	C_1	D_1	Z
0	1	0	0	0	1	0	d	1	1	0
0	1	0	1	0	1	0	d	0	d	0
0	1	1	0	1	1	0	d	1	1	0
0	1	1	1	0	1	1	0	0	d	1
1	0	0	0	0	0	0	d	0	d	0
1	0	0	1	1	0	1	1	1	0	0
1	0	1	0	1	0	0	d	0	d	0
1	0	1	1	0	0	1	0	1	0	1

根据激励函数和输出函数真值表画出激励函数和输出函数的卡诺图，如图 3.13 所示。注意，当 $x_2 x_1 = 00$ 时，电路状态不变，触发器时钟端激励为 0，D 端激励为 d；$x_2 x_1 = 11$ 无效输入时，触发器时钟端 C 和输入端 D 激励均为 d。

用卡诺图化简后的激励函数和输出函数表达式如下：

$$C_2 = x_2 y_1 + x_2 y_2 \qquad D_2 = \overline{y_2}$$
$$C_1 = x_2 y_1 + x_1 \overline{y_1} \quad D_1 = x_1$$
$$Z = y_2 y_1$$

由于该电路不存在无效状态，因此不需要进行无效状态检查。

根据激励函数和输出函数表达式，可画出该序列检测器的逻辑电路图。

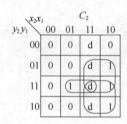

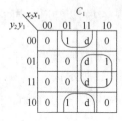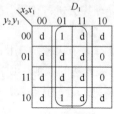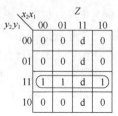

图 3.13 激励函数和输出函数的卡诺图

3.4.5 实验思考

做完本实验后请思考下列问题:

（1）异步序列检测器和同步序列检测器有何区别？在设计时需要注意什么？

（2）异步序列检测器可用在哪些场合?

3.5 代码检测器

3.5.1 实验目的

掌握代码检测器的工作原理及实现方法。

通过对实验的设计、仿真、验证 3 个训练，读者将熟悉 Logisim 软件的基本功能和使用方法，掌握小规模时序逻辑电路的设计、仿真、调试的方法，掌握如何利用小规模组合逻辑电路生成中规模组合逻辑芯片，以及如何使用中规模组合逻辑芯片进行二次开发。

3.5.2 实验平台及相关电路文件

实验平台及相关电路文件如表 3.31 所示。

表 3.31   实验平台及相关电路文件

实验平台	电路框架文件	元器件库文件
Logisim 软件	03_Codedetector.circ	无

在设计过程中，除逻辑门和触发器外，不能直接使用 Logisim 软件提供的逻辑库元器件。

3.5.3 实验内容

利用 Logisim 软件打开实验资料包中的 03_Codedetector.circ 文件，采用常用的逻辑门电路、触发器设计一个 2421 码的奇偶判断电路，电路从输入端 X 由高位到低位串行输入 2421 码，输出为 F。当输入的 2421 码为奇数时，电路输出为 1；当输入的 2421 码为偶数时，输出为 0。

使用 Logisim 软件进行逻辑级设计和测试,根据测试结果,完成图 3.14 所示的波形图。

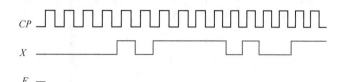

图 3.14 2421 码的奇偶判断电路波形图

对设计好的电路进行封装,电路封装与引脚功能说明如表 3.32 所示。

表 3.32 2421 码的奇偶判断电路封装与引脚功能说明

引脚	类型	位宽/位	功能说明
CP	输入	1	脉冲输入
X	输入	1	串行输入的 2421 码
F	输出	1	奇偶性

3.5.4 实验原理

根据设计要求分析,电路类型为同步时序逻辑电路,有一个输入 x,由高到低串行输入 2421 码,输出为 F。当输入的 2421 码为奇数时,电路输出为 1;当输入为偶数时,输出为 0。即当 2421 码为 0001、0011、1011、1101 和 1111 时,输出为 1;当 2421 码为 0000、0010、0100、1100 和 1110 时,输出为 0。当输入的 2421 码为非法码时,没有说明输出什么,可以输出 0,也可以输出 1,这里预定输出为 0。

1. 原始状态图和原始状态表

假定电路为 Mealy 型起始状态为 A,输入 2421 码的最高位,有两种可能的情况,即输入 0 或 1,此时无法确定当前输入的奇偶性,故需用两个状态 B 和 C 来分别表示这两种可能;在状态 B 和状态 C 下,输入 2421 码的第二位代码,又各有两种可能的情况,即前两位代码共有 4 种不同的组合,分别用状态 D、E、F、G 表示,此时仍然无法确定当前输入的奇偶性:在状态 D、E、F、G 下,输入 2421 码的第三位代码,为了简单起见,此时仍不判断 2421 码的奇偶性,因此,分别用状态 H、I、J、K、L、M、N、P 表示前 3 位代码共有 8 种不同的组合。当输入 2421 码的最低位时,一组 2421 码全部被接收,可对输入的 2421 码进行判断,当 2421 码为 0001、0011、1011、1101 和 1111 时,输出为 1,当 2421 码为 0000、0010、0100、1100 和 1110 时,输出为 0,其他情况下输出为 0,然后电路状态返回到起始状态 A,准备下一组 2421 码的检测。原始状态图如图 3.15 所示。

将图 3.15 所示的原始状态图转换成原始状态表,如表 3.33 所示。

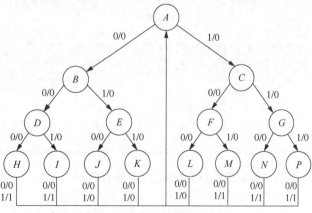

图 3.15 原始状态图

表 3.33　　原始状态表

现态	次态/输出函数		现态	次态/输出函数	
	x=0	x=1		x=0	x=1
A	B/0	C/0	I	A/0	A/1
B	D/0	E/0	J	A/0	A/0
C	F/0	G/0	K	A/0	A/0
D	H/0	I/0	L	A/0	A/0
E	J/0	K/0	M	A/0	A/1
F	L/0	M/0	N	A/0	A/1
G	N/0	P/0	P	A/0	A/1
H	A/0	A/1			

2. 状态化简

通过观察法可知，H、I、M、N、P 可以合并为一个状态，J、K、L 可以合并为一个状态，D、G 可以合并为一个状态，合并之后的最简状态表如表 3.34 所示。

表 3.34　　最简状态表

现态	次态/输出函数		现态	次态/输出函数	
	x=0	x=1		x=0	x=1
A	B/0	C/0	E	J/0	J/0
B	D/0	E/0	F	J/0	H/0
C	F/0	D/0	H	A/0	A/1
D	H/0	H/0	J	A/0	A/0

3. 状态编码

状态编码。因为最小化状态表中有 8 个状态，所以需要用 3 位二进制代码表示，电路中需要 3 个触发器。假设状态变量为 y_2、y_1、y_0，根据相邻法的编码规则，选择一种状态分配方案，如图 3.16 所示。将状态编码代入原始状态表得到二进制状态表，如表 3.35 所示。

y_0 \ y_2y_1	00	01	11	10
0	A	D	F	H
1	B	C	E	J

图 3.16　状态分配方案

表 3.35　　二进制状态表

现态	次态/输出函数		现态	次态/输出函数	
	x=0	x=1		x=0	x=1
000	001/0	011/0	100	000/0	000/1
001	010/0	111/0	101	000/0	000/0
010	100/0	100/0	110	101/0	100/0
011	110/0	010/0	111	101/0	101/0

4. 确定激励函数和输出函数并化简

假定采用下降沿触发的 T 触发器作为存储元件，根据表 3.35，可确定在输入脉冲作用下的状态转移关系，画出激励函数和输出函数真值表，如表 3.36 所示。

表 3.36   激励函数和输出函数真值表

| 输入函数 | 现态 | | | 次态 | | | 激励函数 | | | | | | 输出函数 |
x	y_2	y_1	y_0	y_2^{n+1}	y_1^{n+1}	y_0^{n+1}	C_2	T_2	C_1	T_1	C_0	T_0	Z
0	0	0	0	0	0	1	0	d	0	d	1	1	0
0	0	0	1	0	1	0	0	d	1	1	1	1	0
0	0	1	0	1	0	0	1	1	1	1	0	d	0
0	0	1	1	1	1	0	1	1	0	d	1	1	0
0	1	0	0	0	0	0	1	1	0	d	0	d	0
0	1	0	1	0	0	0	1	1	0	d	1	1	0
0	1	1	0	1	0	1	0	d	1	1	1	1	0
0	1	1	1	1	0	1	0	d	1	1	0	1	0
1	0	0	0	0	1	1	0	d	1	1	1	1	0
1	0	0	1	1	1	1	1	1	1	1	0	d	0
1	0	1	0	1	0	0	1	1	1	1	0	d	0
1	0	1	1	0	1	0	0	d	0	d	1	1	0
1	1	0	0	0	0	0	1	1	0	d	0	d	1
1	1	0	1	0	0	0	1	1	0	d	1	1	0
1	1	1	0	1	0	0	0	d	1	1	0	d	0
1	1	1	1	1	0	1	0	d	1	1	0	d	0

用卡诺图化简后的激励函数和输出函数表达式如下：

$$C_2 = y_2\overline{y_1} + \overline{x}\,\overline{y_2}y_1 + x\overline{y_1}y_0 + \overline{y_2}y_1\overline{y_0}$$

$$C_1 = y_1\overline{y_0} + y_2y_1 + x\overline{y_2}\,\overline{y_0} + \overline{y_2}y_1y_0$$

$$C_0 = \overline{y_2}\,\overline{y_1}\,\overline{y_0} + y_2\overline{y_1}y_0 + \overline{y_2}y_1y_0 + \overline{x}\,\overline{y_2}y_1 + \overline{x}y_2y_1\overline{y_0}$$

$$T_2 = T_1 = T_0 = 1 \quad Z = xy_2\overline{y_1}\,\overline{y_0}$$

该电路不存在无效状态，因此不需要进行无效状态检查。

根据激励函数和输出函数表达式，可画出该序列检测器的逻辑电路图。

如果考虑将该代码检测器设计成 Moore 型同步时序逻辑电路，此时电路的输出只与状态相关，与输入不直接相关。因此，需要在 Mealy 型原始状态图的基础上增加一个状态，状态 X 表示接收到的 2421 码是奇数，输出为 1；接收到的 2421 码是偶数或者是非法码时转向状态 A，输出为 0。

3.5.5 实验思考

做完本实验后请思考下列问题：

（1）代码检测器和序列检测器有何区别？

（2）代码检测器和序列检测器在设计上有哪些不同的地方？

3.6 移位寄存器

3.6.1 实验目的

掌握双向移位寄存器的工作原理及实现方法，并能用生成的移位寄存器实现扭环计数器、序列发生器。

通过对实验的设计、仿真、验证 3 个训练，读者将熟悉 Logisim 软件的基本功能和使用方法，掌握小规模时序逻辑电路的设计、仿真、调试的方法，掌握如何利用小规模组合逻辑电路生成中规模组合逻辑芯片，以及如何使用中规模组合逻辑芯片进行二次开发。

3.6.2　实验平台及相关电路文件

实验平台及相关电路文件如表 3.37 所示。

表 3.37　　实验平台及相关电路文件

实验平台	电路框架文件	元器件库文件
Logisim 软件	03_Register.circ	PrivateLib.circ

除逻辑门、触发器和 PrivateLib.circ 中指定的元器件外，不能直接使用 Logisim 软件提供的逻辑库元器件。

3.6.3　实验内容

用门电路和触发器设计一个同步双向移位寄存器，并利用该器件，设计一个扭环计数器和序列信号发生器。利用 Logisim 软件来检查电路设计是否达到要求。

具体内容如下。

1. 双向移位寄存器

在 03_Register.circ 文件对应的子电路中，用门电路和下降沿触发的 D 触发器设计一个同步双向移位寄存器，该电路有 10 个输入端，包括清零控制输入 $\overline{CLR}$、并行数据输入 $DCBA$、右移串行数据输入 D_R、左移串行数据输入 D_L、工作方式选择输入 S_1S_0，以及工作脉冲 CP；有 4 个输出端，即寄存器的状态值 $Q_D Q_C Q_B Q_A$。该双向移位寄存器的功能表如表 3.38 所示，工作时序图如图 3.17 所示。

表 3.38　　　　　　　　　　双向移位寄存器的功能表

\multicolumn{10}{输入}										输出			
$\overline{CLR}$	CP	S_1	S_0	D_R	D_L	D	C	B	A	Q_D	Q_C	Q_B	Q_A
0	d	d	d	d	d	d	d	d	d	0	0	0	0
1	0	d	d	d	d	d	d	d	d	Q_D^n	Q_C^n	Q_B^n	Q_A^n
1	↑	1	1	d	d	x_3	x_2	x_1	x_0	x_3	x_2	x_1	x_0
1	↑	0	1	1	d	d	d	d	d	1	Q_D^n	Q_C^n	Q_B^n
1	↑	0	1	0	d	d	d	d	d	0	Q_D^n	Q_C^n	Q_B^n
1	↑	1	0	d	1	d	d	d	d	Q_C^n	Q_B^n	Q_A^n	1
1	↑	1	0	d	0	d	d	d	d	Q_C^n	Q_B^n	Q_A^n	0
1	d	0	0	d	d	d	d	d	d	Q_D^n	Q_C^n	Q_B^n	Q_A^n

使用 Logisim 软件进行逻辑级设计和测试，根据测试结果，完成图 3.18 所示的波形图。对设计好的电路进行封装，电路封装与引脚功能说明如表 3.39 所示。

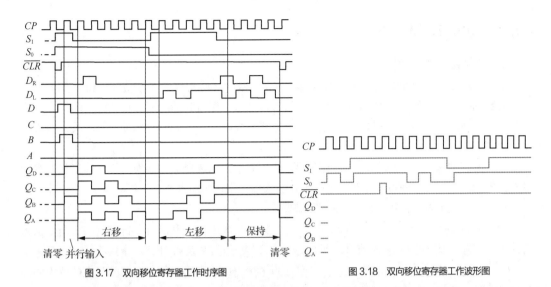

图 3.17　双向移位寄存器工作时序图　　　　图 3.18　双向移位寄存器工作波形图

表 3.39　双向移位寄存器电路封装与引脚功能说明

引脚	类型	位宽/位	功能说明
CP	输入	1	脉冲输入
$\overline{CLR}$	输入	1	清零信号
S_1S_0	输入	1	工作方式选择控制
D_L	输入	1	左移串行数据输入
D_R	输入	1	右移串行数据输入
$Q_DQ_CQ_BQ_A$	输出	1	寄存器的值

2. 彩灯控制电路

在 03_Register.circ 文件对应的子电路中，用已完成的双向移位寄存器、PrivateLib.circ 中的模 16 计数器 74193 和 4 位比较器 7485 和适当逻辑门实现一个彩灯控制电路，输入为时钟脉冲信号，输出为 4 个 LED 灯，要求 LED 灯先从左到右亮，全亮后再从左到右灭，然后从右到左亮，全亮后再从右到左灭，如此循环。

使用 Logisim 软件进行逻辑级设计和测试，并对设计好的电路进行封装，电路封装与引脚功能说明如表 3.40 所示。

表 3.40　彩灯控制电路封装与引脚功能说明

引脚	类型	位宽/位	功能说明
CP	输入	1	计数时钟脉冲信号
$L_3 \sim L_0$	输出	1	4 个 LED 灯

根据测试结果，完成图 3.19 所示的波形图。

图 3.19　彩灯控制电路波形图

77

第 3 章　时序逻辑电路

3.6.4 实验原理

1. 双向移位寄存器

由双向移位寄存器的功能表和工作时序图可知，双向移位寄存器在 $\overline{CLR}$、S_1 和 S_0 的控制下可完成数据的并行输入、右移串行输入、左移串行输入、保持和清除等 5 种功能，因为电路状态转换发生在同一时刻，所以是同步时序逻辑电路，又因为清零和时钟脉冲信号无关，所以是异步清零。

（1）异步清零。当 $\overline{CLR}$ =0 时，无论时钟端、工作方式选择输入端为何值，输出状态立刻清零，即 $Q_D Q_C Q_B Q_A$ =0000，清零信号在所有输入信号中优先级最高。

该功能可用 D 触发器的直接清零端实现。

（2）并行输入。当 $\overline{CLR}$ =1、$S_1 S_0$ =11、工作脉冲 CP 出现上升沿时，寄存器的状态值被置为并行数据输入端 $DCBA$ 输入的值，即 $Q_D^{n+1} Q_C^{n+1} Q_B^{n+1} Q_A^{n+1} = DCBA$，相当于同步置数功能。

（3）右移。当 $\overline{CLR}$ =1、$S_1 S_0$ =01、工作脉冲 CP 出现上升沿时，寄存器的状态值依次向高位移动，然后在 Q_D 端补上串行数据输入端 D_R 的值，即 $Q_D^{n+1} Q_C^{n+1} Q_B^{n+1} Q_A^{n+1} = D_R Q_D Q_C Q_B$。

（4）左移。当 $\overline{CLR}$ =1、$S_1 S_0$ =10、工作脉冲 CP 出现上升沿时，寄存器的状态值依次向低位移动，然后在 Q_A 端补上串行数据输入端 D_L 的值，即 $Q_D^{n+1} Q_C^{n+1} Q_B^{n+1} Q_A^{n+1} = Q_C Q_B Q_A D_L$。

（5）数据保持。当 $\overline{CLR}$ =1、$S_1 S_0$ =00、工作脉冲 CP 出现上升沿时，寄存器的状态值保持不变，即 $Q_D^{n+1} Q_C^{n+1} Q_B^{n+1} Q_A^{n+1} = Q_D Q_C Q_B Q_A$。

由以上分析可知

$$Q_D^{n+1} = S_1 S_0 D + \overline{S_1} S_0 D_R + S_1 \overline{S_0} Q_C + \overline{S_1 S_0} Q_D$$
$$Q_C^{n+1} = S_1 S_0 C + \overline{S_1} S_0 Q_D + S_1 \overline{S_0} Q_B + \overline{S_1 S_0} Q_C$$
$$Q_B^{n+1} = S_1 S_0 B + \overline{S_1} S_0 Q_C + S_1 \overline{S_0} Q_A + \overline{S_1 S_0} Q_B$$
$$Q_A^{n+1} = S_1 S_0 A + \overline{S_1} S_0 Q_B + S_1 \overline{S_0} D_L + \overline{S_1 S_0} Q_A$$

采用下降沿触发的 D 触发器实现，需要 4 个 D 触发器，而 D 触发器的次态方程为 $D = Q^{n+1}$，可得

$$D_3 = S_1 S_0 D + \overline{S_1} S_0 D_R + S_1 \overline{S_0} Q_C + \overline{S_1 S_0} Q_D$$
$$D_2 = S_1 S_0 C + \overline{S_1} S_0 Q_D + S_1 \overline{S_0} Q_B + \overline{S_1 S_0} Q_C$$
$$D_1 = S_1 S_0 B + \overline{S_1} S_0 Q_C + S_1 \overline{S_0} Q_A + \overline{S_1 S_0} Q_B$$
$$D_0 = S_1 S_0 A + \overline{S_1} S_0 Q_B + S_1 \overline{S_0} D_L + \overline{S_1 S_0} Q_A$$

将 CP 连接在 4 个下降沿触发的 D 触发器的时钟端，将 $D_3 \sim D_0$ 接在 4 个 D 触发器的 D 输入端，将 CLR 接在 4 个触发器的直接清零端，即可得到一个双向移位寄存器。

2. 彩灯控制电路

由前文可知，彩灯的输出有两种模式：第一种模式有 8 个节拍，彩灯从左向右依次点亮，再依次熄灭；第二种模式有 8 个节拍，彩灯从右向左依次点亮，再依次熄灭。由此可知，彩灯循环一个周期共 16 个节拍，前 8 个节拍采用右移模式，右移补充进来的数是最右边的 LED 灯取反，后 8 个节拍采用左移模式，左移补充进来的数是最左边的 LED 灯取反，因此，可以用移位寄存器实现。

前 8 个节拍和后 8 个节拍模式不同，因此可以用计数器对输入脉冲进行计数，并将计数结果和 8 进行对比，当计数结果小于等于 8，即比较器的输出 G=0 时，工作在右移模式，移位寄

存器的工作方式选择控制 $S_1S_0 = 01 = G\overline{G}$；当计数结果大于 8，即比较器的输出 $G=1$ 时，工作在左移模式，移位寄存器的工作方式选择控制 $S_1S_0 = 10 = G\overline{G}$。

彩灯控制电路的电路结构如图 3.20 所示。

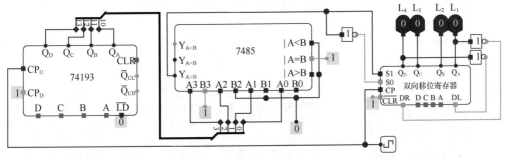

图 3.20 彩灯控制电路的电路结构

3.6.5 实验思考

做完本实验后请思考下列问题：

（1）如何将 4 位双向移位寄存器扩展为 8 位双向移位寄存器？

（2）如何利用移位寄存器设计序列发生器？

3.7 篮球 30 s 倒计时电路

3.7.1 实验目的

掌握计数器的工作原理及设计方法，并能利用设计好的计数器实现篮球 30 s 倒计时电路。

通过对实验的设计、仿真、验证 3 个训练，读者将熟悉 Logisim 软件的基本功能和使用方法，掌握中规模时序逻辑电路的设计、仿真、调试的方法，掌握如何利用小规模组合逻辑电路生成中规模时序逻辑芯片。

3.7.2 实验平台及相关电路文件

实验平台及相关电路文件如表 3.41 所示。

表 3.41 实验平台及相关电路文件

实验平台	电路框架文件	元器件库文件
Logisim 软件	03_Basketball.circ	PrivateLib.circ

除逻辑门和 PrivateLib.circ 中指定的元器件外，不能直接使用 Logisim 软件提供的逻辑库元器件。

3.7.3 实验内容

使用 Logisim 软件打开实验资料包中的 03_Basketball.circ 文件，设计一个篮球 30 s 倒计时电路，电路有一个 4 Hz 的输入脉冲信号、一个倒计时启动信号 x、一个输出信号 Z，当倒计时结束时，输出 $Z=1$ 且停止倒计时。

利用 Logisim 软件检查电路设计是否达到要求。

具体内容如下。

1. 分频电路

在 03_Basketball.circ 文件对应的子电路中，用门电路和 D 触发器设计一个分频电路，电路的输入为 4 Hz 的时钟脉冲信号 CP，输出为 1 Hz 的时钟脉冲信号 CP'。

使用 Logisim 软件进行逻辑级设计和测试，并对设计好的电路进行封装，电路封装与引脚功能说明如表 3.42 所示。

表 3.42　　　　　　　　　　　分频电路封装与引脚功能说明

引脚	类型	位宽/位	功能说明
CP	输入	1	4 Hz 的脉冲信号
CP'	输出	1	1 Hz 的脉冲信号

根据测试结果，完成图 3.21 所示的波形图。

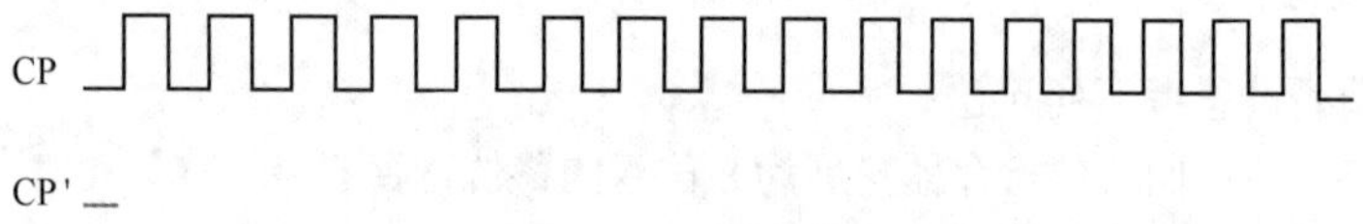

图 3.21　分频电路波形图

2. 模 31 减法计数器

在 03_Basketball.circ 文件对应的子电路中，用 PrivateLib.circ 中的同步计数器 74193 设计一个模 31 减法计数器。

使用 Logisim 软件进行逻辑级设计和测试，并对设计好的电路进行封装，电路封装与引脚功能说明如表 3.43 所示。

表 3.43　　　　　　　　模 31 减法计数器电路封装与引脚功能说明

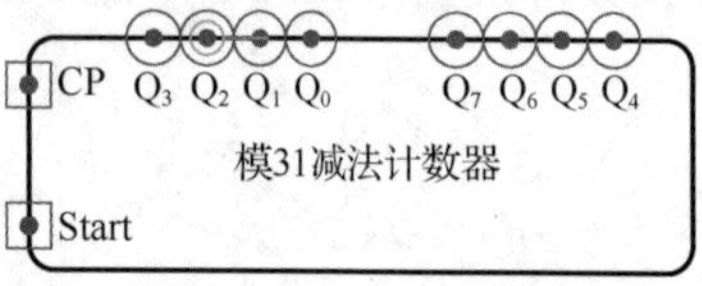

引脚	类型	位宽/位	功能说明
CP	输入	1	1 Hz 脉冲信号
Start	输入	1	启动信号
$Q_7Q_6Q_5Q_4$	输出	1	计数的十位数
$Q_3Q_2Q_1Q_0$	输出	1	计数的个位数

根据测试结果，填写表 3.44。

表 3.44　　　　　　　　模 31 减法计数器实验观察记录表

CP	$Q_7Q_6Q_5Q_4Q_3Q_2Q_1Q_0$	
	预期	实际
1（⊓）		
2（⊓）		
3（⊓）		
4（⊓）		
...		
31（⊓）		

3. 输出及反馈电路

在 03_Basketball.circ 文件对应的子电路中，用门电路设计一个输出及反馈电路。

使用 Logisim 软件进行逻辑级设计和测试，并对设计好的电路进行封装，电路封装与引脚功能说明如表 3.45 所示。

表 3.45　　　　　　　　　　输出及反馈电路封装与引脚功能说明

引脚	类型	位宽/位	功能说明
$Q_7Q_6Q_5Q_4$	输入	1	计数的十位数
$Q_3Q_2Q_1Q_0$	输入	1	计数的个位数
F	输出	1	倒计时完成信号

根据测试结果，填写表 3.46。

表 3.46　　　　　　　　　　输出及反馈电路实验观察记录表

Q_7 Q_6 Q_5 Q_4				Q_3 Q_2 Q_1 Q_0				F	
								预期	实际
0	0	0	0	0	0	0	0		
1	0	0	0	0	0	0	1		
1	0	0	1	0	0	1	0		
0	0	0	0	0	0	1	1		
0	1	0	1	0	0	0	0		

4. 篮球 30 s 倒计时电路

利用已完成的分频电路、模 31 减法计数器、输出及反馈电路设计一个篮球 30 s 倒计时电路。

使用 Logisim 软件进行逻辑级设计和测试，并对设计好的电路进行封装，电路封装与引脚功能说明如表 3.47 所示。

表 3.47　　　　　　篮球 30 s 倒计时电路封装与引脚功能说明

引脚	类型	位宽/位	功能说明
CLK	输入	1	4 Hz 脉冲信号
Start	输入	1	启动信号
Q_1	输出	4	计数的十位数
Q_0	输出	4	计数的个位数

3.7.4　实验原理

根据设计的要求，电路的主要功能是 30 s 倒计时，这实际上是一个模 31（30～0）的减法计数电路，倒计时电路的输入脉冲是 1 Hz，可以通过 4 Hz 的输入信号分频后获得，并且以借位信号作为输出信号。因此，整个电路主要包括以下几个模块：分频电路、模 31 减法计数器，以及倒计时结束后的输出和反馈电路，详细设计参考教材 6.5.2 小节中的例 6.26，最后得到的篮球 30 s 倒计时电路如图 3.22 所示。

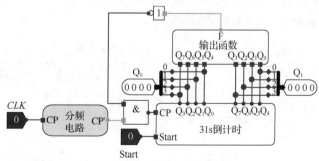

图 3.22　篮球 30 s 倒计时电路

3.7.5　实验思考

做完本实验后请思考下列问题：

（1）为什么 30 s 倒计时需要 31 个状态？

（2）如何利用 74193 设计秒表？

3.8　自动售货机

3.8.1　实验目的

掌握自动售货机的工作原理及设计方法。

通过对实验的设计、仿真、验证 3 个训练，读者将熟悉 Logisim 软件的基本功能和使用方法，掌握小规模时序逻辑电路的设计、仿真、调试的方法，掌握如何利用小规模组合逻辑电路生成中规模时序逻辑芯片。

3.8.2　实验平台及相关电路文件

实验平台及相关电路文件如表 3.48 所示。

表 3.48　　　　　　　　　　　　实验平台及相关电路文件

实验平台	电路框架文件	元器件库文件
Logisim 软件	03_Saler.circ	无

在设计过程中，除逻辑门外，不能直接使用 Logisim 软件提供的逻辑库元器件。

3.8.3　实验内容

使用 Logisim 软件打开实验资料包中的 03_Saler.circ 文件，用门电路和下降沿触发的边沿 D 触发器设计一个自动售货机，售货机有一个投币口，每次只能投入 0.5 元或者 1 元的硬币；售货机只能售出价值为 1.5 元的饮料，投币 1.5 元时售货机给出一杯饮料，投币 2 元时给出一杯饮料并退回 0.5 元。

使用 Logisim 软件进行逻辑级设计和测试，根据测试结果，完成图 3.23 所示的波形图。

对设计好的电路进行封装，电路封装与引脚功能说明如表 3.49 所示。

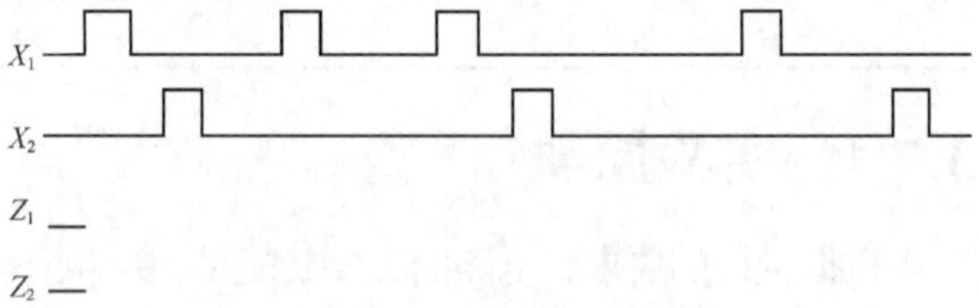

图 3.23　自动售货机波形图

表 3.49　　　　　　　　　自动售货机电路封装与引脚功能说明

引脚	类型	位宽/位	功能说明
x_1	输入	1	投入了 0.5 元硬币
x_2	输入	1	投入了 1 元硬币
z_2	输出	1	找零
z_1	输出	1	出饮料

3.8.4 实验原理

分析设计要求，可以假设电路有两个输入脉冲信号，x_1 脉冲表示投入了 0.5 元硬币，x_2 脉冲表示投入了 1 元硬币；输出 Z_1 表示机器是否给出饮料，$Z_1 = 1$ 表示给出饮料，$Z_1 = 0$ 表示不给出饮料，输出 Z_2 表示是否找零，$Z_2 = 1$ 表示退回 0.5 元硬币，$Z_2 = 0$ 表示不找零。当输入的币值大于等于 1.5 元时就出饮料并根据实际情况找零，而且此状态不能长时间维持，因此该电路是一个 Mealy 型脉冲异步时序逻辑电路，使用下降沿触发的 D 触发器实现。

1. 画出原始状态图和原始状态表

假设初始状态为 A，根据设计要求，如果接收脉冲信号 x_1，转移至状态 B，表示收到 0.5 元，此时输出 $Z_2 Z_1 = 00$，表示不出饮料不找零；在状态 A，如果接收脉冲信号 x_2，转移至状态 C，表示收到了 1 元，此时输出 $Z_2 Z_1 = 00$，表示不出饮料不找零；在状态 B，如果接收脉冲信号 x_1，转移至状态 C，此时输出 $Z_2 Z_1 = 00$，表示不出饮料不找零；在状态 B，如果接收脉冲信号 x_2，转移至状态 A，此时输出 $Z_2 Z_1 = 01$，表示给出饮料不找零；在状态 C，如果接收脉冲信号 x_1，转移至状态 A，输出 $Z_2 Z_1 = 01$，表示给出饮料不找零；在状态 C，如果接收到脉冲信号 x_2，转移至状态 A，此时输出 $Z_2 Z_1 = 11$，表示给出饮料并找零。得到的原始状态图如图 3.24 所示，原始状态表如表 3.50 所示。

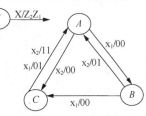

图 3.24　原始状态图

表 3.50　原始状态表

现态	次态/输出函数 $Z_2 Z_1$	
	x_1	x_2
A	$B/00$	$C/00$
B	$C/00$	$A/01$
C	$A/01$	$A/11$

2. 状态化简

对表 3.50 所示原始状态表进行化简，通过观察法可知 A、B、C 均不等效，表 3.50 已是最简状态表。

3. 状态编码

最简状态表中一共有 3 种状态，需用 2 位二进制代码表示。设状态变量用 $y_2 y_1$ 表示，根据相邻编码法的原则，可采用图 3.25 所示的状态分配方案。根据表 3.50、图 3.25 可得到二进制状态表，如表 3.51 所示。

$y_2 \backslash y_1$	0	1
0	A	C
1	B	

图 3.25　状态分配方案

表 3.51　二进制状态表

现态	次态/输出函数 $y_2^{n+1} y_1^{n+1} / Z_2 Z_1$	
$y_2\ y_1$	x_1	x_2
0　0	0 1/0 0	1 0/0 0
0　1	1 0/0 0	0 0/0 1
1　0	0 0/0 1	0 0/1 1

4. 确定输出函数和激励函数并化简

根据二进制状态表和 D 触发器的激励表，可得到激励函数和输出函数真值表，如表 3.52 所示。状态不变时，时钟端 C 取值为 0，D 端取值任意 d。

表 3.52   激励函数和输出函数真值表

输入函数		现态		次态		激励函数				输出函数	
x_2	x_1	y_2	y_1	y_2^{n+1}	y_1^{n+1}	C_2	D_2	C_1	D_1	Z_2	Z_1
0	1	0	0	0	1	0	d	1	1	0	0
0	1	0	1	1	0	1	1	1	0	0	0
0	1	1	0	0	0	1	0	0	d	0	1
1	0	0	0	1	0	1	1	0	d	0	0
1	0	0	1	0	0	0	d	1	0	0	1
1	0	1	0	0	0	1	0	0	d	1	1

根据表 3.52 作出激励函数和输出函数的卡诺图，如图 3.26 所示。注意，当 $x_2x_1=00$ 时，电路状态不变，触发器时钟端激励为 0，D 端激励为 d；$x_2x_1=11$ 时，触发器时钟端和 D 端激励均为 d；当状态 y_2y_1 为无效状态 11 时，触发器时钟端和 D 端激励均为 d，同时为了避免输出错误，此时输出端为 0。

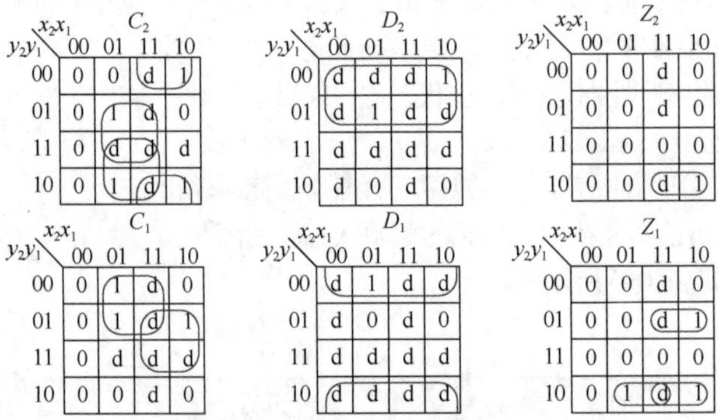

图 3.26   激励函数和输出函数的卡诺图

用卡诺图化简后的激励函数和输出函数表达式如下：

$$C_2 = x_2\overline{y_1} + x_1y_1 + x_1y_2 \qquad D_2 = \overline{y_2}$$

$$C_1 = x_2y_1 + x_1\overline{y_2} \qquad\qquad D_1 = \overline{y_1}$$

$$Z_2 = x_2y_2\overline{y_1} \qquad Z_1 = x_2y_2\overline{y_1} + x_2\overline{y_2}y_1 + x_1y_2\overline{y_1}$$

由于电路包含无效状态 11，因此需要对无效状态进行分析，无效状态检查表如表 3.53 所示。

表 3.53   无效状态检查表

输入函数		现态		激励函数				次态		输出函数	
x_2	x_1	y_2	y_1	C_2	D_2	C_1	D_1	y_2^{n+1}	y_1^{n+1}	Z_2	Z_1
0	1	1	1	1	0	0	0	0	1	0	0
1	0	1	1	0	0	1	0	1	0	0	0

可以看出，无效状态 11 在输入脉冲作用下会转换到有效状态 01 和 10，且输出为 0，因此，这个方案不会出现"挂起"，也不会出现错误输出。

5. 画出逻辑电路图

根据激励函数和输出函数表达式，可画出该序列检测器的逻辑电路图。

3.8.5   实验思考

做完本实验后请思考下列问题：

（1）为什么脉冲异步时序逻辑电路不允许多个输入端同时出现脉冲？

（2）本实验能否用同步时序逻辑电路实现？

第二部分

第 4 章
数字系统设计

本章提供内容更复杂、实用性更强、要求更高的综合性设计项目，进一步训练设计思想、设计技能、调试技能与实验研究技能，提高自学能力，以及运用基础理论去解决工程实际问题的能力，培养创新精神，提高计算机系统设计能力。

4.1 交通灯控制系统设计

4.1.1 实验目的

本实验将提供一个完整的数字逻辑实验包，从以真值表构建七段显示译码器，到以逻辑表达式构建比较器、多路选择器，以及利用同步时序逻辑构建 Mealy 型同步十进制可逆计数器，最终集成实现交通灯控制系统。

实验由简到难，层次递进，从器件到部件，从部件到系统，通过对实验的设计、仿真、验证 3 个训练过程，掌握小型数字电路系统的设计、仿真、调试方法，以及电路模块封装的方法。

4.1.2 实验平台及相关电路文件

实验平台及相关电路文件如表 4.1 所示。

表 4.1　　　　　　　　交通灯控制系统实验平台、框架文件及相关电路文件

实验平台	电路框架文件	元器件库文件
Logisim 软件，头歌实践教学平台	04_TrafficLight.circ	无

4.1.3 实验内容

在某个主干道与次干道公路十字交叉路口，为确保人员及车辆安全、迅速地通过，分别设置了两组红、绿、黄三色信号灯。红灯表示禁止通行；绿灯表示允许通行；黄灯亮表示提醒行驶中的车辆减速通行。交通灯控制系统如图 4.1 所示。

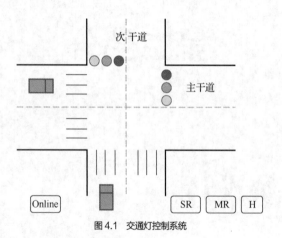

图 4.1 交通灯控制系统

设计一个交通灯控制系统，具体功能要求如下。

（1）电路有 4 个输入，分别为高峰期信号 *H*、主干道通行请求 *MR*、次干道通行请求 *SR* 和紧急状态控制信号（*Online*）。其中，主干道通行请求包括主干道方向有车辆信号和次干道有行人通过信号，次干道通行请求包括次干道方向有车辆信号和主干道有行人通过信号。电路输出为红灯、绿灯和黄灯的灯亮剩余时间，以及主干道和次干道的红灯、绿灯和黄灯的状态。可用 2 个七段数码管和 6 个 LED 灯显示。

（2）任何时刻，主干道绿灯、黄灯和红灯有且仅有一个灯亮，次干道绿灯、黄灯和红灯有且仅有一个灯亮。

（3）主干道绿灯是指主干道绿灯亮，主干道黄灯和红灯熄灭，次干道红灯亮，次干道黄灯和绿灯熄灭；主干道黄灯是指主干道黄灯闪烁，主干道绿灯和红灯熄灭，次干道红灯亮，次干道黄灯和绿灯熄灭；次干道绿灯是指次干道绿灯亮，次干道黄灯和红灯熄灭，主干道红灯亮，主干道黄灯和绿灯熄灭；次干道黄灯是指次干道黄灯闪烁，次干道绿灯和红灯熄灭，主干道红灯亮，主干道黄灯和绿灯熄灭。

（4）主干道通行是指主干道绿灯或主干道黄灯。高峰期，主干道通行时间共 30 s，其中，绿灯倒计时 27 s（30→4），黄灯倒计时 3 s；非高峰期，主干道通行时间共 15 s，其中，绿灯倒计时 12 s（15→4），黄灯倒计时 3 s。

（5）次干道通行是指次干道绿灯或次干道黄灯。次干道通行时间共 15 s，其中，绿灯倒计时 12 s（15→4），黄灯倒计时 3 s。

（6）初始状态为主次干道均黄灯闪烁，显示 0。

（7）紧急状态时，主干道绿灯常亮，显示 99。

（8）非紧急状态时（*Online*=0），若主干道有通行请求，次干道无通行请求，初始状态下直接进入主干道通行，非初始状态下，当前通行干道黄灯倒计时结束后，为主干道通行。

（9）非紧急状态时（*Online*=0），若主干道无通行请求，次干道有通行请求，初始状态下直接进入次干道通行，非初始状态下，当前通行干道黄灯倒计时结束后，为次干道通行。

（10）非紧急状态时（*Online*=0），主次干道都有通行请求时，初始状态下直接进入主干道通行，非初始状态时，当前通行干道黄灯倒计时结束后，两干道交替通行，即主干道通行变为次干道通行，次干道通行变为主干道通行。

（11）非紧急状态时（*Online*=0），若主干道、次干道均无通行请求，则当前通行干道黄灯倒计时结束后，进入初始状态。

（12）当 *Online*=1 时，若次干道为通行状态，需次干道黄灯倒计时结束才能进入紧急状态；

当 *Online*=1 时，若主干道为通行状态，直接进入紧急状态。

（13）紧急状态结束，高峰期时，进入高峰期主干道绿灯状态；紧急状态结束，非高峰期时，进入非高峰期主干道绿灯状态。

具体实验内容如下。

1. 七段显示译码器

使用 Logisim 软件打开实验资料包中的 04_TrafficLight.circ 文件，在七段显示译码器子电路中，设计一个七段显示译码器，电路的输入为 X_3、X_2、X_1、X_0，输出为 $Seg_1 \sim Seg_7$。

使用 Logisim 软件进行逻辑级设计和测试，并对设计好的电路进行封装，其电路封装与引脚功能说明如表 4.2 所示。

表 4.2 　　　　　　　　　　　　七段显示译码器封装与引脚功能说明

	引脚	类型	位宽/位	功能说明
七段显示译码器	$X_3 \; X_2 \; X_1 \; X_0$	输入	1	4 位 8421 码输入
	$Seg_1 \sim Seg_7$	输出	1	七段数码管驱动信号

发光二极管引脚顺序如图 4.2 所示。

在设计过程中，除逻辑门外，不能直接使用 Logisim 软件提供的逻辑库元器件。

图 4.2　发光二极管引脚顺序

2. 4 位无符号数比较器

使用 Logisim 软件打开实验资料包中的 04_TrafficLight.circ 文件，在 4 位无符号数比较器子电路中，设计一个 4 位无符号数比较器，电路的输入为两个 4 位二进制数 $X_3 X_2 X_1 X_0$ 和 $Y_3 Y_2 Y_1 Y_0$，输出为 G、E、L。当 $X_3 X_2 X_1 X_0 > Y_3 Y_2 Y_1 Y_0$ 时，$G=1$，$E=0$，$L=0$；当 $X_3 X_2 X_1 X_0 = Y_3 Y_2 Y_1 Y_0$ 时，$G=0$，$E=1$，$L=0$；当 $X_3 X_2 X_1 X_0 < Y_3 Y_2 Y_1 Y_0$ 时，$G=0$，$E=0$，$L=1$。

使用 Logisim 软件进行逻辑级设计和测试，并对设计好的电路进行封装，电路封装与引脚功能说明如表 4.3 所示。

表 4.3 　　　　　　　　　　　　4 位无符号数比较器电路封装与引脚功能说明

	引脚	类型	位宽/位	功能说明
X_3　　　　　　G X_2　4 位　　E X_1　　　　　　L X_0　无符号 Y_3 Y_2　比较器 Y_1 Y_0	$X_3 \; X_2 \; X_1 \; X_0$	输入	1	4 位无符号二进制数
	$Y_3 \; Y_2 \; Y_1 \; Y_0$	输入	1	4 位无符号二进制数
	G	输出	1	比较结果大于
	E	输出	1	比较结果等于
	L	输出	1	比较结果小于

在设计过程中，除逻辑门外，不能直接使用 Logisim 软件提供的逻辑库元器件。

3. 8 位无符号数比较器

使用 Logisim 软件打开实验资料包中的 04_TrafficLight.circ 文件，在 8 位无符号数比较器子电路中，利用已设计完成的 4 位无符号数比较器，设计一个 8 位无符号数比较器，电路的输入为两个 8 位无符号二进制数 X 和 Y，输出为 G、E、L。当 $X>Y$ 时，$G=1$，$E=0$，$L=0$；当 $X=Y$ 时，$G=0$，$E=1$，$L=0$；当 $X<Y$ 时，$G=0$，$E=0$，$L=1$。

使用 Logisim 软件进行逻辑级设计和测试，并对设计好的电路进行封装，电路封装与引脚功能说明如表 4.4 所示。

表 4.4　　　　　8 位无符号数比较器电路封装与引脚功能说明

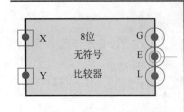

引脚	类型	位宽/位	功能说明
X	输入	8	8 位无符号二进制数
Y	输入	8	8 位无符号二进制数
G	输出	1	比较结果大于
E	输出	1	比较结果等于
L	输出	1	比较结果小于

在设计过程中，除逻辑门外，不能直接使用 Logisim 软件提供的逻辑库元器件。

4. 1 位 2 路选择器

利用 Logisim 软件打开实验资料包中的 04_TrafficLight.circ 文件，在 1 位 2 路选择器子电路中，设计一个 1 位 2 路选择器，电路有两个数据输入端，分别输入两个 1 位二进制数 X 和 Y，一个选择控制端 Sel，输出为 Out。当 Sel=0 时，Out=X；当 Sel=1 时，Out=Y。

使用 Logisim 软件进行逻辑级设计和测试，并对设计好的电路进行封装，电路封装与引脚功能说明如表 4.5 所示。

表 4.5　　　　　1 位 2 路选择器电路封装与引脚功能说明

引脚	类型	位宽/位	功能说明
X	输入	1	1 位数据输入（2 路输入之一）
Y	输入	1	1 位数据输入（2 路输入之一）
Sel	输入	1	选择控制
Out	输出	1	选择输出结果

在设计过程中，除逻辑门外，不能直接使用 Logisim 软件提供的逻辑库元器件。

5. 8 位 2 路选择器设计

使用 Logisim 软件打开实验资料包中的 04_TrafficLight.circ 文件，在 8 位 2 路选择器子电路中，利用已完成的 1 位 2 路选择器，设计一个 8 位 2 路选择器，电路有两个数据输入端，分别输入两个 8 位二进制数 X 和 Y，一个选择控制端 Sel，输出为 8 位二进制数 Out。当 Sel=0 时，Out=X；当 Sel=1 时，Out=Y。

使用 Logisim 软件进行逻辑级设计和测试，并对设计好的电路进行封装，电路封装与引脚功能说明如表 4.6 所示。

表 4.6　　　　　8 位 2 路选择器电路封装与引脚功能说明

引脚	类型	位宽/位	功能说明
X	输入	8	8 位数据输入（2 路输入之一）
Y	输入	8	8 位数据输入（2 路输入之一）
Sel	输入	1	选择控制
Out	输出	8	选择输出结果

在设计过程中，除逻辑门外，不能直接使用 Logisim 软件提供的逻辑库元器件。

6. 模 10 可逆计数器状态图

设计一个 Mealy 型同步模 10 可逆计数器，计数状态从 0000 到 1001，当 $Mode$=0 时，计数器递增计数，当计数状态为 1001 时，再来一个脉冲，计数状态变为 0000，输出为 1，其他情况下输出为 0；当 $Mode=1$ 时，计数器递减计数，当计数状态为 0000 时，再来一个脉冲，计数状态变为 1001，输出为 1，其他情况下输出为 0。作出电路的状态图。

7. 模 10 可逆计数器激励函数

使用 Logisim 软件打开实验资料包中的 04_TrafficLight.circ 文件，在模 10 可逆计数器激励函数子电路中，根据上述模 10 可逆计数器的状态图，用下降沿触发 D 触发器，设计 Mealy 型同步模 10 可逆计数器的激励函数电路。

电路有 5 个输入端，其中 4 个输入端为模 10 可逆计数器的当前状态 $y_3 \sim y_0$，一个输入端为计数模式 $Mode$，4 个输出端为模 10 可逆计数器的激励函数 $D_3 \sim D_0$。

使用 Logisim 软件进行逻辑级设计和测试，并对设计好的电路进行封装，电路封装与引脚功能说明如表 4.7 所示。

表 4.7 **模 10 可逆计数器激励函数电路封装与引脚功能说明**

引脚	类型	位宽/位	功能说明
$y_3 \sim y_0$	输入	1	计数器当前状态
Mode	输入	1	计数模式
$D_3 \sim D_0$	输出	1	对应的 D 触发器的激励

在设计过程中，除逻辑门外，不能直接使用 Logisim 软件提供的逻辑库元器件。

8. 模 10 可逆计数器输出函数

使用 Logisim 软件打开实验资料包中的 04_TrafficLight.circ 文件，在模 10 可逆计数器输出函数子电路中，根据上述模 10 可逆计数器的状态图，设计 Mealy 型同步模 10 可逆计数器的输出函数，生成计数器的进位/借位信号，该输出信号与状态和输入信号有关。

使用 Logisim 软件进行逻辑级设计和测试，并对设计好的电路进行封装，电路封装与引脚功能说明如表 4.8 所示。

表 4.8 **模 10 可逆计数器输出函数电路封装与引脚功能说明**

引脚	类型	位宽/位	功能说明
$y_3 \sim y_0$	输入	1	系统当前状态
Mode	输入	1	计数模式
C_{out}	输出	1	进位/借位输出

在设计过程中，除逻辑门外，不能直接使用 Logisim 软件提供的逻辑库元器件。

9. 模 10 可逆计数器

使用 Logisim 软件打开实验资料包中的 04_TrafficLight.circ 文件，在模 10 可逆计数器（可异步置位）子电路中，利用已经设计完成的模 10 可逆计数器激励函数、模 10 可逆计数器输出函数，采用下降沿触发的 D 触发器，构建 Mealy 型同步模 10 可逆计数器，该计数器支持异步预置功能，当预置控制位为 1，直接将 D_{in} 数据写入触发器中。

使用 Logisim 软件进行逻辑级设计和测试，并对设计好的电路进行封装，电路封装与引脚功能说明如表 4.9 所示。

表 4.9 　　　　　　　　　　模 10 可逆计数器电路封装与引脚功能说明

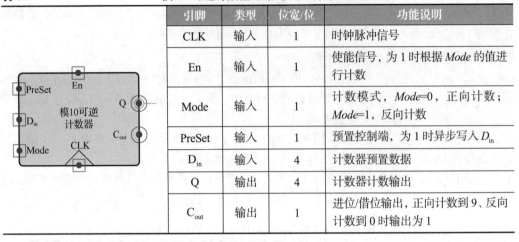

引脚	类型	位宽/位	功能说明
CLK	输入	1	时钟脉冲信号
En	输入	1	使能信号，为 1 时根据 $Mode$ 的值进行计数
Mode	输入	1	计数模式，$Mode$=0，正向计数；$Mode$=1，反向计数
PreSet	输入	1	预置控制端，为 1 时异步写入 D_{in}
D_{in}	输入	4	计数器预置数据
Q	输出	4	计数器计数输出
C_{out}	输出	1	进位/借位输出，正向计数到 9、反向计数到 0 时输出为 1

在设计过程中，除逻辑门和触发器外，不能直接使用 Logisim 软件提供的逻辑库元器件。

10．2 位十进制可逆计数器

使用 Logisim 软件打开实验资料包中的 04_TrafficLight.circ 文件，在 2 位十进制可逆计数器子电路中，利用已经设计完成的模 10 可逆计数器，级联构建 2 位十进制可逆计数器。

使用 Logisim 软件进行逻辑级设计和测试，并对设计好的电路进行封装，电路封装与引脚功能说明如表 4.10 所示。

表 4.10 　　　　　　　　　2 位十进制可逆计数器电路封装与引脚功能说明

引脚	类型	位宽/位	功能说明
CLK	输入	1	时钟脉冲信号
En	输入	1	使能信号，为 1 时根据 $Mode$ 的值进行计数
Mode	输入	1	计数模式
PreSet	输入	1	预置控制端，为 1 时异步写入 D_{in}
D_{in}	输入	8	计数器预置数据
Q	输出	8	计数器计数输出
C_{out}	输出	1	进位/借位输出，正向计数到 99、反向计数到 0 时输出为 1

在设计过程中，除逻辑门外，不能直接使用 Logisim 软件提供的逻辑库元器件。

11．交通灯控制器状态图

根据题意，设计交通灯控制器状态图。

12．交通灯控制器激励函数

使用 Logisim 软件打开实验资料包中的 04_TrafficLight.circ 文件，在交通灯控制器激励函数子电路中，用下降沿触发的 D 触发器设计交通灯控制器的激励函数电路。激励函数可利用实验资料包里面的 Excel 文件及交通灯控制器状态图自动生成。

使用 Logisim 软件进行逻辑级设计和测试，并对设计好的电路进行封装，电路封装与引脚功能描述如表 4.11 所示。

表 4.11 交通灯控制器激励函数电路封装与引脚功能描述

引脚	类型	位宽/位	功能说明
$y_2 \sim y_0$	输入	1	当前状态
H	输入	1	高峰期信号
MR	输入	1	主干道通行请求信号
SR	输入	1	次干道通行请求信号
T_1	输入	1	主干道绿灯结束信号
T_2	输入	1	主干道黄灯结束信号
T_3	输入	1	次干道绿灯结束信号
T_4	输入	1	次干道黄灯结束信号
Online	输入	1	紧急状况通行信号
$D_2 \sim D_0$	输出	1	对应的 D 触发器的激励

在设计过程中,除逻辑门外,不能直接使用 Logisim 软件提供的逻辑库元器件。

13. 交通灯核心控制模块输出函数

使用 Logisim 软件打开实验资料包中的 04_TrafficLight.circ 文件,在核心控制模块输出函数子电路中,设计交通灯核心控制模块输出函数,根据状态图的状态,生成主干道和次干道红绿灯控制信号,以及当前道路通行情况,核心控制模块为 Moore 型,输出只与状态有关。

使用 Logisim 软件进行逻辑级设计和测试,并对设计好的电路进行封装,电路封装与引脚功能描述如表 4.12 所示。

表 4.12 交通灯核心控制模块输出函数电路封装与引脚功能描述

引脚	类型	位宽/位	功能说明
$y_2 \sim y_0$	输入	1	当前状态
R_1	输出	1	主干道红灯控制信号
Y_1	输出	1	主干道黄灯控制信号
G_1	输出	1	主干道绿灯控制信号
R_2	输出	1	次干道红灯控制信号
Y_2	输出	1	次干道黄灯控制信号
G_2	输出	1	次干道绿灯控制信号
$PASS_0$	输出	1	初始状态通行信号
$PASS_1$	输出	1	主干道通行信号
$PASS_2$	输出	1	次干道通行信号
$PASS_3$	输出	1	紧急状况通行信号

在设计过程中,除逻辑门外,不能直接使用 Logisim 软件提供的逻辑库元器件。

14. 交通灯控制系统

使用 Logisim 软件打开实验资料包中的 04_TrafficLight.circ 文件,在交通灯控制系统子电路中,基于已经设计完成的子电路设计一个符合要求的十字路口交通灯控制系统。倒计时时间应通过数码管部件进行显示。

在设计过程中,除逻辑门和触发器外,不能直接使用 Logisim 软件提供的逻辑库元器件。

4.1.4 实验原理

1. 整体设计

根据交通灯控制系统的规则,首先确定交通灯控制系统的输入输出信号,如表 4.13 所示。

表 4.13　　　　　　　　　　交通灯控制系统的输入输出信号

信号	类型	描述	说明
Online	输入	紧急状况输入信号	紧急状况（Online=1）时，主干道绿灯，通行；次干道红灯，不通行，计时器显示 99
MR	输入	主干道通行请求信号	MR=1，主干道有通行请求；MR=0，主干道无通行请求
SR	输入	次干道通行请求信号	SR=1，次干道有通行请求；SR=0，次干道无通行请求
H	输入	高峰期信号	H=1，高峰期；H=0，非高峰期
R_1	输出	主干道红灯	R_1=1，主干道红灯亮；R_1=0，主干道红灯熄灭
Y_1	输出	主干道黄灯	Y_1=1，主干道黄灯亮；Y_1=0，主干道黄灯熄灭
G_1	输出	主干道绿灯	G_1=1，主干道绿灯亮；G_1=0，主干道绿灯熄灭
R_2	输出	次干道红灯	R_2=1，次干道红灯亮；R_2=0，次干道红灯熄灭
Y_2	输出	次干道黄灯	Y_2=1，次干道黄灯亮；Y_2=0，次干道黄灯熄灭
G_2	输出	次干道绿灯	G_2=1，次干道绿灯亮；G_2=0，次干道绿灯熄灭
T	输出	倒计时时间	通过七段数码管输出

　　根据题目要求，可将系统划分为交通灯核心控制模块、主干道倒计时模块、次干道倒计时模块和显示选择模块 4 个功能模块。交通灯核心控制模块由主干道倒计时模块和次干道倒计时模块提供相关参数（如绿灯倒计时结束、黄灯倒计时结束等信号）来实现交通灯状态和输出的变化，从而控制红、黄、绿灯的亮灭，同时其输出控制主干道倒计时模块和次干道倒计时模块倒计时的进行、是否需要预置倒计时数据等；主干道倒计时模块和次干道倒计时模块由计时器、比较器组成，根据交通灯核心控制模块的参数实现倒计时时间的变化，并向交通灯核心控制模块提供当前倒计时的状态；显示选择模块由显示模块和比较模块来实现不同状态下，显示设备显示不同的倒计时时间。综上所述，整个系统可细分为显示模块、比较模块、选择模块、计时模块和交通灯核心控制模块五个子模块，各模块之间的关系如图 4.3 所示。由五个子模块再构成 4 个功能模块，从而实现整个电路的功能。

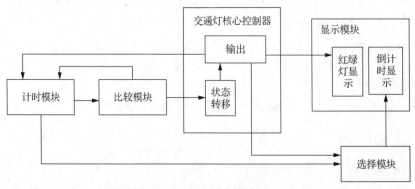

图 4.3　各模块之间的关系

2. 显示模块

交通灯主要通过红绿灯的变换和倒计时来提醒行人和车辆当前的交通状态，显示模块用于处理倒计时的显示和红绿灯的显示。倒计时的显示通过七段显示译码器驱动七段数码管实现，红绿灯的交替通过主、次干道的 6 个 LED 灯实现。

如前文所述，七段数码管由 7 个条形发光二极管组合起来，通过不同发光段的组合，显示 0~9 等数字。七段数码管，必须由七段显示译码器来驱动工作。当发光二极管的输入为高电平时，发光二极管点亮；当发光二极管的输入为低电平时，发光二极管熄灭。根据图 4.2 所示的发光二极管引脚顺序，可得到七段显示译码器真值表，如表 4.14 所示。

表 4.14 七段显示译码器真值表

x_3	x_2	x_1	x_0	Seg_1	Seg_2	Seg_3	Seg_4	Seg_5	Seg_6	Seg_7
0	0	0	0	0	1	1	1	1	1	1
0	0	0	1	0	0	0	1	0	0	1
0	0	1	0	1	0	1	1	1	1	0
0	0	1	1	1	0	1	1	0	1	1
0	1	0	0	1	1	0	1	0	0	1
0	1	0	1	1	1	1	0	0	1	1
0	1	1	0	1	1	1	0	1	1	1
0	1	1	1	0	0	1	1	0	0	1
1	0	0	0	1	1	1	1	1	1	1
1	0	0	1	1	1	1	1	0	1	1

将该真值表输入 Logisim 软件，可自动生成七段显示译码器电路。

3. 比较模块

比较模块可以将倒计时的时间和约定的时间进行对比，从而实现精确的触发控制，确保交通灯颜色切换的准确性。因为需要比较的时间是 2 位十进制数，用 8421 码表示倒计时时间，则需要一个 8 位无符号数比较器。可先设计 4 位无符号数比较器，再将 4 位无符号数比较器扩展为 8 位无符号数比较器。

（1）4 位无符号数比较器

当对两个多位二进制数进行比较时，需从高位到低位逐位进行比较。只有在高位相等时，才需要进行低位的比较。当比较到某一位二进制数不相等时，其比较结果便为两个多位二进制数的比较结果。

如果 $A > B$，有 4 种情况：$a_3 > b_3$；$a_3 = b_3$ 且 $a_2 > b_2$；$a_3 = b_3$ 且 $a_2 = b_2$ 且 $a_1 > b_1$；$a_3 = b_3$ 且 $a_2 = b_2$ 且 $a_1 = b_1$ 且 $a_0 > b_0$。

如果 $A = B$，则 $a_3 = b_3$ 且 $a_2 = b_2$ 且 $a_1 = b_1$ 且 $a_0 = b_0$。

如果 $A < B$，有 4 种情况：$a_3 < b_3$；$a_3 = b_3$ 且 $a_2 < b_2$；$a_3 = b_3$ 且 $a_2 = b_2$ 且 $a_1 < b_1$；$a_3 = b_3$ 且 $a_2 = b_2$ 且 $a_1 = b_1$ 且 $a_0 < b_0$。

由以上分析可以得到

$$G = a_3\overline{b_3} + (a_3b_3 + \overline{a_3}\overline{b_3})a_2\overline{b_2} + (a_3b_3 + \overline{a_3}\overline{b_3})(a_2b_2 + \overline{a_2}\overline{b_2})a_1\overline{b_1} + (a_3b_3 + \overline{a_3}\overline{b_3})(a_2b_2 + \overline{a_2}\overline{b_2}) \cdot$$
$$(a_1b_1 + \overline{a_1}\overline{b_1})a_0\overline{b_0}$$

$$E = (a_3b_3 + \overline{a_3}\overline{b_3})(a_2b_2 + \overline{a_2}\overline{b_2})(a_1b_1 + \overline{a_1}\overline{b_1})(a_0b_0 + \overline{a_0}\overline{b_0})$$

$$L = \overline{a_3}b_3 + (a_3b_3 + \overline{a_3}\overline{b_3})\overline{a_2}b_2 + (a_3b_3 + \overline{a_3}\overline{b_3})(a_2b_2 + \overline{a_2}\overline{b_2})\overline{a_1}b_1 + (a_3b_3 + \overline{a_3}\overline{b_3})(a_2b_2 + \overline{a_2}\overline{b_2}) \cdot$$
$$(a_1b_1 + \overline{a_1}\overline{b_1})\overline{a_0}b_0$$

也可在框架文件中添加 1 位无符号数比较器，再用 1 位无符号数比较器级联得到 4 位无符号数比较器。

（2）8 位无符号数比较器

将两个 8 位无符号数 X、Y 按照高位和低位分为 4 个 4 位无符号数 $X_{高}$、$X_{低}$、$Y_{高}$ 和 $Y_{低}$，可用 2 个 4 位无符号数比较器实现 8 位无符号数比较器，其原理如图 4.4 所示。

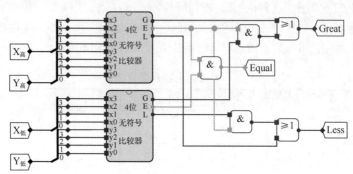

图 4.4　8 位无符号数比较器原理

4．选择模块

电路只有一套七段数码管，而在不同情况下，七段数码管显示的值也不一样。选择模块可根据情况选择倒计时的起始值，并选择将合适的数据送给七段数码管。根据题意，用一个 8 位 2 路选择器即可实现。可先设计一个 1 位 2 路选择器，再将其扩展为 8 路选择器。

对于 1 位 2 路选择器，电路有两个数据输入端，分别输入两个 1 位二进制数 X 和 Y，一个选择控制端输入 Sel，输出为 Out。当 $Sel=0$ 时，$Out=X$；当 $Sel=1$ 时，$Out=Y$。可得

$$Out= \overline{Sel} \cdot X + Sel \cdot Y$$

8 位 2 路选择器，只需要将 X 和 Y 换成 8 位输入即可。

5．计时模块

不同交通状况下主、次干道的红、黄、绿灯持续亮的时间不同，需要计时模块来控制不同灯亮的时间，因为点亮时显示时间最大为 30 s，可用 2 位 8421 码来表示点亮时间，需要一个 2 位十进制可逆计数器来实现。由于不同状态下倒计时的起始点可能不同，因此，计数器需要设计异步置位功能。综上分析，可设计带异步置位功能的 Mealy 型同步模 10 可逆计数器，在此基础上进行级联实现 2 位十进制可逆计数器。

（1）Mealy 型模 10 可逆计数器

Mealy 型模 10 可逆计数器有 1 个计数模式输入 $Mode$，1 个计数器的进位/借位信号输出 C_{out}。模 10 可逆计数器有 10 种状态，用 $y_3 y_2 y_1 y_0$ 表示计数器的当前状态，用 $y_3^{n+1} y_2^{n+1} y_1^{n+1} y_0^{n+1}$ 表示计数器的次态。当 $Mode=0$ 时，计数器正向计数，$y_3^{n+1} y_2^{n+1} y_1^{n+1} y_0^{n+1} = y_3 y_2 y_1 y_0 + 0001$，计数器正向计数到 9 时，进位/借位信号 $C_{out} =1$；当 $Mode=1$ 时，计数器反向计数，$y_3^{n+1} y_2^{n+1} y_1^{n+1} y_0^{n+1} = y_3 y_2 y_1 y_0 - 0001$，计数器反向计数到 0 时，进位/借位信号 $C_{out} = 1$。

Mealy 型模 10 可逆计数器状态图如图 4.5 所示，状态表如表 4.15 所示。

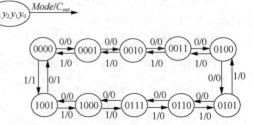

图 4.5　Mealy 型模 10 可逆计数器状态图

表 4.15   **Mealy 型模 10 可逆计数器状态表**

输入函数 Mode	现态 $y_3\ y_2\ y_1\ y_0$				次态 $y_3^{n+1}\ y_2^{n+1}\ y_1^{n+1}\ y_0^{n+1}$				输出函数 C_{out}
0	0	0	0	0	0	0	0	1	0
0	0	0	0	1	0	0	1	0	0
0	0	0	1	0	0	0	1	1	0
0	0	0	1	1	0	1	0	0	0
0	0	1	0	0	0	1	0	1	0
0	0	1	0	1	0	1	1	0	0
0	0	1	1	0	0	1	1	1	0
0	0	1	1	1	1	0	0	0	0
0	1	0	0	0	1	0	0	1	0
0	1	0	0	1	0	0	0	0	1
1	0	0	0	0	1	0	0	1	1
1	0	0	0	1	0	0	0	0	0
1	0	0	1	0	0	0	0	1	0
1	0	0	1	1	0	0	1	0	0
1	0	1	0	0	0	0	1	1	0
1	0	1	0	1	0	1	0	0	0
1	0	1	1	0	0	1	0	1	0
1	0	1	1	1	0	1	1	0	0
1	1	0	0	0	0	1	1	1	0
1	1	0	0	1	1	0	0	0	0

因为使用 D 触发器，D 触发器的激励等于次态，所以可得

$$D_3 = y_3^{n+1} = \overline{y_3}\,\overline{y_2}\,y_1\,y_0\,\overline{Mode} + \overline{y_3}\,y_2\,y_1\,y_0\,\overline{Mode} + y_3\,\overline{y_2}\,\overline{y_1}\,y_0\,Mode + y_3\,\overline{y_2}\,\overline{y_1}\,y_0\,Mode$$

$$D_2 = y_2^{n+1} = \overline{y_3}\,\overline{y_2}\,y_1\,y_0\,\overline{Mode} + \overline{y_3}\,y_2\,\overline{y_1}\,Mode + \overline{y_3}\,y_2\,\overline{y_0}\,Mode + \overline{y_3}\,y_2\,\overline{y_1}\,\overline{y_0} + y_3\,\overline{y_2}\,\overline{y_1}\,y_0\,Mode$$

$$D_1 = y_1^{n+1} = \overline{y_3}\,\overline{y_1}\,y_0\,\overline{Mode} + \overline{y_3}\,y_1\,\overline{y_0}\,\overline{Mode} + \overline{y_3}\,y_1\,y_0\,Mode + \overline{y_3}\,\overline{y_2}\,\overline{y_1}\,y_0\,Mode + y_3\,\overline{y_2}\,\overline{y_1}\,y_0\,Mode$$

$$D_0 = y_0^{n+1} = \overline{y_3}\,\overline{y_0} + \overline{y_2}\,\overline{y_1}\,y_0$$

$$C_{out} = \overline{Mode}\,y_3\,\overline{y_2}\,\overline{y_1}\,y_0 + Mode\,\overline{y_3}\,\overline{y_2}\,\overline{y_1}\,y_0$$

（2）2 位十进制可逆计数器

利用两个模 10 可逆计数器，采用级联法，实现 2 位十进制计数器，原理如图 4.6 所示。注意，由于使用了下降沿触发的 D 触发器，在两个模 10 计数器级联的时候，需要避免进位或借位时高位计数器状态提前改变的问题。

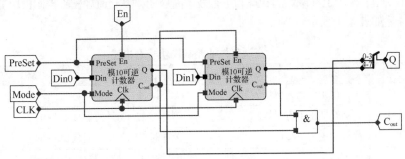

图 4.6 2 位十进制计数器原理

6. 交通灯控制器

交通灯控制器用于控制在不同的外部和内部输入的情况下的交通灯控制系统的状态转移，其输出函数对应不同状态时的红灯、黄灯、绿灯的显示。

交通灯控制器的输入及输出信号如表 4.16 所示。

表 4.16 交通灯控制器的输入及输出信号

信号	类型	位宽/位	描述
H	输入	1	高峰期信号
MR	输入	1	主干道通行请求信号
SR	输入	1	次干道通行请求信号
$Online$	输入	1	紧急状况通信信号
R_1	输出	1	主干道红灯控制信号
Y_1	输出	1	主干道黄灯控制信号
G_1	输出	1	主干道绿灯控制信号
R_2	输出	1	次干道红灯控制信号
Y_2	输出	1	次干道黄灯控制信号
G_2	输出	1	次干道绿灯控制信号

交通灯状态的转换需要根据内部信号进行，内部信号如表 4.17 所示。

表 4.17 交通灯控制系统内部信号

信号	输入信号描述	描述
T_1	主干道绿灯结束信号	主干道倒计时为 04
T_2	主干道黄灯结束信号	主干道倒计时为 01
T_3	次干道绿灯结束信号	次干道倒计时为 04
T_4	次干道黄灯结束信号	次干道倒计时为 01
T_5	主干道通行状态结束信号	主干道倒计时为 00
T_6	次干道通行状态结束信号	次干道倒计时为 00
$PASS_0$	初始状态通行信号	初始信号时 $PASS_0=1$
$PASS_1$	主干道通行状态	主干道绿灯或主干道黄灯时 $PASS_1=1$
$PASS_2$	次干道通行状态	次干道绿灯或主干道黄灯时 $PASS_2=1$
$PASS_3$	紧急状态通行状态	紧急状况下 $PASS_3=1$

根据主干道、次干道红绿灯的状态和是否处于高峰期，将交通灯核心控制模块分为 7 个状态，状态描述如表 4.18 所示。

表 4.18 交通灯核心控制模块状态描述

状态编号	状态描述	说明
S_0	主、次干道均为黄灯闪烁	无倒计时
S_1	非高峰期主干道绿灯	倒计时 12 s（计时器从 15→04）
S_2	高峰期主干道绿灯	倒计时 27 s（计时器从 30→04）
S_3	主干道黄灯	倒计时 3 s（计时器从 03→00）
S_4	次干道绿灯	倒计时 12 s（计时器从 15→04）
S_5	次干道黄灯	倒计时 3 s（计时器从 03→00）
S_6	紧急状况	主干道绿灯，次干道红灯，显示 99 s

状态编码及各状态下的输出如表 4.19 所示。

表 4.19 状态编码及各状态下的输出

状态编号	状态编码	LED 灯输出						内部信号			
		R_1	Y_1	G_1	R_2	Y_2	G_2	$PASS_0$	$PASS_1$	$PASS_2$	$PASS_3$
S_0	000	0	1	0	0	1	0	1	0	0	0
S_1	001	0	0	1	1	0	0	0	1	0	0
S_2	010	0	0	1	1	0	0	0	1	0	0
S_3	011	0	1	0	1	0	0	0	1	0	0
S_4	100	1	0	0	0	0	1	0	0	1	0
S_5	101	1	0	0	0	1	0	0	0	1	0
S_6	110	0	0	1	1	0	0	0	0	0	1

由于交通灯控制器的输入较多，用状态转移图比较庞大，因此直接填写交通灯控制器的状态表如表 4.20 所示。

表 4.20 交通灯控制器的状态表

现态	输入								次态
	H	MR	SR	$Online$	T_4	T_3	T_2	T_1	
000				1					110
	0	0	0	0					000
	0	1		0					001
	1	1		0					010
		0	1	0					100
001				1					110
				0				1	011
				0				0	001
010				1					110
				0				1	011
				0				0	010
011				1					110
				0			0		011
	0	0	0	0			1		000
	0	1	0	0			1		001
	1	1	0	0			1		010
		0	1	0			1		100
100						1			101
						0			100
101					0				101
				1	1				110
	0	0	0	0	1				000
	0	1	0	0	1				001
	1	1	0	0	1				010
		0	1	0	1				100
110				1					110
	0			0					001
	1			0					010

注：空格表示输入为任意。

因为状态表较复杂，可用系统提供的"交通灯控制系统状态图激励函数自动生成.xlsx"，在 Excel 表的"状态转移表"中填写状态转移关系，在"激励函数和输出函数表达式自动生成"中可自动得到激励函数表达式。

分别在核心控制模块激励函数和核心控制模块输出函数中输入激励函数和输出函数表达式，即可自动生成激励函数和输出函数的电路。

7. 交通灯控制系统

使用 Logisim 软件打开实验资料包中的 04_TrafficLight.circ 文件，在交通灯控制系统设计子电路中，基于已经设计完成的 5 个子电路，设计出 4 个功能模块：交通灯核心控制模块、主干道倒计时模块、次干道倒计时模块和显示选择模块，将这 4 个功能模块有机地结合起来，从而搭建出整个系统。

交通灯核心控制模块电路如图 4.7 所示，其中，内部信号由主干道倒计时模块和次干道倒计时模块提供。

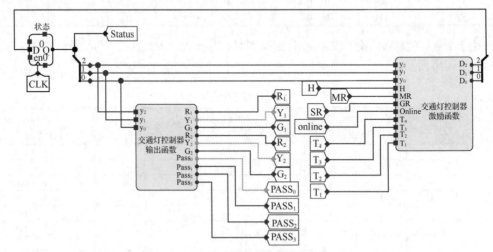

图 4.7 交通灯核心控制模块电路

主干道倒计时模块如图 4.8 所示，其中，$PASS_0 \sim PASS_3$ 由交通灯核心控制模块提供。

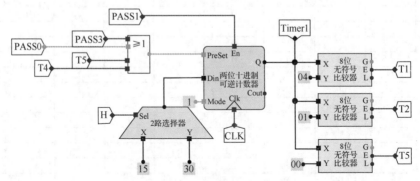

图 4.8 主干道倒计时模块

次干道倒计时模块如图 4.9 所示，其中，$PASS_0 \sim PASS_3$ 由交通灯核心控制模块提供。

显示选择模块如图 4.10 所示，其中，$PASS_0 \sim PASS_3$ 由交通灯核心控制模块提供，$Timer_1$ 和 $Timer_2$ 由主次干道倒计时模块提供。

最后，将交通灯核心控制模块提供的 R_1、G_1 和 R_2、G_2 分别接在主次干道表示红灯和绿灯的 LED 灯上，将 Y_1 和

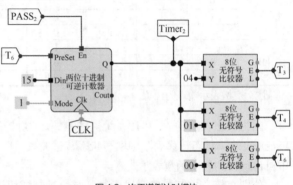

图 4.9 次干道倒计时模块

Y_2 分别和 *CLK* 相与后接在主次干道表示黄灯的 LED 灯上，将显示选择模块的输出接在两个七段数码管上，即可得到完整的交通灯控制系统。

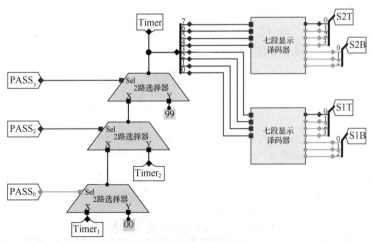

图 4.10 显示选择模块

4.1.5 实验思考

做完本实验后请思考下列问题：

（1）如何用模 16 计数器设计模 10 计数器？

（2）如何利用系统的 2 位比较器设计 4 位比较器？

（3）你所设计的交通灯控制系统还有哪些需要改进的地方？

4.2 运动码表

4.2.1 实验目的

本实验将提供一个完整的数字逻辑实验包，从以真值表构建七段显示译码器，到以逻辑表达式构建 4 位比较器、多路选择器，并利用同步时序逻辑电路构建 BCD 计数器，从简单的组合逻辑电路到复杂时序逻辑电路，最终集成实现运动码表。

实验由简到难，层次递进，从器件到部件，从部件到系统，通过本实验的设计、仿真、验证 3 个训练过程使读者掌握小型数字电路系统的设计、仿真、调试方法，以及电路模块封装的方法。

4.2.2 实验平台及相关电路文件

实验平台及相关电路文件如表 4.21 所示。

表 4.21　　　　　　　　　　　实验平台及相关电路文件

实验平台	电路框架文件	元器件库文件
Logisim 软件，头歌实践教学平台	04_SportsWatch.circ	无

4.2.3 实验内容

设计一个运动码表，电路有 4 个按钮输入，分别为 Start、Stop、Store 和 Reset，用 4 个七段数码管分别显示小时和分钟的数字，具体要求如下。

（1）当按下 Start 时，计时器清零，重新开始计时。

（2）当按下 Stop 时，计时器停止计时，显示计时数据。

（3）当按下 Store 时，若当前计时数据小于系统记录，则更新系统记录，并显示当前计时数据，否则不更新系统记录，但显示系统记录。

（4）当按下 Reset 时，复位，计时=0.00，系统记录=99.99。

具体实验内容如下。

1. 七段显示译码器

使用 Logisim 软件打开实验资料包中的 04_ SportsWatch.circ 文件，在七段显示译码器子电路中，设计一个七段显示译码器，电路的输入为 $X_3 \sim X_0$，输出为 $Seg_1 \sim Seg_7$。

使用 Logisim 软件进行逻辑级设计和测试，并对设计好的电路进行封装，其电路封装与引脚功能描述如表 4.22 所示。

表 4.22　七段显示译码器电路封装与引脚功能描述

引脚	类型	位宽/位	功能说明
$X_3 \sim X_0$	输入	1	4 位 8421 码输入
$Seg_1 \sim Seg_7$	输出	1	七段数码管驱动信号

在设计过程中，除逻辑门外，不能直接使用 Logisim 软件提供的逻辑库元器件。

2. 1 位 2 路选择器

使用 Logisim 软件打开实验资料包中的 04_ SportsWatch.circ 文件，在 1 位 2 路选择器子电路中，设计一个 1 位 2 路选择器，电路有两个数据输入端，分别输入两个 1 位二进制数 X 和 Y，一个选择控制端 Sel，输出为 Out。当 Sel=0 时，Out=X；当 Sel=1 时，Out=Y。

使用 Logisim 软件进行逻辑级设计和测试，并对设计好的电路进行封装，电路封装与引脚功能说明如表 4.23 所示。

表 4.23　1 位 2 路选择器电路封装与引脚功能说明

引脚	类型	位宽/位	功能说明
X	输入	1	1 位数据输入
Y	输入	1	1 位数据输入
Sel	输入	1	选择控制
Out	输出	1	选择输出结果

在设计过程中，除逻辑门外，不能直接使用 Logisim 软件提供的逻辑库元器件。

3. 16 位 2 路选择器

使用 Logisim 软件打开实验资料包中的 04_SportsWatch.circ 文件，在 16 位 2 路选择器子电路中，利用已完成的 1 位 2 路选择器，设计一个 16 位 2 路选择器，电路有两个数据输入端，分别输入两个 16 位二进制数 X 和 Y，一个选择控制端 Sel，输出为 16 位二进制数 Out。当 Sel=0 时，Out=X；当 Sel=1 时，Out=Y。

使用 Logisim 软件进行逻辑级设计和测试，并对设计好的电路进行封装，电路封装与引脚功能说明如表 4.24 所示。

表 4.24   16 位 2 路选择器电路封装与引脚功能说明

引脚	类型	位宽/位	功能说明
X	输入	16	1 位数据输入
Y	输入	16	1 位数据输入
Sel	输入	1	选择控制
Out	输出	16	选择输出结果

在设计过程中，除逻辑门外，不能直接使用 Logisim 软件提供的逻辑库元器件。

4. 4 位无符号数比较器

使用 Logisim 软件打开实验资料包中的 04_SportsWatch.circ 文件，在 4 位无符号数比较器子电路中，设计一个 4 位无符号数比较器，电路的输入为两个 4 位二进制数 $X_3X_2X_1X_0$ 和 $Y_3Y_2Y_1Y_0$，输出为 G、E、L。当 $X_3X_2X_1X_0 > Y_3Y_2Y_1Y_0$ 时，$G=1$，$E=0$，$L=0$；当 $X_3X_2X_1X_0 = Y_3Y_2Y_1Y_0$ 时，$G=0$，$E=1$，$L=0$；当 $X_3X_2X_1X_0 < Y_3Y_2Y_1Y_0$ 时，$G=0$，$E=0$，$L=1$。

使用 Logisim 软件进行逻辑级设计和测试，并对设计好的电路进行封装，电路封装与引脚功能说明如表 4.25 所示。

表 4.25   4 位无符号数比较器电路封装与引脚功能说明

引脚	类型	位宽/位	功能说明
$X_3\ X_2\ X_1\ X_0$	输入	1	4 位无符号二进制数
$Y_3\ Y_2\ Y_1\ Y_0$	输入	1	4 位无符号二进制数
G	输出	1	比较结果大于
E	输出	1	比较结果等于
L	输出	1	比较结果小于

在设计过程中，除逻辑门外，不能直接使用 Logisim 软件提供的逻辑库元器件。

5. 16 位无符号数比较器

使用 Logisim 软件打开实验资料包中的 04_SportsWatch.circ 文件，在 16 位无符号数比较器子电路中，利用已设计完成的 4 位无符号数比较器，设计一个 16 位无符号数比较器，电路的输入为两个 16 位无符号二进制数 X 和 Y，输出为 G、E、L。当 $X > Y$ 时，$G=1$，$E=0$，$L=0$；当 $X = Y$ 时，$G=0$，$E=1$，$L=0$；当 $X < Y$ 时，$G=0$，$E=0$，$L=1$。

使用 Logisim 软件进行逻辑级设计和测试，并对设计好的电路进行封装，电路封装与引脚功能说明如表 4.26 所示。

表 4.26   16 位无符号数比较器电路封装与引脚功能说明

引脚	类型	位宽/位	功能说明
X	输入	16	16 位无符号二进制数
Y	输入	16	16 位无符号二进制数
G	输出	1	比较结果大于
E	输出	1	比较结果等于
L	输出	1	比较结果小于

在设计过程中，除逻辑门外，不能直接使用 Logisim 软件提供的逻辑库元器件。

6. 4 位并行加载寄存器

使用 Logisim 软件打开实验资料包中的 04_SportsWatch.circ 文件，在 4 位并行加载寄存器子电路中，利用下降沿触发的 D 触发器设计一个 4 位并行加载寄存器，电路有一个使能端 En，一个时钟脉冲信号输入端 CLK，一个 4 位数据输入端 D_{in}，电路输出为 4 位寄存器状态 Q。当 $En=1$ 时，电路在时钟脉冲信号 CLK 的作用下，将 D_{in} 的数据送到 Q 中。

使用 Logisim 软件进行逻辑级设计和测试，并对设计好的电路进行封装，电路封装与引脚功能说明如表 4.27 所示。

表 4.27　　　　　　　　　4 位并行加载寄存器电路封装与引脚功能说明

引脚	类型	位宽/位	功能说明
En	输入	1	使能端
CLK	输入	1	时钟脉冲信号
D_{in}	输入	4	数据输入端
Q	输出	4	寄存器状态

在设计过程中，除逻辑门和触发器外，不能直接使用 Logisim 软件提供的逻辑库元器件。

7. 16 位并行加载寄存器

使用 Logisim 软件打开实验资料包中的 04_SportsWatch.circ 文件，在 16 位并行加载寄存器子电路中，利用已完成的 4 位并行加载寄存器设计一个 16 位并行加载寄存器，电路有一个使能端 En，一个时钟脉冲信号输入端 CLK，一个 16 位数据输入端 D_{in}，电路输出为 16 位寄存器状态 Q。当 $En=1$ 时，电路在时钟脉冲信号 CLK 的作用下，将 D_{in} 的数据送到 Q 中。

使用 Logisim 软件进行逻辑级设计和测试，并对设计好的电路进行封装，电路封装与引脚功能描述如表 4.28 所示。

表 4.28　　　　　　　　　16 位并行加载寄存器电路封装与引脚功能描述

引脚	类型	位宽/位	功能说明
En	输入	1	使能端
CLK	输入	1	时钟脉冲信号
D_{in}	输入	16	数据输入端
Q	输出	16	寄存器状态

在设计过程中，除逻辑门和触发器外，不能直接使用 Logisim 软件提供的逻辑库元器件。

8. 模 10 计数器状态图

设计一个 Moore 型同步模 10 计数器，计数状态在 0000～1001 循环。当计数状态变为 1001 时，输出为 1，其他情况下输出为 0。画出电路的状态图。

9. 模 10 计数器激励函数

使用 Logisim 软件打开实验资料包中的 04_SportsWatch.circ 文件，在模 10 计数器激励函数子电路中，根据同步模 10 计数器状态图，用下降沿触发的 D 触发器设计 Moore 型同步模 10 计数器激励函数电路。

电路有 4 个输入端，输入为计数器的当前状态 $y_3 \sim y_0$，4 个输出端，输出为计数器的激励 $D_3 \sim D_0$。

使用 Logisim 软件进行逻辑级设计和测试，并对设计好的电路进行封装，电路封装与引脚功能说明如表 4.29 所示。

表 4.29 模 10 计数器激励函数电路封装与引脚功能说明

引脚	类型	位宽/位	功能说明
$y_3 \sim y_0$	输入	1	计数器当前状态
$D_3 \sim D_0$	输出	1	对应的 D 触发器的激励

在设计过程中，除逻辑门外，不能直接使用 Logisim 软件提供的逻辑库元器件。

10. 模 10 计数器输出函数

使用 Logisim 软件打开实验资料包中的 04_SportsWatch.circ 文件，在模 10 计数器输出函数子电路中，根据上述模 10 计数器状态图，设计 Moore 型同步模 10 计数器输出函数，生成计数器的进位信号 C_{out}。

使用 Logisim 软件进行逻辑级设计和测试，并对设计好的电路进行封装，电路封装与引脚功能说明如表 4.30 所示。

表 4.30 模 10 计数器输出函数电路封装与引脚功能说明

引脚	类型	位宽/位	功能说明
$y_3 \sim y_0$	输入	1	计数器当前状态
C_{out}	输出	1	进位输出

在设计过程中，除逻辑门外，不能直接使用 Logisim 软件提供的逻辑库元器件。

11. 模 10 计数器

使用 Logisim 软件打开实验资料包中的 04_SportsWatch.circ 文件，在模 10 计数器子电路中，利用已经设计完成的模 10 计数器激励函数、模 10 计数器输出函数，采用下降沿触发的 D 触发器，构建 Moore 型同步模 10 计数器。

该电路有 3 个输入 Rst、En、CLK，2 个输出 Q 和 C_{out}。该计数器支持异步复位功能，当 $Rst=1$ 时，计数器清零。该计数器具有使能端 En，当 $En=1$ 时，电路开始在时钟脉冲信号作用下计数。计数器计数状态为 Q，当 $Q=9$ 时，$C_{out}=1$，平时 $C_{out}=0$。

使用 Logisim 软件进行逻辑级设计和测试，并对设计好的电路进行封装，电路封装与引脚功能描述如表 4.31 所示。

表 4.31 模 10 计数器电路封装与引脚功能描述

引脚	类型	位宽/位	功能说明
CLK	输入	1	时钟脉冲信号
En	输入	1	使能信号
Rst	输入	1	异步复位
Q	输出	4	计数器计数输出
C_{out}	输出	1	进位输出

在设计过程中，除逻辑门和触发器外，不能直接使用 Logisim 软件提供的逻辑库元器件。

12. 码表计数器

使用 Logisim 软件打开实验资料包中的 04_SportsWatch.circ 文件，在码表计数器子电路中，利用 4 个已生成的模 10 计数器，设计一个具有使能端、异步复位的码表计数器。

该电路有 3 个输入 Rst、En、CLK，1 个 16 位输出 Q，Q 由 4 个模 10 计数器的输出组成，

4 个模 10 计数器的输出分别对应 10 s、1 s、1/10 s、1/100 s。该计数器支持异步复位功能，当 *Rst*=1 时，计数器清零。该计数器具有使能端 *En*，当 *En*=1 时，电路开始在时钟脉冲信号作用下计数。低位计数到 9 时，相邻高位在时钟脉冲信号到来时加 1。

使用 Logisim 软件进行逻辑级设计和测试，并对设计好的电路进行封装，电路封装与引脚功能描述如表 4.32 所示。

表 4.32　　　　　　　　　　　码表计数器电路封装与引脚功能描述

引脚	类型	位宽/位	功能说明
CLK	输入	1	时钟脉冲信号
En	输入	1	使能信号
Rst	输入	1	异步复位
Q	输出	16	计数器计数输出

在设计过程中，除逻辑门外，不能直接使用 Logisim 软件提供的逻辑库元器件。

13. 码表显示驱动

使用 Logisim 软件打开实验资料包中的 04_SportsWatch.circ 文件，在码表显示驱动子电路中，利用 4 个已生成的七段显示译码器设计一个码表显示驱动电路。

该电路输入为 16 位 D_{in}，输出为 32 位 $D_{ispInfo}$，分别对应 4 个七段数码管的 32 个输入端。

使用 Logisim 软件进行逻辑级设计和测试，并对设计好的电路进行封装，电路封装与引脚功能描述如表 4.33 所示。

表 4.33　　　　　　　　　　　码表计数器电路封装与引脚功能描述

引脚	类型	位宽/位	功能说明
D_{in}	输入	16	计时时间输入
$D_{ispInfo}$	输出	32	4 个七段数码管的驱动

在设计过程中，除逻辑门外，不能直接使用 Logisim 软件提供的逻辑库元器件。

14. 码表控制器状态图

根据题意，设计码表控制器状态图。

15. 码表控制器激励函数

使用 Logisim 软件打开实验资料包中的 04_SportsWatch.circ 文件，在码表控制器激励函数子电路中，用下降沿触发的 D 触发器设计码表控制器激励函数电路。电路的输入为 $y_2 \sim y_0$、*Start*、*Store*、*Reset*、*NewRecord*，电路的输出为 D 触发器的激励 $D_2 \sim D_0$。

使用 Logisim 软件进行逻辑级设计和测试，并对设计好的电路进行封装，电路封装与引脚功能描述如表 4.34 所示。

表 4.34　　　　　　　　　码表控制器激励函数电路封装与引脚功能描述

引脚	类型	位宽/位	功能说明
$y_2 \sim y_0$	输入	1	当前状态
Start	输入	1	开始计时信号
Stop	输入	1	停止计时信号
Store	输入	1	存储计时记录信号
Reset	输入	1	计时复位信号，记录恢复为 99.99
NewRecord	输入	1	新的最好成绩记录信号
$D_2 \sim D_0$	输出	1	对应的 D 触发器的激励

在设计过程中，除逻辑门外，不能直接使用 Logisim 软件提供的逻辑库元器件。

16. 码表控制器输出函数

使用 Logisim 软件打开实验资料包中的 04_SportsWatch.circ 文件，在码表控制器输出函数子电路中，设计码表控制器输出函数电路。电路的输入为电路当前状态 $y_2 \sim y_0$，电路输出为 *ScoreSel*、*StoreEn*、*DispSel*、*TimerEn* 和 *TimerReset*。

使用 Logisim 软件进行逻辑级设计和测试，并对设计好的电路进行封装，电路封装与引脚功能描述如表 4.35 所示。

表 4.35　　　　　　　　码表控制器输出函数电路封装与引脚功能描述

引脚	类型	位宽/位	功能说明
$y_2 \sim y_0$	输入	1	当前状态
ScoreSel	输出	1	最好成绩记录的选择信号
StoreEn	输出	1	保存最好成绩记录的寄存器的使能信号
DispSel	输出	1	显示计时成绩记录的选择信号
TimerEn	输出	1	码表计时器使能信号
TimerReset	输出	1	码表计时器复位信号

在设计过程中，除逻辑门外，不能直接使用 Logisim 软件提供的逻辑库元器件。

17. 码表控制器

使用 Logisim 软件打开实验资料包中的 04_SportsWatch.circ 文件，在码表控制器子电路中，设计码表控制器。电路的输入为电路 *Start*、*Stop*、*Store*、*Reset*、*NewRecord*，以及时钟脉冲信号 *CLK*，电路输出为 *ScoreSel*、*StoreEn*、*DispSel*、*TimerEn* 和 *TimerReset*。

使用 Logisim 软件进行逻辑级设计和测试，并对设计好的电路进行封装，电路封装与引脚功能描述如表 4.36 所示。

表 4.36　　　　　　　　码表控制器电路封装与引脚功能描述

引脚	类型	位宽/位	功能说明
Start	输入	1	码表开始计时信号
Stop	输入	1	码表停止计时信号
Store	输入	1	码表存储计时信号
Reset	输入	1	码表计时复位信号
NewRecord	输入	1	新的最好成绩记录信号
CLK	输入	1	时钟脉冲信号
ScoreSel	输出	1	最好成绩记录的选择信号
StoreEn	输出	1	保存最好成绩记录的寄存器的使能信号
DispSel	输出	1	显示计时成绩记录的选择信号
TimerEn	输出	1	码表计时器使能信号
TimerReset	输出	1	码表计时器复位信号

在设计过程中，除逻辑门和触发器外，不能直接使用 Logisim 软件提供的逻辑库元器件。

18. 运动码表

使用 Logisim 软件打开实验资料包中的 04_SportsWatch.circ 文件，在运动码表子电路中，利用已生成的码表计时器、2 路选择器、16 位并行加载寄存器、码表显示驱动和码表控制器，完成运动码表的设计。

4.2.4 实验原理

1. 总体设计

根据运动码表的功能要求，首先确定运动码表的输入输出信号，如表 4.37 所示。

表 4.37　　　　　　　　　　　　　运动码表的输入输出信号

信号	类型	描述
CLK	输入	时钟脉冲信号
Start	输入	开始计时按钮
Stop	输入	停止计时按钮
Store	输入	存储计时按钮
Reset	输入	复位按钮，记录恢复为 99.99
T	输出	码表计时

根据题目要求，可将系统划分为显示模块、选择模块、比较模块、存储模块、计时模块和码表控制器，各模块之间的关系如图 4.11 所示。

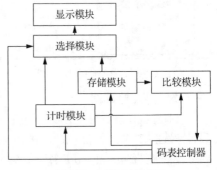

图 4.11　各模块之间的关系

2. 显示模块

显示模块用来显示码表计时器的计时结果或查看最好成绩，用七段显示译码器驱动七段数码管实现。七段显示译码器的设计及实现见 4.1.4 小节中"2. 显示模块"。

将代表计时的 D_{in} 按照高低位分成 4 组，分别接 4 个七段显示译码器，即可得到 4 个七段数码管的 32 个驱动。需要注意的是，七段显示译码器只有 7 个输出，驱动需添加一位小数点的驱动，第一组、第三组和第四组的小数点驱动可接常数 0，而第二组的小数点驱动需接常数 1。

3. 选择模块

选择模块用来选择送往寄存器的值或者送往显示模块的码表成绩记录。根据题意可知，可用 8 位 2 路选择器实现。8 位 2 路选择器的设计及实现见 4.1.4 中"4. 选择模块"。

4. 比较模块

比较模块用来将当前的成绩记录和最优成绩进行对比，从而确定是否存储当前的成绩记录。因为需要比较的时间是 4 位十进制数，用 8421 码表示 4 位计时时间，则需要一个 16 位无符号数比较器。可先设计 4 位无符号数比较器，再将 4 位无符号数比较器扩展为 16 位无符号数比较器。4 位无符号数比较器的设计及实现见 4.1.4 中"3. 比较模块"。

将两个 16 位无符号数 A、B 按照高位和低位分为 8 个 4 位无符号数，可用 4 个 4 位无符号数比较器实现 16 位无符号数比较器，其原理如图 4.12 所示。

5. 存储模块

存储模块可用来存储最优成绩，可用 16 位寄存器实现。可先设计 4 位并行加载寄存器，再将 4 位并行加载寄存器扩展为 16 位并行加载寄存器。

可利用 4 个下降沿触发的 D 触发器，将 D_{in} 输入 D 端，CLK 接时钟脉冲信号，En 接 D 触发器的使能端，即可生成 4 位并行加载寄存器。

利用 4 个 4 位并行加载寄存器，可将 16 位数据分别存入 4 个 4 位并行加载寄存器，从而实现 16 位并行加载寄存器。

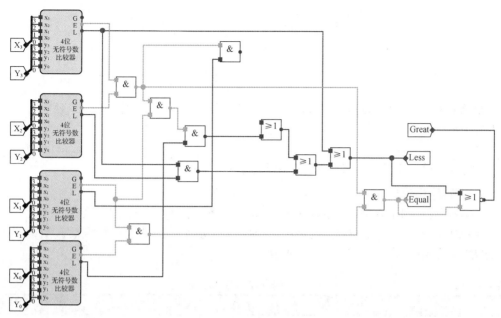

图4.12　16位无符号数比较器原理

6. 计时模块

运动码表需要计时模块来记录当前的成绩，系统给定的最大值为 99.99，因此，可用 4 位 8421 码来表示记录时间，而计时则需要用 4 个模 10 计数器进行级联实现。

（1）Moore 型模 10 计数器

Moore 型模 10 计数器状态图如图 4.13 所示，状态表如表 4.38 所示。

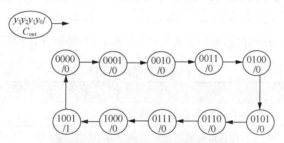

图 4.13　Moore 型模 10 可逆计数器状态图

表 4.38　　　　　　　　　　　**Moore 型模 10 可逆计数器状态表**

现态				次态				输出函数
y_3	y_2	y_1	y_0	y_3^{n+1}	y_2^{n+1}	y_1^{n+1}	y_0^{n+1}	C_{out}
0	0	0	0	0	0	0	1	0
0	0	0	1	0	0	1	0	0
0	0	1	0	0	0	1	1	0
0	0	1	1	0	1	0	0	0
0	1	0	0	0	1	0	1	0
0	1	0	1	0	1	1	0	0
0	1	1	0	0	1	1	1	0
0	1	1	1	1	0	0	0	0
1	0	0	0	1	0	0	1	0
1	0	0	1	0	0	0	0	1

因为使用 D 触发器，D 触发器的激励等于次态，所以可得

$$D_3 = \overline{y_3}\, y_2 y_1 y_0 + y_3 \overline{y_2}\,\overline{y_1}\,\overline{y_0}$$

$$D_2 = y_2^{n+1} = \overline{y_3}\ \overline{y_2}\ y_1 y_0 + \overline{y_3}\ y_2\ \overline{y_1} + \overline{y_3}\ y_2\ \overline{y_0}$$

$$D_1 = \overline{y_3}\ \overline{y_1}\ y_0 + \overline{y_3}\ y_1 \overline{y_0}$$

$$D_0 = \overline{y_3}\ \overline{y_0} + \overline{y_2}\ y_1\ \overline{y_0}$$

$$C_{\text{out}} = y_3 y_0$$

电路共需要 4 个下降沿触发的 D 触发器，4 个触发器接共同的时钟端 CLK、使能端 En 和复位端 Rst。

（2）码表计数器

利用 4 个模 10 计数器，级联即可生成码表计数器。

7. 码表控制器

码表控制器用于控制在不同的外部和内部输入的情况下码表的状态转移及对应的输出。

根据码表的工作状态，可将码表划分为 6 种状态，分别为复位状态、清零状态、计时状态、停止状态、存储状态及查看状态，如表 4.39 所示。

表 4.39   **码表控制器状态表**

状态	状态描述	说明	编码
S_0	复位状态	码表初始状态	000
S_1	清零状态	码表的值初始化为 00:00	001
S_2	计时状态	码表开始计时	010
S_3	停止状态	码表暂停计时	011
S_4	存储状态	码表记录最佳成绩	100
S_5	查看状态	查看最佳成绩	101

码表控制器需要根据内部输入信号进行状态转换，内部输入信号如表 4.40 所示。

表 4.40   **码表控制器内部输入信号**

内部输入信号	描述
ScoreSel	最好成绩记录的选择信号
StoreEn	保存最好成绩记录的寄存器的使能信号
DispSel	显示计时成绩记录的选择信号
TimerEn	码表计时器使能信号
TimerReset	码表计时器复位信号
NewRecord	新的最好成绩记录信号

码表控制器的状态转移图如图 4.14 所示。

用下降沿触发的 D 触发器实现码表控制器，需要 3 个触发器，可得各触发器的激励函数表达式如下。

$$D_2 = y_2\ \overline{y_1} \cdot \overline{\textit{start} \cdot \textit{reset}} + y_2\ y_1 y_0 \cdot \overline{\textit{reset}} \cdot \textit{store} + y_2\ y_1\ \overline{y_0} \cdot \overline{\textit{reset}}$$

$$D_1 = \overline{y_2}\ y_1 \cdot \textit{start} \cdot \overline{\textit{reset}} \cdot \overline{\textit{store}} + y_2\ y_1 y_0 \cdot \overline{\textit{reset}} + y_2\ y_1 y_0 \cdot \overline{\textit{reset}} \cdot \textit{store} \cdot \overline{\textit{stop}} \cdot \textit{start}$$

$$D_0 = \overline{\textit{reset}} \cdot \textit{store} + \overline{\textit{reset}} \cdot \textit{NewRecord} + y_1 \cdot \overline{\textit{reset}} + y_0 \cdot \overline{\textit{reset}}$$

将激励函数表达式输入 Logisim 软件，即可生成码表控制器激励函数电路。

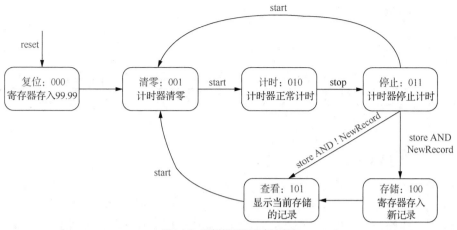

图 4.14 码表控制器的状态转移图

由前文可得，运动码表的输出函数表达式

$$ScoreSel = \boldsymbol{y_2}\,\overline{\boldsymbol{y_1}}\,\overline{\boldsymbol{y_0}}$$

$$StoreEn = \overline{\boldsymbol{y_1}}\,\overline{\boldsymbol{y_0}}$$

$$DispSel = \overline{\boldsymbol{y_2}} + \overline{\boldsymbol{y_1}}\,\overline{\boldsymbol{y_0}}$$

$$TimerEn = \overline{\boldsymbol{y_2}}\boldsymbol{y_1}\,\overline{\boldsymbol{y_0}}$$

$$TimerReset = \overline{\boldsymbol{y_2}}\,\overline{\boldsymbol{y_0}}$$

将输出函数表达式输入 Logisim 软件，即可生成码表控制器输出函数电路。

将码表控制器激励函数、码表控制器输出函数电路及 D 触发器连接起来，即可得到码表控制器。

8. 运动码表

使用 Logisim 软件打开实验资料包中的 04_SportsWatch.circ 文件，在运动码表子电路中，利用已生成的码表计时器、2 路选择器、16 位并行加载寄存器、码表显示驱动和码表控制器，完成运动码表的设计。

4.2.5 实验思考

做完本实验后请思考下列问题：

（1）如何将 4 位二进制比较器扩展为 8 位二进制比较器？

（2）如何将 2 路选择器扩展为 4 路选择器？

4.3 多功能电子钟

4.3.1 实验目的

本实验将提供一个完整的数字逻辑实验包，从以真值表构建七段显示译码器，到以逻辑表达式构建 4 位比较器、多路选择器，以及利用同步时序逻辑电路构建 BCD 计数器，最终集成实现多功能电子钟。

实验由简到难，层层递进，从器件到部件，从部件到系统，通过对实验的设计、仿真、验证 3 个训练过程，掌握小型数字电路系统的设计、仿真、调试方法，以及电路模块封装的方法。

4.3.2 实验平台及相关电路文件

实验平台及相关电路文件如表 4.41 所示。

表 4.41 多功能电子钟使用的实验平台、框架文件及相关电路文件

实验平台	电路框架文件	元器件库文件
Logisim 软件，头歌实践教学平台	04_Clock.circ	无

4.3.3 实验内容

多功能电子钟是一种用数字显示秒、分、时、日的计时装置，由以下几部分组成：六十进制秒计数器、六十进制分计数器，二十四进制（或十二进制）时计数器；秒、分、时的译码显示部分、校时电路、定时电路（闹钟）等。多功能电子钟示意图如图 4.15 所示。

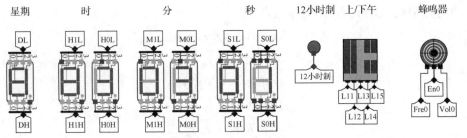

图 4.15　多功能电子钟示意图

请用中、小规模集成电路仿真设计一台多功能电子钟，该电子钟可显示星期、时、分、秒，可切换 12/24 计时制，可设置闹钟、矫正时间等功能。多功能电子钟包含进行显示时间、显示秒表、显示倒计时、设置时间功能切换选择的 4 个功能按钮，分别控制闹钟、秒表计时启/停、倒计时启/停的 3 个开关按钮和一个进行 12/24 小时切换的开关按钮。此外，还有一个重置输入。多功能电子钟用 7 个七段数码管分别显示星期、小时、分和秒，1 个 LED 点阵显示上午/下午，1 个 LED 灯显示 12/24 小时切换。

具体功能要求如下。

（1）输入为 8 Hz 时钟脉冲信号，要求产生 1 Hz 的标准秒信号。

（2）秒到分、分到小时均为六十进制（00～59），小时可以是 12 小时制，也可以是 24 小时制。

（3）周数的显示数字为"日、1、2、3、4、5、6"（周日用数字 8 代替）。

（4）电子钟具有手动校时功能。将开关置于手动位置，可分别对秒、分、时、日进行手动脉冲输入调整或连续脉冲输入的校正。

（5）电子钟具有整点报时功能。在每个整点前鸣叫 5 次低音（500 Hz），整点时再鸣叫一次高音（1kHz）。

（6）电子钟具有闹钟功能。可设置闹钟时间，到达设置的时间时一直响，直到关闭闹钟开关才停止。

（7）小时可以十二进制显示，也可以二十四进制显示。

（8）电子钟具有秒表功能。按下秒表开关开始计时，关闭秒表开关暂停计时，按下置位后重置秒表计时。

（9）电子钟具有倒计时功能，可设置规定的倒计时时间，按下倒计时开关开始计时。若在

倒计时结束前关闭倒计时开关，可以暂停倒计时；在倒计时结束后按下开关，可以关闭响铃。按下置位后重置倒计时。

具体实验内容如下。

1. 七段显示译码器

使用 Logisim 软件打开实验资料包中的 04_Clock.circ 文件，在七段显示译码器子电路中，设计一个七段显示译码器，电路的输入为 $X_3 \sim X_0$，输出为 $Seg_1 \sim Seg_8$。

使用 Logisim 软件进行逻辑级设计和测试，并对设计好的电路进行封装，电路封装与引脚功能描述如表 4.42 所示。

表 4.42　　　　　　　　　　七段显示译码器电路封装与引脚功能描述

	引脚	类型	位宽/位	功能说明
七段显示译码器	$X_3 \sim X_0$	输入	1	4 位 8421 码输入
	$Seg_1 \sim Seg_7$	输出	1	七段数码管七段灯管驱动信号
	Seg_8	输出	1	七段数码管小数点驱动信号

在设计过程中，除逻辑门外，不能直接使用 Logisim 软件提供的逻辑库元器件。

2. 星期显示译码器

使用 Logisim 软件打开实验资料包中的 04_Clock.circ 文件，在星期显示译码器子电路中，设计一周显示译码器，电路的输入为 8421 码 $X_3 \sim X_0$，输出为 $Seg_1 \sim Seg_8$。当输入的 8421 码大于 0 小于 7 时，星期显示译码器显示 8421 码对应的十进制数字；当输入的 8421 码等于 7 时，星期显示译码器显示十进制数字 8（形状和"日"相似）。

使用 Logisim 软件进行逻辑级设计和测试，并对设计好的电路进行封装，电路封装与引脚功能描述如表 4.43 所示。

表 4.43　　　　　　　　　　星期显示译码器电路封装与引脚功能描述

	引脚	类型	位宽/位	功能说明
星期显示译码器	$X_3 \sim X_0$	输入	1	4 位 8421 码输入
	$Seg_1 \sim Seg_7$	输出	1	七段数码管七段灯管驱动信号
	Seg_8	输出	1	七段数码管小数点驱动信号

在设计过程中，除逻辑门外，不能直接使用 Logisim 软件提供的逻辑库元器件。

3. 时钟脉冲信号频率转换器

使用 Logisim 软件打开实验资料包中的 04_Clock.circ 文件，在时钟脉冲信号频率转换器子电路中，使用边沿 T 触发器，设计一个时钟脉冲信号频率转换器，将电路输入的 8 Hz 时钟脉冲信号转换为 1 Hz 时钟脉冲信号。

使用 Logisim 软件进行逻辑级设计和测试，并对设计好的电路进行封装，电路封装与引脚功能描述如表 4.44 所示。

表 4.44　　　　　　　　时钟脉冲信号频率转换器电路封装与引脚功能描述

	引脚	类型	位宽/位	功能说明
In_Clock　O_Clock 时钟脉冲信号 频率转换器 Reset	In_Clock	输入	1	8 Hz 时钟脉冲信号
	Reset	输出	1	清零信号
	O_Clock	输出	1	1 Hz 时钟脉冲信号

在设计过程中，除逻辑门和触发器外，不能直接使用 Logisim 软件提供的逻辑库元器件。

4. 十六进制可逆计数器状态图

设计一个 Mealy 型同步十六进制可逆计数器，计数状态从 0000 到 1111，当 *Mode*=0 时，计数器递增计数，当计数状态为 1111 时，再来一个脉冲，计数状态变为 0000，输出为 1，其他情况下输出为 0；当 *Mode*=1 时，计数器递减计数，当计数状态为 0000 时，再来一个脉冲，计数状态变为 1111，输出为 1，其他情况下输出为 0。画出十六进制可逆计数器状态图。

5. 十六进制可逆计数器激励函数

使用 Logisim 软件打开实验资料包中的 04_Clock.circ 文件，在十六进制可逆计数器激励函数子电路中，根据上述十六进制可逆计数器状态图，用下降沿触发的 D 触发器设计 Mealy 型同步十六进制可逆计数器的激励函数电路。

电路有 5 个输入，其中，4 个输入为系统的当前状态 $y_3 \sim y_0$，一个输入为计数模式 *Mode*，4 个输出端为系统的激励函数 $D_3 \sim D_0$。

使用 Logisim 软件进行逻辑级设计和测试，并对设计好的电路进行封装，电路封装与引脚功能描述如表 4.45 所示。

表 4.45　　　　　　　十六进制可逆计数器激励函数电路封装与引脚功能描述

引脚	类型	位宽/位	功能说明
$y_3 \sim y_0$	输入	1	系统当前状态
Mode	输入	1	计数模式
$D_3 \sim D_0$	输出	1	对应的 D 触发器的激励

在设计过程中，除逻辑门外，不能直接使用 Logisim 软件提供的逻辑库元器件。

6. 十六进制可逆计数器输出函数

使用 Logisim 软件打开实验资料包中的 04_Clock.circ 文件，在十六进制可逆计数器输出函数子电路中，根据十六进制可逆计数器状态图，设计 Mealy 型同步十六进制可逆计数器输出函数，生成计数器的进位/借位信号，该输出信号与状态和输入信号有关。

使用 Logisim 软件进行逻辑级设计和测试，并对设计好的电路进行封装，其电路封装与引脚功能描述如表 4.46 所示。

表 4.46　　　　　　　十六进制可逆计数器输出函数电路封装与引脚功能描述

引脚	类型	位宽/位	功能说明
$y_3 \sim y_0$	输入	1	系统当前状态
Mode	输入	1	计数模式
C_{out}	输出	1	进位/借位输出

在设计过程中，除逻辑门外，不能直接使用 Logisim 软件提供的逻辑库元器件。

7. 十六进制可逆计数器

使用 Logisim 软件打开实验资料包中的 04_Clock.circ 文件，在十六进制可逆计数器子电路中，利用已经设计完成的十六进制可逆计数器激励函数、十六进制可逆计数器输出函数，采用下降沿触发的 D 触发器，构建 Mealy 型同步十六进制可逆计数器，该计数器支持异步预置功能，当预置控制位为 1 时，直接将 D_{in} 数据写入触发器中。

使用 Logisim 软件进行逻辑级设计和测试，并对设计好的电路进行封装，电路封装与引脚功能说明如表 4.47 所示。

表 4.47 **十六进制可逆计数器电路封装与引脚功能说明**

引脚	类型	位宽/位	功能说明
CLK	输入	1	时钟脉冲信号
En	输入	1	使能信号，为 1 时根据 $Mode$ 的值进行计数
Mode	输入	1	计数模式，$Mode=0$，正向计数；$Mode=1$，反向计数
Reset	输入	1	初始化，正向计数为清零，反向计数为倒计时，初始值为 D_{count}
D_{in}	输入	4	计数器预置数据
SetTime	输入	1	初始值控制端，为 1 时，异步写入 D_{in}
D_{count}	输入	4	倒计时初始值
Q	输出	4	计数器计数输出
C_{out}	输出	1	进位/借位输出，正向计数到 15、反向计数到 0 时，输出为 1

在设计过程中，除逻辑门、触发器和多路选择器外，不能直接使用 Logisim 软件提供的逻辑库元器件。

8. 十进制可逆计数器

使用 Logisim 软件打开实验资料包中的 04_Clock.circ 文件，在十进制可逆计数器子电路中，利用已经设计完成的十六进制可逆计数器构造十进制可逆计数器。

使用 Logisim 软件进行逻辑级设计和测试，并对设计好的电路进行封装，电路封装与引脚功能描述如表 4.48 所示。

表 4.48 **十进制可逆计数器电路封装与引脚功能描述**

引脚	类型	位宽/位	功能说明
CLK	输入	1	时钟脉冲信号
En	输入	1	使能信号，为 1 时根据 Mode 的值进行计数
Mode	输入	1	计数模式，$Mode=0$，正向计数；$Mode=1$，反向计数
Reset	输入	1	初始化，正向计数为清零，反向计数为倒计时，初始值为 9
D_{in}	输入	4	计数器预置数据
SetTime	输入	1 位	初始值控制端，为 1 时，异步写入 D_{in}
Q	输出	4	计数器计数输出
C_{out}	输出	1	进位/借位输出，正向计数到 9、反向计数到 0 时，输出为 1

在设计过程中，除逻辑门和多路选择器外，不能直接使用 Logisim 软件提供的逻辑库元器件。

9. 六进制可逆计数器

使用 Logisim 软件打开实验资料包中的 04_Clock.circ 文件，在六进制可逆计数器子电路中，利用已经设计完成的十六进制可逆计数器构造六进制可逆计数器。

使用 Logisim 软件进行逻辑级设计和测试，并对设计好的电路进行封装，电路封装与引脚功能描述如表 4.49 所示。

表 4.49   六进制可逆计数器电路封装与引脚功能描述

引脚	类型	位宽/位	功能说明
CLK	输入	1	时钟脉冲信号
En	输入	1	使能信号，为 1 时根据 Mode 的值进行计数
Mode	输入	1	计数模式，$Mode=0$，正向计数；$Mode=1$，反向计数
Reset	输入	1	初始化，正向计数为清零，反向计数为倒计时，初始值 5
D_{in}	输入	4	计数器预置数据
SetTime	输入	1 位	初始值控制端，为 1 时，异步写入 D_{in}
Q	输出	4	计数器计数输出
C_{out}	输出	1	进位/借位输出，正向计数到 5、反向计数到 0 时，输出为 1

在设计过程中，除逻辑门和多路选择器外，不能直接使用 Logisim 软件提供的逻辑库元器件。

10. 六十进制可逆计数器

使用 Logisim 软件打开实验资料包中的 04_Clock.circ 文件，在六十进制可逆计数器子电路中，利用已经设计完成的十进制可逆计数器和六进制可逆计数器构造六十进制可逆计数器。

使用 Logisim 软件进行逻辑级设计和测试，并对设计好的电路进行封装，电路封装与引脚功能说明如表 4.50 所示。

表 4.50   六十进制可逆计数器电路封装与引脚功能说明

引脚	类型	位宽/位	功能说明
CLK	输入	1	时钟脉冲信号
En	输入	1	使能信号，为 1 时根据 Mode 的值进行计数
Mode	输入	1	计数模式，$Mode=0$，正向计数；$Mode=1$，反向计数
Reset	输入	1	初始化，正向计数为清零，反向计数为倒计时，初始值为 59
SetTime	输入	1	初始值控制端，为 1 时，异步写入 D_{in1}、D_{in0}
D_{in1}	输入	4	计数器初始化十位数据
D_{in0}	输入	4	计数器初始化个位数据
Q_1	输出	4	计数器计数十位输出
Q_0	输出	4	计数器计数个位输出
C_{out}	输出	1	进位/借位输出，正向计数到 23、反向计数到 00 时，输出为 1

在设计过程中，除逻辑门外，不能直接使用 Logisim 软件提供的逻辑库元器件。

11. 二十四进制可逆计数器

使用 Logisim 软件打开实验资料包中的 04_Clock.circ 文件，在二十四进制可逆计数器子电路中，利用已经设计完成的十进制可逆计数器和六进制可逆计数器构造二十四进制可逆计数器。

使用 Logisim 软件进行逻辑级设计和测试，并对设计好的电路进行封装，电路封装与引脚功能说明如表 4.51 所示。

表 4.51　　　　　　　　　　　　**二十四进制可逆计数器电路封装与引脚功能说明**

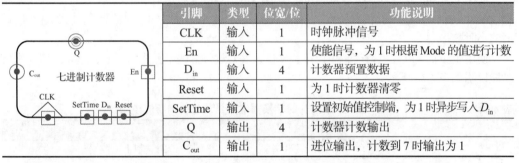

引脚	类型	位宽/位	功能说明
CLK	输入	1	时钟脉冲信号
En	输入	1	使能信号，为 1 时根据 Mode 的值进行计数
Reset	输入	1	计数器清零
SetTime	输入	1	初始值控制端，为 1 时，异步写入 D_{in1}、D_{in0}
D_{in1}	输入	4	计数器初始化十位数据
D_{in0}	输入	4	计数器初始化个位数据
Q_1	输出	4	计数器计数十位输出
Q_0	输出	4	计数器计数个位输出
C_{out}	输出	1	进位/借位输出，正向计数到 23、反向计数到 00 时，输出为 1

在设计过程中，除逻辑门外，不能直接使用 Logisim 软件提供的逻辑库元器件。

12. 七进制可逆计数器

使用 Logisim 软件打开实验资料包中的 04_Clock.circ 文件，在七进制可逆计数器子电路中，利用已经设计完成的十六进制可逆计数器构造七进制可逆计数器。

使用 Logisim 软件进行逻辑级设计和测试，并对设计好的电路进行封装，其电路封装与引脚功能说明如表 4.52 所示。

表 4.52　　　　　　　　　　　　**七进制可逆计数器电路封装与引脚功能说明**

引脚	类型	位宽/位	功能说明
CLK	输入	1	时钟脉冲信号
En	输入	1	使能信号，为 1 时根据 Mode 的值进行计数
D_{in}	输入	4	计数器预置数据
Reset	输入	1	为 1 时计数器清零
SetTime	输入	1	设置初始值控制端，为 1 时异步写入 D_{in}
Q	输出	4	计数器计数输出
C_{out}	输出	1	进位输出，计数到 7 时输出为 1

在设计过程中，除逻辑门外，不能直接使用 Logisim 软件提供的逻辑库元器件。

13. 时钟模块

使用 Logisim 软件打开实验资料包中的 04_Clock 文件，在时钟模块子电路中，利用已经设计完成的六十进制可逆计数器、二十四进制可逆计数器、七进制可逆计数器构造时钟模块。

使用 Logisim 软件进行逻辑级设计和测试，并对设计好的电路进行封装，电路封装与引脚功能说明如表 4.53 所示。

表 4.53　　　　　　　　　　　　**时钟模块电路封装与引脚功能说明**

引脚	类型	位宽/位	功能说明
CLK	输入	1	时钟脉冲信号
Reset	输入	1	清零信号
SetTime	输入	1	预置时间信号

续表

引脚	类型	位宽/位	功能说明
AD	输入	4	计数器预置数据星期
AH_1	输入	4	计数器预置数据小时高位
AH_0	输入	4	计数器预置数据小时低位
AM_1	输入	4	计数器预置数据分钟高位
AM_0	输入	4	计数器预置数据分钟低位
AS_1	输入	4	计数器预置数据秒高位
AS_0	输入	4	计数器预置数据秒低位
En	输出	1	使能端
D	输出	4	星期
H_1	输出	4	时钟小时高位
H_0	输出	4	时钟小时低位
M_1	输出	4	时钟分钟高位
M_0	输出	4	时钟分钟低位
S_1	输出	4	时钟秒高位
S_0	输出	4	时钟秒低位

在设计过程中，除逻辑门外，不能直接使用 Logisim 软件提供的逻辑库元器件。

14. 12/24 小时计时转换器

使用 Logisim 软件打开实验资料包中的 04_Clock.circ 文件，在 12/24 小时计时转换子电路中，设计一个 12/24 小时计时转换器，将电路输入的 24 小时计时的小时数转换为 12/24 小时计时的小时数。

使用 Logisim 软件进行逻辑级设计和测试，并对设计好的电路进行封装，电路封装与引脚功能说明如表 4.54 所示。

表 4.54　　　　　　　12/24 小时计时转换器电路封装与引脚功能说明

引脚	类型	位宽/位	功能说明
$24h_1$	输入	4	二十四进制十位数据
$24h_0$	输入	4	二十四进制个位数据
12/24	输入	1	选择控制端，为 1 时以 12 小时制数据输出；为 0 时，以 24 小时制数据输出
Out_1	输出	4	十位输出数据
Out_0	输出	4	个位输出数据

在设计过程中，除逻辑门和多路选择器外，不能直接使用 Logisim 软件提供的逻辑库元器件。

15. 上午/下午显示驱动电路

使用 Logisim 软件打开实验资料包中的 04_Clock.circ 文件，在上午/下午显示子电路中，设计一个上午/下午显示驱动电路，电路的输入为 24 小时计时的小时数，输出为 LED 点阵的驱动数据。LED 点阵应根据二十四进制数据的输入判断上午、下午，并输出相应的点阵输入，其结果可分别在 LED 点阵中显示汉字"上"和"下"。

使用 Logisim 软件进行逻辑级设计和测试，并对设计好的电路进行封装，电路封装与引脚功能说明如表 4.55 所示。

在设计过程中，除逻辑门和多路选择器外，不能直接使用 Logisim 软件提供的逻辑库元器件。

表 4.55   上午/下午显示驱动电路封装与引脚功能说明

引脚	类型	位宽/位	功能说明
H_1	输入	4	二十四进制十位数据
H_0	输入	4	二十四进制个位数据
$line_1$	输出	6	LED 点阵第 1 行数据
$line_2$	输出	6	LED 点阵第 2 行数据
$line_3$	输出	6	LED 点阵第 3 行数据
$line_4$	输出	6	LED 点阵第 4 行数据
$line_5$	输出	6	LED 点阵第 5 行数据

（图：上午/下午显示驱动电路，引脚 H_1、H_0、$line_1$、$line_2$、$line_3$、$line_4$、$line_5$）

16. 整点报时模块

整点报时是指时钟在每个整点前鸣叫 5 次低音（500 Hz），整点时再鸣叫一次高音（1 kHz），蜂鸣器每次响铃的时间持续半秒。

使用 Logisim 软件打开实验资料包中的 04_Clock.circ 文件，在整点报时模块子电路中，设计一个整点报时模块，电路的输入为 24 小时计时的小时数和分钟数，输出为蜂鸣器低频使能信号和高频使能信号。

使用 Logisim 软件进行逻辑级设计和测试，并对设计好的电路进行封装，电路封装与引脚功能说明如表 4.56 所示。

表 4.56   整点报时模块电路封装与引脚功能说明

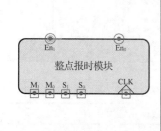

引脚	类型	位宽/位	功能说明
M_1	输入	4	时钟分钟十位数据
M_0	输入	4	时钟分钟个位数据
S_1	输入	4	时钟秒十位数据
S_0	输入	4	时钟秒个位数据
CLK	输入	1	时钟脉冲信号
En_0	输出	1	蜂鸣器低频使能信号
En_1	输出	1	蜂鸣器高频使能信号

在设计过程中，除逻辑门和比较器外，不能直接使用 Logisim 软件提供的逻辑库元器件。

17. 闹钟模块

使用 Logisim 软件打开实验资料包中的 04_Clock.circ 文件，在闹钟模块子电路中，设计闹钟模块，电路的输入为 24 小时计时的小时数和分钟数设定响铃的小时数和分钟数、闹钟开关和时钟脉冲信号，输出为蜂鸣器使能信号。闹钟模块在到达设定的时间时开始响铃，响铃过程一直持续到关闭闹钟开关，其中，蜂鸣器每次响铃的时间持续 0.5 s。

使用 Logisim 软件进行逻辑级设计和测试，并对设计好的电路进行封装，电路封装与引脚功能说明如表 4.57 所示。

在设计过程中，除逻辑门和比较器外，不能直接使用 Logisim 软件提供的逻辑库元器件。

18. 秒表模块

使用 Logisim 软件打开实验资料包中的 04_Clock.circ 文件，在秒表模块子电路中，使用已完成的二十四进制计数器、六十进制计数器，设计秒表模块。按下秒表开关开始计时，关闭秒表开关暂停计时，按下置位后重置秒表计时。

使用 Logisim 软件进行逻辑级设计和测试，并对设计好的电路进行封装，电路封装与引脚功能说明如表 4.58 所示。

表 4.57　　　　　　　　　　　　　闹钟模块电路封装与引脚功能说明

引脚	类型	位宽/位	功能说明
H_1	输入	4	时钟小时十位数据
H_0	输入	4	时钟小时个位数据
M_1	输入	4	时钟分钟十位数据
M_0	输入	4	时钟分钟个位数据
AH_1	输入	4	闹钟小时十位数据
AH_0	输入	4	闹钟小时个位数据
AM_1	输入	4	闹钟分钟十位数据
AM_0	输入	4	闹钟分钟个位数据
AlarmSwitch	输入	1	闹钟开关
CLK	输入	1	时钟脉冲信号
En	输出	1	蜂鸣器使能信号

表 4.58　　　　　　　　　　　　　秒表模块电路封装与引脚功能说明

引脚	类型	位宽/位	功能说明
CLK	输入	1	时钟脉冲信号
En	输入	1	使能信号，为1时，若秒表开关打开，则计数器可以计数
Reset	输入	1	置位信号，为1时，将秒表数据置位为0
CountSwitch	输入	1	秒表开关
$ResultH_1$	输出	4	秒表小时十位数据
$ResultH_0$	输出	4	秒表小时个位数据
$ResultM_1$	输出	4	秒表分钟十位数据
$ResultM_0$	输出	4	秒表分钟个位数据
$ResultS_1$	输出	4	秒表秒十位数据
$ResultS_0$	输出	4	秒表秒个位数据

在设计过程中，除逻辑门外，不能直接使用 Logisim 软件提供的逻辑库元器件。

19. 倒计时模块

使用 Logisim 软件打开实验资料包中的 04_Clock.circ 文件，在倒计时模块子电路中，已设计完成的六十进制计数器，设计倒计时模块。可设置规定的倒计时时间，按下倒计时开关开始计时；若在倒计时结束前关闭倒计时开关，可以暂停倒计时；在倒计时结束后按下开关，可以关闭倒计时；按下置位后重置倒计时，其中，蜂鸣器每次响铃的时间持续半秒。

使用 Logisim 软件进行逻辑级设计和测试，并对设计好的电路进行封装，电路封装与引脚功能说明如表 4.59 所示。

表 4.59　　　　　　　　　**倒计时模块电路封装与引脚功能说明**

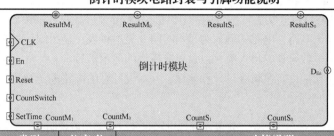

引脚	类型	位宽/位	功能说明
$CountM_1$	输入	4	倒计时分钟，十位数据
$CountM_0$	输入	4	倒计时分钟，个位数据
$CountS_1$	输入	4	倒计时秒，十位数据
$CountS_0$	输入	4	倒计时秒，个位数据
CLK	输入	1	时钟脉冲信号
En	输入	1	使能信号，为1时，若倒计时开关打开，则计数器可以计数
Reset	输入	1	置位信号，为1时，将秒表数据置位为0
CountSwitch	输入	1	倒计时开关
SetTime	输入	1	初始值信号，为1时，设置倒计时时间
$ResultM_1$	输出	4	倒计时分钟，十位数据
$ResultM_0$	输出	4	倒计时分钟，个位数据
$ResultS_1$	输出	4	倒计时秒，十位数据
$ResultS_0$	输出	4	倒计时秒，个位数据
D_{En}	输出	1	蜂鸣器使能信号

在设计过程中，除逻辑门和比较器外，不能直接使用 Logisim 软件提供的逻辑库元器件。

20. 蜂鸣器模块

使用 Logisim 软件打开实验资料包中的 04_Clock.circ 文件，在蜂鸣器模块子电路中，设计蜂鸣器模块，电路的输入为整点报时低频使能信号、整点报时高频使能信号、闹钟使能信号及倒计时使能信号，输出对应的蜂鸣器频率、使能信号、音量。低音频率为 500 Hz，音量为 31；高音频率为 1 kHz，音量为 62。闹钟铃与倒计时铃都使用高音信号。

使用 Logisim 软件进行逻辑级设计和测试，并对设计好的电路进行封装，电路封装与引脚功能说明如表 4.60 所示。

表 4.60　　　　　　　　　**蜂鸣器模块电路封装与引脚功能说明**

引脚	类型	位宽/位	功能说明
En_L	输入	1	整点报时低频使能信号
En_H	输入	1	整点报时高频使能信号
En_A	输入	1	闹钟使能信号
En_{CD}	输入	1	倒计时使能信号
Fre	输出	14	蜂鸣器频率数据
En	输出	1	蜂鸣器使能信号
Vol	输出	7	蜂鸣器音量数据

在设计过程中，除逻辑门和系统自带的多路选择器外，不能直接使用 Logisim 软件提供的逻辑库元器件。

21. 数字钟显示译码电路

使用 Logisim 软件打开实验资料包中的 04_Clock.circ 文件，在数字钟显示译码子电路中，设计数字钟显示译码电路，电路的输入为显示时间、显示秒表、显示倒计时 3 个按钮的脉冲输入，输出对应的七段数码管的输入值，以及对应模块的显示信号。

使用 Logisim 软件进行逻辑级设计和测试，并对设计好的电路进行封装，电路封装与引脚功能说明如表 4.61 所示。

表 4.61 数字钟显示译码电路封装与引脚功能说明

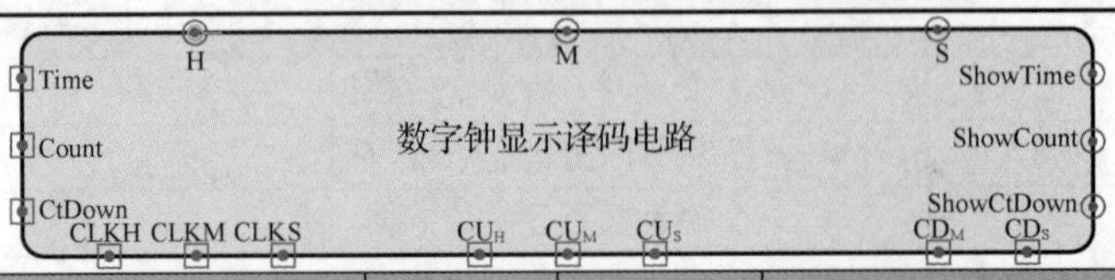

引脚	类型	位宽/位	功能说明
Time	输入	1	显示时间选择信号
Count	输入	1	显示秒表选择信号
CtDown	输入	1	显示倒计时选择信号
CLK_H	输入	16	时钟小时数据
CLK_M	输入	16	时钟分钟数据
CLK_S	输入	16	时钟秒数据
CU_H	输入	16	秒表小时数据
CU_M	输入	16	秒表分钟数据
CU_S	输入	16	秒表秒数据
CD_M	输入	16	倒计时分钟数据
CD_S	输入	16	倒计时秒数据
H	输出	16	数码管小时数据
M	输出	16	数码管分钟数据
S	输出	16	数码管秒数据
ShowTime	输出	1	时间显示信号
ShowCount	输出	1	秒表显示信号
ShowCtDown	输出	1	倒计时显示信号

在设计过程中，除逻辑门、触发器和多路选择器外，不能直接使用 Logisim 软件提供的逻辑库元器件。

22. 多功能电子钟

使用已经完成的各模块，完成最终的多功能电子钟的设计。

4.3.4 实验原理

1. 整体设计

根据多功能电子钟的设计要求，首先确定多功能电子钟的外部输入信号，如表 4.62 所示。

表 4.62 多功能电子钟外部输入信号

外部输入信号	描述
Time	数字钟显示时钟内容信号
Count	数字钟显示秒表内容信号

续表

外部输入信号	描述
CtDown	数字钟显示倒计时内容信号
SetTime	设置初始时间、倒计时时间信号
12/24	12 小时、24 小时信息显示信号
AlarmSwitch	闹钟开关信号
CountSwitch	秒表计时开关信号
CDownSwitch	倒计时开关信号
Reset	重置信号

当输入信号 *Time* 有高电平信号输入时，多功能电子钟显示时钟内容；当输入信号 *Count* 有高电平信号输入时，多功能电子钟显示秒表内容；当输入信号 *CtDown* 有高电平信号输入时，多功能电子钟显示倒计时内容。

多功能电子钟显示时钟内容时，当输入信号 *SetTime* 有高电平信号输入时，初始化时钟时间；当输入信号 12/24 为 1 时，显示 12 小时制时钟信息；当输入信号 *AlarmSwitch* 为 1 时，开启闹钟功能；当输入信号 *Reset* 为 1 时，重置时钟时间。

多功能电子钟显示秒表计时内容时，当输入信号 *CountSwitch* 为 1 时，开启秒表计时；当输入信号 *Reset* 为 1 时，重置秒表时间。

多功能电子钟显示倒计时内容时，当输入信号 *SetTime* 有高电平信号输入时，初始化倒计时时间；当输入信号 *CDownSwitch* 为 1 时，开启倒计时；当输入信号 *Reset* 为 1 时，重置倒计时时间。

多功能电子钟模块之间的关系如图 4.16 所示。

2. 显示模块

显示模块用来处理多功能电子钟的显示问题，包括用七段数码管显示对应的时间、星期、用 LED 灯显示计时制，用 LED 点阵显示上午/下午等。

显示时间时可设计七段显示译码器来驱动七段数码管。和前面有所不同，这里将七段数码管小数点的驱动也放进七段显示译码器

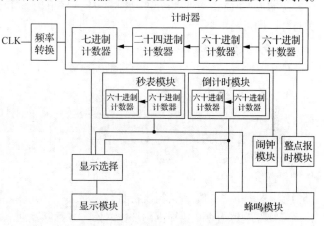

图 4.16　多功能电子钟模块之间的关系

中，设计者在设计的时候可以根据需要设置小数点的值。

显示星期时，周的日期显示数字为 "日、1、2、3、4、5、6"（日用数字 8 代替），因此在填写真值表时，当输入为 0 时，显示 "日"，输出除了驱动小数点的 Seg8 之外，其他均为 1，即七段数码管上所有的灯均被点亮。

上午/下午显示采用 LED 点阵进行显示，可根据输入的二十四进制的时间和 12 进行对比，如果小于 12，则显示 "上"，否则，显示 "下"，根据汉字字形输出 LED 点阵的驱动数据。

12/24 小时转换用于将 24 小时制的时间转换为 12 小时制的时间进行显示。根据输入的时间利用组合逻辑电路将小时转换为 12 小时制的时间。根据系统需要输出对应的时间值。

数字钟显示译码模块则根据输入的显示时间、显示秒表和显示倒计时的值，在七段数码管上显示对应的时间值。可用多路选择器进行输出数据的选择。

3. 时钟脉冲信号频率转换模块

时钟脉冲信号频率转换模块可以实现将输入的 8 Hz 时钟脉冲信号转换为 1 Hz 时钟脉冲信号，其本质是一个模 8 计数器，可按照模 8 计数器进行设计。

4. 计数器

多功能电子钟中包含很多计数器，包括用于星期计数的七进制计数器、用于小时计数的二十四进制计数器、用于分钟和秒计时的六十进制计数器。

考虑到设计的复杂度，可先设计带异步预置清零等功能的十六进制可逆计数器，该计数器的设计和 4.1.4 小节 "5. 计时模块" 中的模 10 可逆计数器类似，在此不赘述。需要注意的是，在设计的时候需要考虑预置的值是倒计时的值，还是清零或预置的值。

使用设计完成的十六进制计数器可以设计六进制计数器、十进制计数器和七进制计数器，再用六进制计数器、十进制计数器分别设计二十四进制计数器和六十进制计数器。

5. 时钟模块

使用设计完成的七进制计数器、六十进制计数器和二十四进制计数器级联即可实现。

6. 整点报时模块

当前时间的分钟为 59，秒为 54～59 时，整点报时模块输出低音响铃信号 En_0，可列出真值表，得到 En_0 的表达式。当分钟为 00，秒为 00 时，整点报时模块输出高音响铃信号 En_1，可用比较器得到 En_1。

7. 闹钟模块

将输入的时间的小时和分钟分别和设定响铃的小时和分钟进行对比，如果都相等，闹钟开关打开，即可输出响铃信号。使用比较器即可完成电路设计。

8. 秒表模块

使用 2 个设计完成的六十进制计数器级联，采用正计时模式，即可实现秒表模块。

9. 倒计时模块

使用 2 个设计完成的六十进制计数器级联，采用倒计时模式，即可构成倒计时模块。

10. 蜂鸣器模块

蜂鸣器则是通过来自整点报时模块、闹钟模块，以及倒计时模块的使能信号将对应的频率、使能和音量信号传输给蜂鸣器。整点报时模块、秒表模块、倒计时模块和闹钟模块可以根据内部信号、外部信号的输入，实现各自的功能。

蜂鸣器响铃与否，要根据内部输入信号来判断其使能时刻及响铃的音量和频率，内部输入信号如表 4.63 所示。

表 4.63　　　　　　　　　　　　　　多功能电子钟内部输入信号

内部输入信号	描述
En_L	整点报时低频响铃信号
En_H	整点报时高频响铃信号
En_A	闹钟响铃信号
En_{CD}	倒计时响铃信号

En_L 为整点报时低频响铃信号，59 分 54 秒至 59 分 59 秒时开始响铃；En_H 为整点报时高频响铃信号，00 分 00 秒时开始响铃；En_A 为闹钟开启时，到达闹钟设定时间时的响铃信号；En_{CD} 为倒计时结束时的响铃信号。4 个响铃信号只要有效，则触发蜂鸣器响铃。

可用两个多路选择器来选择响铃频率。响铃频率低音频率为 500 Hz，音量为 31；高音频率为 1kHz，音量为 62。当 En_L =1 时，输出低音信号，否则输出高音信号。

11. 多功能电子钟

将上面设计的所有子电路按照图 4.16 进行合理连接、布局，最终实现多功能电子钟。

4.3.5 实验思考

做完本实验后请思考下列问题：

（1）如何设计带异步置位复位的模 10 计数器？

（2）在系统里面用到大量的 2 路选择器，如何利用系统自带的 2 路选择器设计 8 路选择器?

4.4 汽车尾灯控制电路

4.4.1 实验目的

掌握汽车尾灯控制电路的工作原理及设计方法。

通过对实验的设计、仿真、验证 3 个训练过程，读者将熟悉 Logisim 软件的基本功能和使用方法，熟悉数字电路虚拟实验平台的功能和使用方法，掌握小规模组合逻辑电路的设计、仿真、调试的方法，掌握如何利用小规模组合逻辑电路生成中规模组合逻辑芯片，以及如何使用中规模组合逻辑芯片进行二次开发。

4.4.2 实验平台及相关电路文件

实验平台及相关电路文件如表 4.64 所示。

表 4.64   **实验平台及相关电路文件**

实验平台	电路框架文件	元器件库文件
Logisim 软件，头歌实践教学平台	04_Car.circ	无

在设计过程中，除逻辑门外，不能直接使用 Logisim 软件提供的逻辑库元器件。

4.4.3 实验内容

使用 Logisim 软件打开实验资料包中的 04_Car.circ 文件，用门电路和下降沿触发的 D 触发器设计一个汽车尾灯控制电路，具体要求如下。

汽车尾灯左、右两侧各有 3 个指示灯（用 LED 灯模拟），汽车正常行驶时指示灯全灭；右转弯时，右侧 3 个指示灯从左到右循环顺序点亮，任何时刻只有一个灯亮；左转弯时左侧 3 个指示灯从右到左循环顺序点亮，任何时刻只有一个灯亮；临时刹车时，无论是左转弯还是右转弯，所有指示灯同时闪烁。

具体实验内容如下。

1. 输入编码电路

使用 Logisim 软件打开实验资料包中的 04_Car.circ 文件，在输入编码电路子电路中，设计一个输入编码电路，电路的输入为 S、L、R，分别代表刹车、左拐弯和右拐弯的信号，输出为两位编码 $S_1 S_0$，$S_1 S_0$ =00 表示正常行驶，$S_1 S_0$ =10 表示左拐弯，$S_1 S_0$ =01 表示右拐弯，

$S_1 S_0 = 11$ 表示刹车。当输入 $S=1$ 时，$S_1 S_0 = 11$；当输入 $S=0$、$L=1$ 时，$S_1 S_0 = 10$；当输入 $S=0$、$R=1$ 时，$S_1 S_0 = 01$；L 和 R 不能同时为 1。

使用 Logisim 软件进行逻辑级设计和测试，并对设计好的电路进行封装，电路封装与引脚功能描述如表 4.65 所示。

表 4.65   **输入编码电路封装与引脚功能描述**

引脚	类型	位宽/位	功能说明
S	输入	1	刹车
L	输入	1	左拐弯
R	输入	1	右拐弯
$S_1 S_0$	输出	1	编码值

在设计过程中，除逻辑门外，不能直接使用 Logisim 软件提供的逻辑库元器件。

2. 2 路选择器

使用 Logisim 软件打开实验资料包中的 04_Car.circ 文件，在 2 路选择器子电路中，设计一个 2 路选择器，电路有两个数据输入端，分别输入两个 1 位二进制数 I_{n0} 和 I_{n1}，一个选择控制端 Sel，输出为 Out。当 $Sel=0$ 时，输出 $Out= I_{n0}$；当 $Sel=1$ 时，输出 $Out= I_{n1}$。

使用 Logisim 软件进行逻辑级设计和测试，并对设计好的电路进行封装，电路封装与引脚功能描述如表 4.66 所示。

表 4.66   **2 路选择器封装与引脚功能描述**

引脚	类型	位宽/位	功能说明
I_{n0}	输入	1	1 位数据输入
I_{n1}	输入	1	1 位数据输入
Sel	输入	1	选择控制
Out	输出	1	选择输出结果

在设计过程中，除逻辑门外，不能直接使用 Logisim 软件提供的逻辑库元器件。

3. 模 3 计数器

使用 Logisim 软件打开实验资料包中的 04_Car.circ 文件，在模 3 计数器子电路中，用下降沿触发的 D 触发器和逻辑门，设计一个具有异步清零的同步模 3 计数器。

使用 Logisim 软件进行逻辑级设计和测试，并对设计好的电路进行封装，其电路封装与引脚功能描述如表 4.67 所示。

表 4.67   **模 3 计数器电路封装与引脚功能描述**

引脚	类型	位宽/位	功能说明
CLK	输入	1	时钟脉冲信号
Reset	输入	1	清零信号
$N_1 N_0$	输出	1	计数值

在设计过程中，除逻辑门和多路选择器外，不能直接使用 Logisim 软件提供的逻辑库元器件。

4. 车灯显示译码器

利用 Logisim 软件打开实验资料包中的 04_Car.circ 文件，在车灯显示译码器子电路中，设计一个车灯显示译码器。

电路的输入为车子的运行状态编码 $S_1 S_0$ 和计数值 $N_1 N_0$，输出为从左到右 6 个 LED 灯的驱动信号 $L_0 \sim L_5$。

使用 Logisim 软件进行逻辑级设计和测试，并对设计好的电路进行封装，电路封装与引脚功能描述如表 4.68 所示。

表 4.68 　　　　　　　　　　　　**车灯显示译码器电路封装与引脚功能描述**

引脚	类型	位宽/位	功能说明
$S_1 S_0$	输入	1	汽车运行状态编码
$N_1 N_0$	输入	1	计数值
$L_0 \sim L_5$	输出	1	从左到右 6 个 LED 灯的驱动信号

车灯显示译码器　S_1　S_0　N_1　N_0　L_0　L_1　L_2　L_3　L_4　L_5

在设计过程中，除逻辑门和多路选择器外，不能直接使用 Logisim 软件提供的逻辑库元器件。

5. 汽车尾灯控制电路

利用已经完成的上述各模块，完成最终的汽车尾灯控制电路的设计。

4.4.4　实验原理

1. 总体设计

根据汽车尾灯控制电路的设计要求，电路的输入为 S、L、R，分别代表刹车、左拐弯和右拐弯的信号，均为电平信号，电路的输出为 6 个 LED 灯的驱动信号。

根据输入和输出之间的逻辑关系，系统可分为输入编码、模 3 计数器、尾灯显示译码器和 2 路选择器 4 个组成部分。

汽车有 4 种运行状态：正常行驶、左拐弯、右拐弯和刹车，而 4 种运行状态是由输入决定的。因此，需要根据输入对汽车的运行状态进行编码。

左拐弯和右转弯时，LED 灯循环顺序点亮的周期为 3，因此需要一个模 3 计数器。

在确定的运行状态下，计数值不同，不同尾灯被点亮，因此需要一个尾灯显示译码器。

在刹车状态下，灯会闪烁，而其他情况下，LED 灯点亮即可，因此，需要 2 路选择器来确定灯是否闪烁。

2. 输入编码电路

汽车尾灯控制电路的输入为 S、L、R，分别代表刹车、左拐弯和右拐弯的信号。根据题目所述，刹车优先级最高，只要汽车刹车，则不管是否拐弯状态，汽车都进入刹车状态。左拐弯和右拐弯的优先级一样，而且二者不能同时出现有效输入，即不能同时为高电平。3 个输入均为 0 时，汽车为正常行驶。

综上所述，输入编码电路真值表如表 4.69 所示。

表 4.69 　　　　　　　　　　　　　　**输入编码电路真值表**

S L R	*S_1 S_0*	说明
0　0　0	0　0	正常行驶
0　0　1	0　1	右拐弯
0　1　0	1　0	左拐弯
0　1　1	d　d	无效输入
1　0　0	1　1	刹车
1　0　1	1　1	刹车
1　1　0	1　1	刹车
1　1　1	1　1	刹车

根据表 4.69，可得到 S_1、S_0 的逻辑表达式，输入 Logisim 软件中，即可得到输入编码电路。

3. 2 路选择器

具体设计过程见 4.1.4 小节 "4. 选择模块" 此处不赘述。

4. 模 3 计数器

模 3 计数器共有 3 个计数状态：00、01 和 10，计数器在时钟脉冲信号作用下从 00 状态开始按照 00—01—10—00 的顺序循环。电路需要两个 D 触发器，填写计数器的激励函数真值表，即可得到模 3 计数器的激励函数表达式，连接输入函数、激励函数和触发器即可得到模 3 计数器。

5. 车灯显示译码器

电路的输入为汽车的运行状态编码 $S_1 S_0$ 和计数值 $N_1 N_0$，输出为从左到右 6 个 LED 灯的驱动信号 $L_0 \sim L_5$。

当 $S_1 S_0 = 00$ 时，$L_0 \sim L_5$ 均输出为 0。

当 $S_1 S_0 = 11$ 时，$L_0 \sim L_5$ 均输出为 1。

当 $S_1 S_0 = 01$ 时，汽车右拐弯，右边 3 个 LED 灯 $L_3 L_4 L_5$ 根据 $N_1 N_0$ 的计数值点亮。当 $N_1 N_0 = 00$ 时，$L_3 L_4 L_5 = 100$；当 $N_1 N_0 = 01$ 时，$L_3 L_4 L_5 = 010$；当 $N_1 N_0 = 10$ 时，$L_3 L_4 L_5 = 001$。$N_1 N_0$ 是模 3 计数器的计数结果，因此，$N_1 N_0$ 不可能等于 11。

当 $S_1 S_0 = 10$ 时，汽车左拐弯，左边 3 个 LED 灯 $L_0 L_1 L_2$ 根据 $N_1 N_0$ 的计数值点亮。当 $N_1 N_0 = 00$ 时，$L_0 L_1 L_2 = 001$；当 $N_1 N_0 = 01$ 时，$L_0 L_1 L_2 = 010$；当 $N_1 N_0 = 10$ 时，$L_0 L_1 L_2 = 100$。同理，$N_1 N_0$ 不可能等于 11。

综上所述，可得到输入 $S_1 S_0$、$N_1 N_0$ 和输出 $L_0 \sim L_5$ 的对应关系，从而得到 $L_0 \sim L_5$ 关于 $S_1 S_0$ 和 $N_1 N_0$ 的逻辑表达式。

6. 汽车尾灯控制电路

将上述已完成的模块有机地组合起来，即可得到汽车尾灯控制电路，如图 4.17 所示。

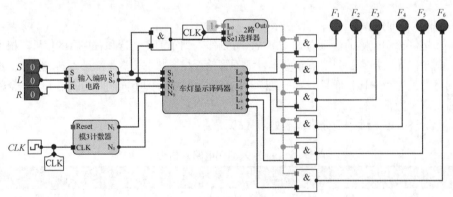

图 4.17　汽车尾灯控制电路

4.4.5　实验思考

做完本实验后请思考下列问题：

（1）汽车尾灯在左转弯和右转弯的时候类似数据的左移或右移，能否使用移位寄存器实现？

（2）试用 74290 计数器、74LS138 译码器，以及必要的逻辑门实现汽车尾灯控制电路。

（3）如果要保证尾灯从指定位置开始点亮（见图 4.17，左转从 F3 开始，右转从 F4 开始），电路需要怎么改变？

第三部分

第 5 章
课后习题答案与解析

本章主要给出教材中主要习题的参考答案和解析，便于读者在理论课程的学习过程中进行参考。

5.1 第 1 章习题解析

习题 1.1

解：（1）$(2935.148)_{10} = 2 \times 10^3 + 9 \times 10^2 + 3 \times 10^1 + 5 \times 10^0 + 1 \times 10^{-1} + 4 \times 10^{-2} + 8 \times 10^{-3}$

（2）$(101001.1001)_2 = 1 \times 2^5 + 0 \times 2^4 + 1 \times 2^3 + 0 \times 2^2 + 0 \times 2^1 + 1 \times 2^0 + 1 \times 2^{-1} + 0 \times 2^{-2} + 0 \times 2^{-3} + 1 \times 2^{-4}$

（3）$(725.341)_8 = 7 \times 8^2 + 2 \times 8^1 + 5 \times 8^0 + 3 \times 8^{-1} + 4 \times 8^{-2} + 1 \times 8^{-3}$

（4）$(A79.B43)_{16} = 10 \times 16^2 + 7 \times 16^1 + 9 \times 16^0 + 11 \times 16^{-1} + 4 \times 16^{-2} + 3 \times 16^{-3}$

习题 1.2

解：（1）$(213)_{10} = (11010101)_2 = (325)_8 = (D5)_{16}$

（2）$(47.75)_{10} = (101111.11)_2 = (57.6)_8 = (2F.C)_{16}$

（3）$(3.625)_{10} = (11.101)_2 = (3.5)_8 = (3.A)_{16}$

（4）$(52.168)_{10} = (110100.0011)_2 = (64.1260)_8 = (34.2B02)_{16}$

分析：八进制数和十六进制数可以与二进制数直接转换，即从小数点开始向左向右每 3 位（八进制数）或 4 位（十六进制数）进行转换；如果存在精度问题，应相应地增加二进制数的小数位，例如，本题中保留 4 位小数，则对应八进制数的二进制数应保留 12 位小数，对应十六进制数的二进制数应保留 16 位小数。

习题 1.3

解：（1）$(1101110)_2 = (110)_{10} = (156)_8 = (6E)_{16}$

（2）$(11001.011)_2 = (25.375)_{10} = (31.3)_8 = (19.6)_{16}$

（3）$(0.101011)_2 = (0.671875)_{10} = (0.53)_8 = (0.AC)_{16}$

（4）$(11101.110011)_2 = (29.796875)_{10} = (35.63)_8 = (1D.CC)_{16}$

习题 1.4

解：（1）$(72)_8 = (111010)_2$

（2）$(31.67)_8 = (11001.110111)_2$

（3）$(139)_{16} = (100111001)_2$

（4）$(5A.78B)_{16} = (1011010.011110001011)_2$

习题 1.5

解：（1）原码：00001101　　反码：00001101　　补码：00001101

（2）原码：11001100　　反码：10110011　　补码：10110100

（3）原码：00010011　　反码：00010011　　补码：00010011

（4）原码：01101101　　反码：01101101　　补码：01101101

习题 1.6

解：（1）补码：01101　　原码：01101　　十进制值：13

（2）补码：00011　　原码：00011　　十进制值：3

（3）补码：10101　　原码：11011　　十进制值：−11

（4）补码：11110　　原码：10010　　十进制值：−2

分析：没有指明位数的原码、反码或者补码，直接将最高位作为符号位进行处理。

习题 1.7

解：（1）$(+13)_{10}$ 的二进制补码为 00001101，$(+28)_{10}$ 的二进制补码为 00011100，使用加法计算有

$$
\begin{array}{r}
00001101 \\
+\ 00011100 \\
\hline
00101001
\end{array}
$$

结果为 00101001，转换为十进制 $(41)_{10}$，所以 $(+13)_{10}+(+28)_{10}=(41)_{10}$。

（2）$(+45)_{10}-(+21)_{10}=(+45)_{10}+(-21)_{10}$

$(+45)_{10}$ 的二进制补码为 00101101，$(-21)_{10}$ 的二进制补码为 11101011，使用加法计算有

$$
\begin{array}{r}
00101101 \\
+\ 11101011 \\
\hline
\boxed{1}00011000
\end{array}
$$

结果为 00011000（舍弃最高位），转换为十进制 $(24)_{10}$，所以 $(+45)_{10}-(+21)_{10}=(24)_{10}$。

（3）$(-23)_{10}$ 的二进制补码为 11101001，$(-35)_{10}$ 的二进制补码为 11011101，使用加法计算有

$$
\begin{array}{r}
11101001 \\
+\ 11011101 \\
\hline
\boxed{1}11000110
\end{array}
$$

结果为 11000110（舍弃最高位），转换为十进制 $(-58)_{10}$，所以 $(-23)_{10}+(-35)=(-58)_{10}$。

（4）$(-7)_{10}-(+12)_{10}=(-7)_{10}+(-12)_{10}$

$(-7)_{10}$ 的二进制补码为 11111001，$(-12)_{10}$ 的二进制补码为 11110100，使用加法计算有

$$
\begin{array}{r}
11111001 \\
+\ 11110100 \\
\hline
\boxed{1}11101101
\end{array}
$$

结果为 11101101（舍弃最高位），转换为十进制 $(-19)_{10}$，所以 $(-7)_{10}-(+12)_{10}=(-19)_{10}$。

（5）$(34)_{10}$ 的二进制补码为 00100010，$(-65)_{10}$ 的二进制补码为 10111111，使用加法计算有

$$
\begin{array}{r}
00100010 \\
+\ 10111111 \\
\hline
\boxed{0}11100001
\end{array}
$$

结果为 11100001（舍弃最高位），转换为十进制 $(-31)_{10}$，所以 $(34)_{10}+(-65)_{10}=(-31)_{10}$

（6）$(-127)_{10}-(+46)_{10}=(-127)_{10}+(-46)_{10}$

$(-127)_{10}$ 的二进制补码为 10000001，$(-46)_{10}$ 的二进制补码为 11010010，使用加法计算有

$$10000001$$
$$+\ \ 11010010$$
$$\overline{\boxed{1}01010011}$$

结果为 01010011（舍弃最高位），转换为十进制$(83)_{10}$，注意，此时由于舍弃最高位后符号与和数的符号不相同，计算结果溢出，这意味着用 8 位二进制补码不能完成这个运算。

习题 1.8

解： 已知$[N]_{补}$=10101，最高位（符号位）为 1，说明这是一个负数，由此可以先求出$[N]_{反}$=10100，然后得到$[N]_{原}$=11011，根据原码可以确定$(N)_2$=−1011。

习题 1.9

解：（1）$(136.45)_{10}$=$(0001\ 0011\ 0110.0100\ 0101)_{8421}$=$(0001\ 0011\ 1100.0100\ 1011)_{2421}$
=$(0100\ 0110\ 1001.0111\ 1000)_{余3码}$

（2）$(68)_{10}$=$(0110\ 1000)_{8421}$=$(1100\ 1110)_{2421}$=$(1001\ 1011)_{余3码}$

（3）$(42.79)_{10}$=$(0100\ 0010.0111\ 1001)_{8421}$=$(0100\ 0010.1101\ 1111)_{2421}$
=$(0111\ 0101.1010\ 1100)_{余3码}$

习题 1.10

解：（1）$(110110)_{8421}$=$(0011\ 0110)_{8421}$=$(36)_{10}$

（2）$(1000.01001001)_{8421}$=$(8.49)_{10}$

（3）$(11001010)_{5421}$=$(97)_{10}$

（4）$(10.10001011)_{5421}$=$(0010.1000\ 1011)_{5421}$=$(2.58)_{10}$

习题 1.11

解：（1）$(0111\ 1000\ 1011)_{余3码}$=$(458)_{10}$=$(0100\ 1011\ 1110)_{2421}$

（2）$(0101\ 0111.1001)_{余3码}$=$(24.6)_{10}$=$(0010\ 0100.1100)_{2421}$

习题 1.12

解：（1）$(1010010)_2$=$(82)_{10}$=$(1000\ 0010)_{8421}$=$(1111011)_{Gray}$

（2）$(1101101)_2$=$(109)_{10}$=$(0001\ 0000\ 1001)_{8421}$=$(1011011)_{Gray}$

分析：

（1）二进制数转换成 8421 码必须先将二进制数转换成十进制数，然后把十进制数的每一位转换成 4 位的 8421 码。

（2）格雷码是一种二进制编码，可以直接对二进制码进行转换，转换后码长与原始二进制码相等，所以如果把二进制数当作二进制码，那么格雷码就是直接对二进制数进行变换。

5.2　第 2 章习题解析

习题 2.4

解：（1）当ABC=110、111、001、011、101 时，$F(A,B,C)=1$。

（2）无论AB为何值，$F(A,B)$均不能为 1。

（3）当ABC=001、011、100、110 时，$F(A,B,C)=1$。

（4）当ABC=001、010、011、101 时，$F(A,B,C)=1$。

习题 2.5

证明：（1）左式 = $A(\overline{A}+\overline{B}+\overline{C})$
= $A(\overline{B}+\overline{C})$

$$= A\left(\overline{B}\left(C+\overline{C}\right)+\overline{C}\left(B+\overline{B}\right)\right)$$
$$= A\left(\overline{B}C+\overline{B}\,\overline{C}+B\overline{C}+\overline{B}\,\overline{C}\right)$$
$$= A\left(\overline{B}\,\overline{C}+\overline{B}C+B\overline{C}\right)$$
$$= A\overline{B}\,\overline{C}+A\overline{B}C+AB\overline{C}$$
$$= 右式$$

（2）右式 $= \overline{\overline{AB}\cdot\overline{\overline{A}\,\overline{B}}}$
$$= \left(\overline{A}+\overline{B}\right)\left(A+B\right)$$
$$= 左式$$

习题 2.6

解：（1）设 $F_1=\overline{\overline{AB}+\overline{A}C}$，$F_2=A\overline{B}+\overline{A}\overline{C}$，真值表如表 5.1 所示，可以看出对于任意输入 ABC，F_1 和 F_2 完全相同，即 $F_1=F_2$。

表 5.1 真值表

A	B	C	F_1	F_2
0	0	0	1	1
0	0	1	0	0
0	1	0	1	1
0	1	1	0	0
1	0	0	1	1
1	0	1	1	1
1	1	0	0	0
1	1	1	0	0

（2）设 $F_1=A+BC$，$F_2=\left(A+B\right)\left(A+C\right)$，真值表如表 5.2 所示，可以看出对于任意输入 ABC，F_1 和 F_2 完全相同，即 $F_1=F_2$。

表 5.2 真值表

A	B	C	F_1	F_2
0	0	0	0	0
0	0	1	0	0
0	1	0	0	0
0	1	1	1	1
1	0	0	1	1
1	0	1	1	1
1	1	0	1	1
1	1	1	1	1

习题 2.7

解：（1）$\overline{F}=\left(\left(\overline{A}+\overline{B}\right)\overline{C}+\overline{D}\right)\overline{E}+\overline{B}$ $\qquad$ $F'=\left(\left(A+B\right)C+D\right)E+B$

（2）$\overline{F}=\overline{A}\,\overline{B}C\overline{\overline{D}E}$ $\qquad$ $F'=AB\overline{C}\cdot\overline{DE}$

（3）$\overline{F}=A\overline{B}+\overline{C}\left(\overline{D}+\text{AC}\right)$ $\qquad$ $F'=\overline{A}B+C\left(D+\overline{\overline{A}+C}\right)$

（4）$\overline{F}=\left(\overline{A}+B\right)\left(A+\overline{B}\right)$ $\qquad$ $F'=\left(A+\overline{B}\right)\left(\overline{A}+B\right)$

分析：

（1）求反函数和对偶函数时不需要进行化简，直接转换就可以了。

（2）注意，处理时针对的是每一个单独的变量，不管是反函数，还是对偶函数都不能改变原来的计算顺序。

（3）在求反函数时，部分结构可以直接转换，例如题中的 $\overline{D+E}$ 和 $\overline{AC}$ 可以直接转换成（$D+E$）和 AC。

习题 2.8

答：（1）错误。因为当 $X=1$ 时，$Y\neq Z$，同样可以使等式 $X+Y=X+Z$ 成立。

（2）错误。因为当 $X=0$ 时，$Y\neq Z$，同样可以使等式 $XY=XZ$ 成立。

（3）正确。因为若 $Y\neq Z$，则当 $X=0$ 时，等式 $X+Y=X+Z$ 不可能成立；当 $X=1$ 时，等式 $XY=XZ$ 不可能成立；仅当 $Y=Z$ 时，才能使 $X+Y=X+Z$ 和 $XY=XZ$ 同时成立。

（4）正确。因为若 $X\neq Y$，则 $X+Y=1$，而 $XY=0$，等式 $X+Y=XY$ 不成立。

习题 2.9

答：

$$
\begin{aligned}
（1）F(A,B,C,D) &= B\overline{C}\overline{D}+\overline{A}B+AB\overline{C}D+BC\\
&=(A+\overline{A})B\overline{C}\overline{D}+\overline{A}B(\overline{C}\overline{D}+\overline{C}D+C\overline{D}+CD)+AB\overline{C}D+\\
&\quad BC(\overline{A}\overline{D}+\overline{A}D+A\overline{D}+AD)\\
&=AB\overline{C}\overline{D}+\overline{A}B\overline{C}\overline{D}+\overline{A}B\overline{C}\overline{D}+\overline{A}B\overline{C}D+\overline{A}BC\overline{D}+\overline{A}BCD+AB\overline{C}D+\\
&\quad \overline{A}BC\overline{D}+\overline{A}BCD+ABC\overline{D}+ABCD\\
&=\overline{A}B\overline{C}\overline{D}+\overline{A}B\overline{C}D+\overline{A}BC\overline{D}+\overline{A}BCD+AB\overline{C}\overline{D}+AB\overline{C}D+ABC\overline{D}+ABCD\\
&=\sum m(4,5,6,7,12,13,14,15)\\
&=\prod M(0,1,2,3,8,9,10,11)
\end{aligned}
$$

$$
\begin{aligned}
（2）F(A,B,C,D) &= (\overline{A}+\overline{B})(A+B\overline{D})+\overline{B\overline{C}+\overline{D}}\\
&=\overline{A}B\overline{D}+\overline{A}\overline{B}+B\overline{C}D\\
&=\overline{A}B\overline{D}(C+\overline{C})+\overline{A}\overline{B}(\overline{C}\overline{D}+\overline{C}D+C\overline{D}+CD)+B\overline{C}D(A+\overline{A})\\
&=\overline{A}BC\overline{D}+\overline{A}B\overline{C}\overline{D}+\overline{A}\overline{B}\overline{C}\overline{D}+\overline{A}\overline{B}\overline{C}D+\overline{A}\overline{B}C\overline{D}+\overline{A}\overline{B}CD+AB\overline{C}D+\overline{A}B\overline{C}D\\
&=\sum m(4,5,6,8,9,10,11,13)\\
&=\prod M(0,1,2,3,7,12,14,15)
\end{aligned}
$$

$$
\begin{aligned}
（3）F(A,B,C) &= AB+\overline{A}C(A+B)(\overline{A}+C)\\
&=AB+\overline{A}BC(\overline{A}+C)\\
&=AB+\overline{A}BC\\
&=AB(\overline{C}+C)+\overline{A}BC\\
&=AB\overline{C}+ABC+\overline{A}BC\\
&=\sum m(3,6,7)\\
&=\prod M(0,1,2,4,5)
\end{aligned}
$$

$$
\begin{aligned}
（4）F(A,B,C) &= (A+B)(\overline{A}+C)\\
&=AC+\overline{A}B+BC\\
&=A(B+\overline{B})C+\overline{A}B(C+\overline{C})+(A+\overline{A})BC\\
&=ABC+A\overline{B}C+\overline{A}BC+\overline{A}B\overline{C}+ABC+\overline{A}BC\\
&=\overline{A}B\overline{C}+\overline{A}BC+A\overline{B}C+ABC\\
&=\sum m(2,3,5,7)\\
&=\prod M(0,1,4,6)
\end{aligned}
$$

分析：

（1）写成简写形式可以先对表达式进行适当的化简（不一定要最简状态），对得到的表达式进行配项得到所有的最小项。对于 4 个变量以内的表达式，可以通过卡诺图得到所有的最小项。

（2）求出表达式的所有最小项后，可以利用最小项和最大项的关系，直接写出最大项的表达式。

习题 2.10

解：（1）$F(A,B,C,D) = \overline{A}\overline{C}(\overline{B}+BD)+A\overline{C}D$

$= \overline{A}\overline{C}(\overline{B}+D)+A\overline{C}D$

$= \overline{A}\overline{B}\overline{C}+\overline{A}\overline{C}D+A\overline{C}D$

$= \overline{A}\overline{B}\overline{C}+\overline{C}D(\overline{A}+A)$

$= \overline{A}\overline{B}\overline{C}+\overline{C}D$ （最简与或表达式）

$F(A,B,C,D) = \overline{A}\overline{B}\overline{C}+\overline{C}D$

$= \overline{C}(\overline{A}\overline{B}+D)$

$= \overline{C}(\overline{A}+D)(\overline{B}+D)$ （最简或与表达式）

（2）$F(A,B,C,D) = \overline{\overline{A}\overline{B}+\overline{A}CD+A\overline{B}\overline{D}}$

$= (A+B)(A+\overline{C}+\overline{D})(\overline{A}+B+D)$

$= (A+B\overline{C}+B\overline{D})(\overline{A}+B+D)$

$= AB+AD+\overline{A}B\overline{C}+B\overline{C}+B\overline{C}D+\overline{A}B\overline{D}+B\overline{D}$

$= AB+AD+B\overline{C}+B\overline{D}$

$= (AB\overline{D}+ABD)+AD+B\overline{C}+B\overline{D}$

$= AD+B\overline{C}+B\overline{D}$ （最简与或表达式）

$F(A,B,C,D) = (A+B)(A+\overline{C}+\overline{D})(\overline{A}+B+D)$

$= (A+B)(A+B+D)(A+\overline{C}+\overline{D})(\overline{A}+B+D)$

$= (A+B)(A+\overline{C}+\overline{D})(B+D)$ （最简或与表达式）

（3）$F(A,B,C) = \overline{A}B+\overline{A}C+BC$ （最简与或表达式）

$F(A,B,C) = \overline{\overline{\overline{A}B+\overline{A}C+BC}}$

$= \overline{(A+\overline{B})(A+\overline{C})(\overline{B}+\overline{C})}$

$= \overline{A}\overline{B}+\overline{A}\overline{C}+\overline{B}\overline{C}$

$= (\overline{A}+B)(\overline{A}+C)(B+C)$ （最简或与表达式）

（4）$F(A,B,C) = \overline{AC}+\overline{\overline{B}C}+B(A\oplus C)$

$= (\overline{A}+\overline{C})(B+\overline{C})+B(A\overline{C}+\overline{A}C)$

$= (\overline{A}B+\overline{C})+(AB\overline{C}+\overline{A}BC)$

$= \overline{A}B+\overline{C}$ （最简与或表达式）

$F(A,B,C) = \overline{A}B+\overline{C} = (\overline{A}+\overline{C})(B+\overline{C})$ （最简或与表达式）

习题 2.11

解：（1）$F(A,B,C,D) = \overline{B}\overline{C}D+\overline{A}B\overline{C}+AB\overline{D}$

$= \overline{\overline{(\overline{B}\overline{C}D)}+\overline{(\overline{A}B\overline{C})}+\overline{(AB\overline{D})}}$

$= \overline{\overline{\overline{B}\overline{C}D}\cdot\overline{\overline{A}B\overline{C}}\cdot\overline{AB\overline{D}}}$

（2）$F = \overline{A}\overline{B}\overline{C}(B+D)(A+\overline{C}+D)$

　　　$= \overline{A}\overline{B}\overline{C}D(A+\overline{C}+D) = \overline{A}\overline{B}\overline{C}D = \overline{\overline{\overline{A}\overline{B}\overline{C}D}}$

分析：求最简与非表达式的方法是先求出最简的与或表达式，然后利用两次非，求出最简与非表达式。

习题 2.12

解：（1）$F(A,B,C,D) = \overline{A}\overline{B} + \overline{A}\overline{C}D + AC + B\overline{C}$

　　　　　　　$= \overline{A}\overline{B} + \overline{A}\overline{B}\overline{C}D + \overline{A}B\overline{C}D + AC + B\overline{C}$

　　　　　　　$= \overline{A}\overline{B} + AC + B\overline{C}$

　　　　　　　$= \overline{(A+B)(\overline{A}+\overline{C})(\overline{B}+C)}$

　　　　　　　$= \overline{\overline{A}\overline{B}\overline{C} + \overline{A}BC}$

　　　　　　　$= (A+\overline{B}+\overline{C})(\overline{A}+B+C)$

　　　　　　　$= \overline{\overline{(A+\overline{B}+\overline{C})} + \overline{(\overline{A}+B+C)}}$

（2）$F(A,B,C,D) = A\overline{B}(\overline{C}+D) + BC(\overline{A}+D)$

　　　　　　　$= A\overline{B}\overline{C} + A\overline{B}D + \overline{A}BC + BCD$

　　　　　　　$= A\overline{B}\overline{C} + A\overline{B}\overline{C}D + A\overline{B}\overline{C}D + \overline{A}BC + \overline{A}BCD + ABCD$

　　　　　　　$= (A\overline{B}\overline{C} + A\overline{B}\overline{C}D) + (A\overline{B}CD + ABCD) + (\overline{A}BC + \overline{A}BCD)$

　　　　　　　$= A\overline{B}\overline{C} + ACD + \overline{A}BC$

　　　　　　　$= \overline{(\overline{A}+B+C)(\overline{A}+\overline{C}+\overline{D})(A+\overline{B}+\overline{C})}$

　　　　　　　$= \overline{\overline{A}B + B\overline{C} + AC\overline{D}}$

　　　　　　　$= (A+B)(\overline{B}+C)(\overline{A}+\overline{C}+D)$

　　　　　　　$= \overline{\overline{(A+B)} + \overline{(\overline{B}+C)} + \overline{(\overline{A}+\overline{C}+D)}}$

习题 2.14

解：（1）$F(A,B,C,D) = \overline{A}\overline{B} + \overline{B}C + \overline{A}C$，可以直接画出卡诺图，如图 5.1 所示。

最简与或表达式：$F(A,B,C,D) = \overline{A}\overline{B} + \overline{B}C + \overline{A}C$

　　　　　　　　$\overline{F(A,B,C,D)} = AB + B\overline{C} + A\overline{C}$

最简或与表达式：$F(A,B,C,D) = (\overline{A}+\overline{B})(\overline{B}+C)(\overline{A}+C)$

（2）$F(A,B,C,D) = \overline{A}\overline{B}C + \overline{A}CD + \overline{A}BD + B\overline{C}D$

　　　　　　　$= A\overline{B} + A\overline{C} + \overline{A}D + \overline{C}D + \overline{A} + \overline{B} + \overline{D} + BCD = \overline{A} + \overline{B} + \overline{C} + \overline{D}$

画出卡诺图，如图 5.2 所示。

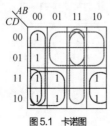
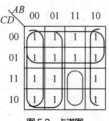

图 5.1　卡诺图　　　　　　图 5.2　卡诺图

最简与或表达式：$F(A,B,C,D) = \overline{A} + \overline{B} + \overline{C} + \overline{D}$

　　　　　　　　$\overline{F(A,B,C,D)} = ABCD$

最简或与表达式：$F(A,B,C,D) = \bar{A} + \bar{B} + \bar{C} + \bar{D}$

（3）根据表达式直接画出卡诺图，如图5.3所示。

最简与或表达式：$F(A,B,C,D) = \bar{A} + \bar{B} + \bar{C} + \bar{D}$

$\overline{F(A,B,C,D)} = ABCD$

最简或与表达式：$F(A,B,C,D) = \bar{A} + \bar{B} + \bar{C} + \bar{D}$

（4）根据最大项与最小项的关系直接画出卡诺图，如图5.4所示。

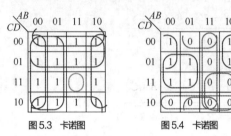

图5.3 卡诺图　　图5.4 卡诺图

最简与或表达式：$F(A,B,C,D) = \bar{A}D + \bar{B}\bar{C}$

$\overline{F(A,B,C,D)} = AB + C\bar{D} + AC + B\bar{D}$

最简或与表达式：$F(A,B,C,D) = (\bar{A} + \bar{B})(\bar{C} + D)(\bar{A} + \bar{C})(\bar{B} + D)$

分析：

（1）卡诺图必须要画规范，因为卡诺图排列的方式不唯一：必须标明 $ABCD$ 变量；必须在上侧和右侧标明 00、01、11、10。

（2）在使用卡诺图化简时，一定要在卡诺图上画上卡诺圈，画出的卡诺圈与最简的与或表达式中的与项一一对应。

（3）用卡诺图化简的时候，求出的最简表达式并不一定是唯一的。

习题2.15

解：（1）多输出逻辑函数的化简主要在于尽可能找到公共的与项，画出 F_1 和 F_2 的卡诺图，如图5.5所示，找公共的卡诺圈。

可得 $F_1(A,B,C) = \bar{A}C + A\bar{C} + A\bar{B}$

$F_2(A,B,C) = A\bar{B} + \bar{A}C + A\bar{B}$

（2）画出 F_1 和 F_2 的卡诺图，如图5.6所示，找公共的卡诺圈。

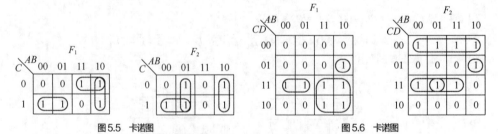

图5.5 卡诺图　　图5.6 卡诺图

可得 $F_1(A,B,C,D) = \bar{A}CD + AC + A\bar{B}\bar{C}D$

$F_2(A,B,C,D) = \bar{C}\bar{D} + \bar{A}CD + BCD + A\bar{B}\bar{C}D$

习题2.16

答：逻辑函数 F 的波形图、卡诺图、真值表和逻辑电路图如图5.7所示。

分析：在画组合逻辑函数的波形图时，应该画出每种可能的输入条件下的输出（与真值表一致）。

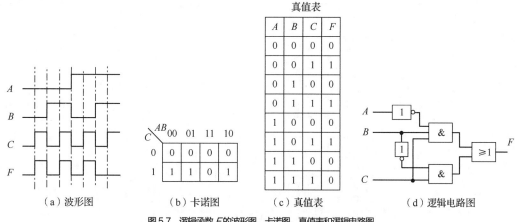

真值表

A	B	C	F
0	0	0	0
0	0	1	1
0	1	0	0
0	1	1	1
1	0	0	0
1	0	1	1
1	1	0	0
1	1	1	0

（a）波形图　　（b）卡诺图　　（c）真值表　　（d）逻辑电路图

图 5.7　逻辑函数 F 的波形图、卡诺图、真值表和逻辑电路图

习题 2.17

答：可以根据波形图画出逻辑函数 F 的真值表，然后画出卡诺图，如图 5.8 所示，最后得到表达式。

真值表

A	B	C	F
0	0	0	0
0	0	1	1
0	1	0	1
0	1	1	0
1	0	0	1
1	0	1	1
1	1	0	1
1	1	1	1

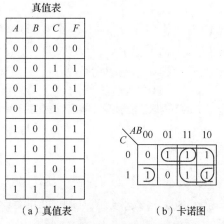

（a）真值表　　（b）卡诺图

图 5.8　逻辑函数 F 的真值表和卡诺图

可得 $F(A,B,C,D) = A + B\overline{C} + \overline{B}C$ 。

习题 2.18

解：为了得到最简与或表达式，可以先对卡诺图中的 0 画卡诺圈，求出 $\overline{F}$ 的最简与或表达式，如图 5.9 所示。

$$\overline{F} = AC + \overline{B}C$$

然后求出 F 的最简与或表达式 $F = (\overline{A} + \overline{C})(B + C)$ 。

分析：求最简与或表达式时，如果能够直接画出卡诺图的逻辑函数表达式，可以对卡诺图中的 0 画卡诺圈，求出 $\overline{F}$ 的最简与或表达式，再利用反演规则求出 F 的最简与或表达式；对于一般的与或表达式，可以利用对偶规则，画出 F' 的卡诺图，得到最简与或表达式，然后利用对偶规则求出 F 的最简与或表达式。

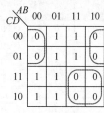

图 5.9　卡诺图

习题 2.19

解：首先根据电路图写出逻辑函数的表达式

$$F = \overline{\overline{AB} \cdot \overline{BC} \cdot \overline{AC}} = AB + BC + AC$$

然后根据逻辑函数表达式得出真值表和卡诺图，如图 5.10 所示。

真值表

A	B	C	F
0	0	0	0
0	0	1	0
0	1	0	0
0	1	1	1
1	0	0	0
1	0	1	1
1	1	0	1
1	1	1	1

C＼^{AB}	00	01	11	10
0	0	0	1	0
1	0	1	1	1

（a）真值表　　　　　　　（b）卡诺图

图 5.10　逻辑函数 F 的真值表和卡诺图

习题 2.20

解：根据真值表写出逻辑函数标准与或表达式

$$F = \overline{A}\overline{B}\overline{C} + \overline{A}\overline{B}C + \overline{A}BC + A\overline{B}\overline{C} + ABC = \sum m(0,1,3,4,7)$$

标准与或表达式

$$F = \left(A + \overline{B} + C\right)\left(\overline{A} + B + \overline{C}\right)\left(\overline{A} + \overline{B} + C\right) = \prod M(2,5,6)$$

利用卡诺图法求出最简与或表达式，如图 5.11 所示。

$$F = \overline{A}B + BC + \overline{B}\overline{C} \quad \text{或者} \quad F = \overline{A}C + BC + \overline{B}\overline{C}$$

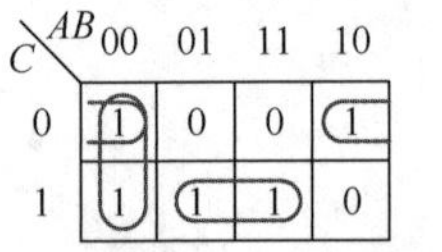

图 5.11　卡诺图

习题 2.21

解：这里的最简表达式是指 a、b 的不同取值能够得到与项数最少并且每个与项的变量数最少的表达式：

（1）a=1，b=0 时，$F = \overline{B}\overline{C} + C\overline{D} + A\overline{C}D$；

（2）a=1，b=1 时，$F = \overline{B}\overline{C} + C\overline{D} + A\overline{C}$。

习题 2.22

解：（1）用二进制代码表示函数中的每一个最小项，并对其按照二进制编码中 1 的个数进行分组，这样，可以合并的最小项只能处于相邻的两组内。

画出函数的质蕴涵项产生表，求函数的全部质蕴涵项，如表 5.3 所示。

表 5.3 质蕴涵项产生表

组号	m_i	$ABCD$	P_i	组号	$\sum m_i$	$ABCD$	P_i	组号	$\sum m_i$	$ABCD$	P_i
		I				II				III	
0	0	0000	√	0	0,2	00-0	√	0	0,2,8,10	-0-0	P_1
1	2	0010	√		0,8	-000	√	1	2,10,3,11	-01-	P_2
	8	1000	√	1	2,3	001-	√	2	3,7,11,15	--11	P_3
2	3	0011	√		2,10	-010	√		5,7,13,15	-1-1	P_4
	5	0101	√		8,10	10-0	√				
	10	1010	√		3,7	0-11	√				
3	7	0111	√	2	3,11	-011	√				
	11	1011	√		5,7	01-1	√				
	13	1101	√		5,13	-101	√				
					10,11	101-	√				
4	15	1111	√		7,15	-111	√				
				3	11,15	1-11	√				
					13,15	11-1	√				

由表 5.3 可知，函数的全部质蕴涵项：

$$P_1 = \sum m(0,2,8,10) = \overline{B}\overline{D} \qquad P_2 = \sum m(2,3,10,11) = \overline{B}C$$
$$P_3 = \sum m(3,7,11,15) = CD \qquad P_4 = \sum m(5,7,13,15) = BD$$

然后求出必要质蕴涵项产生表，如表 5.4 所示。

表 5.4   **必要质蕴涵项产生表**

P_i	m_i									
	0	2	3	5	7	8	10	11	13	15
P_1^*	⊗	×				⊗	×			
P_2		×	×				×	×		
P_3			×					×		×
P_4^*				⊗	×				⊗	×
覆盖情况	√	√		√	√	√	√		√	√

找出函数的最小覆盖。从表 5.4 的覆盖情况可知，选取必要质蕴涵项 P_1 和 P_4 后不能覆盖函数的全部最小项，因此，还需进一步从剩余质蕴涵项集中选出所需的质蕴涵项，构成函数的最小质蕴涵项集。画出消去多余行后的必要质蕴涵项产生表，如表 5.5 所示。

表 5.5   **消去多余行后的必要质蕴涵项产生表**

P_i	m_i	
	3	11
P_2	×	×
P_3	×	×
覆盖情况	√	√

函数最小覆盖的质蕴涵项集为

$$\{P_1,\ P_2,\ P_4\}\ 或\ \{P_1,\ P_3,\ P_4\}$$

即函数 F 的最简表达式为

$$F = BD + \overline{B}\overline{D} + \overline{B}C\ 或\ F = BD + \overline{B}\overline{D} + CD$$

（2）用二进制代码表示函数中的每一个最小项，并对其按照二进制编码中 1 的个数进行分组，这样，可以合并的最小项只能处于相邻的两组内。

画出函数的质蕴涵项产生表，求函数的全部质蕴涵项，如表 5.6 所示。

表 5.6   **质蕴涵项产生表**

I				II				III			
组号	m_i	$ABCD$	P_i	组号	$\sum m_i$	$ABCD$	P_i	组号	$\sum m_i$	$ABCD$	P_i
0	0	0000	√	0	0,1	000-	√	0	0,1,8,9	-00-	P_1
1	1	0001	√		0,8	-000	√	1	1,5,9,13	--01	P_2
	8	1000	√	1	1,5	0-01	√		8,9,10,11	10--	P_3
2	5	0101	√		1,9	-001	√	2	5,7,13,15	-1-1	P_4
	6	0110	√		8,9	100-	√		6,7,14,15	-11-	P_5
	9	1001	√		8,10	10-0	√		9,11,13,15	1--1	P_6
	10	1010	√		5,7	01-1	√		10,11,14,15	1-1-	P_7
3	7	0111	√	2	5,13	-101	√				
	11	1011	√		6,7	011-	√				
	13	1101	√		6,14	-110	√				
	14	1110	√		9,11	10-1	√				

数字电路与逻辑设计实验指导与习题解析——基于虚拟仿真实验

续表

I				II				III			
组号	m_i	$ABCD$	P_i	组号	$\sum m_i$	$ABCD$	P_i	组号	$\sum m_i$	$ABCD$	P_i
4	15	1111	√		9,13	1-01	√				
					10,11	101-	√				
					10,14	1-10	√				
					7,15	-111	√				
				3	11,15	1-11	√				
					13,15	11-1	√				
					14,15	111-	√				

由表 5.6 可知，函数的全部质蕴涵项为

$$P_1 = \sum m(0,1,8,9) = \overline{B}\,\overline{C} \qquad P_2 = \sum m(1,5,9,13) = \overline{C}D \qquad P_3 = \sum m(8,9,10,11) = A\overline{B}$$

$$P_4 = \sum m(5,7,13,15) = BD \qquad P_5 = \sum m(6,7,14,15) = BC \qquad P_6 = \sum m(9,11,13,15) = AD$$

$$P_7 = \sum m(10,11,14,15) = AC$$

然后求出必要质蕴涵项产生表，如表 5.7 所示。

表 5.7　　　　　　　　　　　　　　　　必要质蕴涵项产生表

P_i	m_i											
	0	1	5	6	7	8	9	10	11	13	14	15
P_1^*	⊗	×				×	×					
P_2		×	×				×			×		
P_3						×	×	×	×			
P_4			×		×					×		×
P_5^*				⊗	×						×	×
P_6							×		×	×		×
P_7								×	×		×	×
覆盖情况	√	√	√	√	√	√	√			√	√	√

找出函数的最小覆盖。从表 5.7 的覆盖情况可知，选取必要的质蕴涵项 P_1 和 P_5 后不能覆盖函数的全部最小项，因此，还需进一步从剩余质蕴涵项集中选出所需质蕴涵项，以构成函数的最小项质蕴涵项集。画出消去多余行后的必要质蕴涵项产生表，如表 5.8 所示。

表 5.8　　　　　　　　　　　消去多余行后的必要质蕴涵项产生表

P_i	m_i			
	5	10	11	13
P_2^*	⊗			×
P_3^*		⊗	×	
P_6			×	×
覆盖情况	√	√	√	√

函数最小覆盖的质蕴涵项集为

$$\{P_1,\ P_2,\ P_3,\ P_5\}$$

即函数 F 的最简表达式为

$$F = \overline{B}\,\overline{C} + \overline{C}D + A\overline{B} + BC$$

5.3 第 3 章习题解析

习题 3.8

答: 当 $EN=0$ 时,从上向下第一个和第三个三态门有效,第二个和第四个三态门无效,此时,$Y_1 = \overline{A}$,$Y_2 = \overline{B}$。
当 $EN=1$ 时,第二个和第四个三态门有效,第一个和第三个三态门无效,此时,$Y_1 = \overline{B}$,$Y_2 = \overline{A}$。Y_1、Y_2 的波形图如图 5.12 所示。

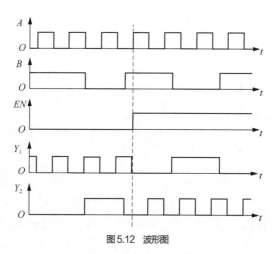

图 5.12 波形图

习题 3.9

答: 在输入相同高电平时,甲的抗干扰能力强,因为开门电平越小,在输入高电平时的抗干扰能力越强。在输入相同低电平时,甲的抗干扰能力强,因为关门电平越大,在输入低电平时的抗干扰能力越强。

习题 3.10

答:

(1)实现 $F=\overline{ABC}$ 的 CMOS 电路图如图 5.13 所示。

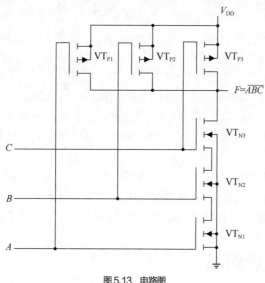

图 5.13 电路图

(2)实现 $F=A+B$ 的 CMOS 电路图如图 5.14 所示。

(3)实现 $F=\overline{AB+CD}$ 的 CMOS 电路图如图 5.15 所示。

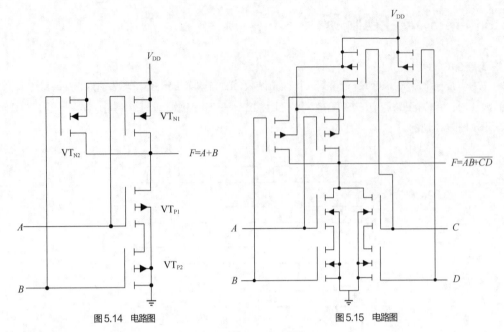

图 5.14 电路图　　　　图 5.15 电路图

习题 3.11

答：（1）TTL 集电极开路门、（3）TTL 三态输出门和（5）CMOS 三态输出门的输出可以并联使用。

习题 3.12

答：当 A、B 为高电平，或者 C 为高电平时，输出 F 为低电平，所以该电路逻辑关系表达式为 $F=\overline{AB+C}$，相应的逻辑电路图如图 5.16 所示。

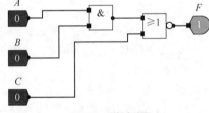

习题 3.13

答：当 $C=0$ 时，$F=\overline{A}\oplus 1=A$；当 $C=1$ 时，$F=\overline{B}\oplus 1=B$。综合可得

$$F=A\overline{C}+BC$$

图 5.16 逻辑电路图

习题 3.14

答：$EN=0$ 时，右边两个三态门生效，D_1、D_2 为输入，Q_1、Q_2 为输出，所以表达式为 $Q_1=D_1$，$Q_2=D_2$。$EN=1$ 时，左边两个三态门生效，Q_1、Q_2 为输入，D_1、D_2 为输出，所以表达式为 $D_1=Q_1$，$D_2=Q_2$。

习题 3.15

答：左侧电路利用了 OC 与非门，当 $E_i=0$ 时，$Y_i=1$；当 $E_i=1$ 时，$Y_i=\overline{D_i}$（i=1,2,3），利用外加电阻 R_L，实现输出端线与逻辑。这样当 E_1、E_2、E_3 只有 1 个为 0 时，对应的输入 D 值被反向后传入数据总线。但是由于有外加电阻，当 E_1、E_2、E_3 均为 0，数据总线为高电平，即不传输时，数据总线会在电阻 R_L 上消耗电流，并且数据总线仍然被占用。

右侧电路使用高电平有效的三态与非门，当 $E_i=0$ 时输出高阻，$E_i=1$ 时 $Y_i=\overline{D_i}$（i=1,2,3）。当 E_1、E_2、E_3 只有 1 个为 0 时，对应的输入 D 被反向后传入数据总线。当 E_1、E_2、E_3 均为 0 时，输出为高阻态，这样不需要传输时数据总线为高阻态，不影响总线被其他三态门电路所驱动，不会造成冲突。

5.4　第 4 章习题解析

习题 4.1

解：（1）根据给定逻辑电路图写出输出函数表达式：

$$F = \overline{\overline{AB} \cdot \overline{\overline{A}\overline{B}}}$$

可以用代数化简法进行化简：

$$F = \overline{\overline{AB} \cdot \overline{\overline{A}\overline{B}}} = AB + \overline{A}\overline{B} = \overline{A \oplus B}$$

画出真值表，如表 5.9 所示。

表 5.9　　　　　　　　　　　　　　　　　**真值表**

A B	F
0　0	1
0　1	0
1　0	0
1　1	1

（2）电路的逻辑功能：当 A、B 取值相同时，即取 00 或者 11 时，输出函数 F 的值为 1，否则 F 的值为 0。该电路为"一致性电路"。

（3）化简后的电路如图 5.17 所示。

分析：

（1）本题答案不唯一，$F = \overline{A} \oplus B = A \oplus \overline{B} = \overline{A \oplus B}$。

（2）一般在电路里面不使用同或门，而是使用异或加非门

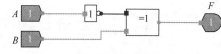

图 5.17　化简后的电路

实现。可以在异或门后面加一个非门，也可以将异或门的某一个输入端先接一个非门再接入异或门。

习题 4.2

解：（1）根据给定逻辑电路图写出输出函数表达式：

$$F = \overline{A_0 \oplus B_0 + A_1 \oplus B_1}$$

可以用代数化简法进行化简：

$$F = \left(\overline{A_0 \oplus B_0}\right)\left(\overline{A_1 \oplus B_1}\right)$$

画出真值表，如表 5.10 所示。

表 5.10　　　　　　　　　　　　　　　　　**真值表**

A_1	A_0	B_1	B_0	F	A_1	A_0	B_1	B_0	F
0	0	0	0	1	1	0	0	0	0
0	0	0	1	0	1	0	0	1	0
0	0	1	0	0	1	0	1	0	1
0	0	1	1	0	1	0	1	1	0
0	1	0	0	0	1	1	0	0	0
0	1	0	1	1	1	1	0	1	0
0	1	1	0	0	1	1	1	0	0
0	1	1	1	0	1	1	1	1	1

（2）电路的逻辑功能：当 $A_1A_0 = B_1B_0$ 时，输出函数 F 的值为 1，否则 F 的值为 0。该电路功能为判断 A_1A_0 与 B_1B_0 是否相等。

习题 4.3

解：（1）假设 4 位二进制码为 $ABCD$，输出为 F，根据要求，列出电路真值表，如表 5.11 所示。

表 5.11　　　　　　　　　　　　　　　　　**真值表**

A B C D	F	A B C D	F
0　0　0　0	1	1　0　0　0	0
0　0　0　1	0	1　0　0　1	1
0　0　1　0	0	1　0　1　0	1
0　0　1　1	1	1　0　1　1	0
0　1　0　0	0	1　1　0　0	1
0　1　0　1	1	1　1　0　1	0
0　1　1　0	1	1　1　1　0	0
0　1　1　1	0	1　1　1　1	1

（2）根据真值表可以写出电路的逻辑函数表达式

$$F = \overline{A}\,\overline{B}\,\overline{C}D + \overline{A}\,\overline{B}C\overline{D} + \overline{A}B\overline{C}\,\overline{D} + \overline{A}BCD + A\overline{B}\,\overline{C}\,\overline{D} + A\overline{B}CD + AB\overline{C}D + ABC\overline{D}$$
$$= \overline{A} \oplus B \oplus C \oplus D$$

（3）画出逻辑电路图，如图 5.18 所示。

分析：本题答案不唯一，$F = A \oplus \overline{B} \oplus C \oplus D = A \oplus B \oplus \overline{C} \oplus D = A \oplus B \oplus C \oplus \overline{D} = \overline{A \oplus B \oplus C \oplus D}$。

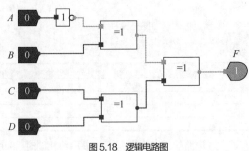

图 5.18　逻辑电路图

习题 4.4

解：（1）假设 3 部电梯的工作信号分别为 A、B、C，电梯运行工作信号为 1，否则为 0；用 F 表示监测电路输出，0 表示系统故障，1 表示正常工作。根据要求，列出电路真值表，如表 5.12 所示。

表 5.12　　　　　　　　　　　　　　　　真值表

A　B　C	F
0　0　0	0
0　0　1	0
0　1　0	0
0　1　1	1
1　0　0	0
1　0　1	1
1　1　0	1
1　1　1	1

（2）根据真值表可以写出逻辑函数表达式

$$F = AB + BC + AC$$

转换成与非表达式，有

$$F = \overline{\overline{AB} \cdot \overline{BC} \cdot \overline{AC}}$$

（3）画出逻辑电路图，如图 5.19 所示。

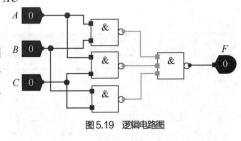

图 5.19　逻辑电路图

习题 4.5

解：（1）假设宿舍门口，以及 3 名读者床边的开关分别为 A、B、C、D，1 表示开关合上，0 表示开关断开；灯信号用 F 表示，1 表示灯亮，0 表示灯灭。当 A、B、C、D 这 4 个开关信号中有奇数个闭合（等于 1），那么灯亮（$F = 1$），否则灯灭（$F = 0$）。列出电路真值表，如表 5.13 所示。

表 5.13　　　　　　　　　　　　　　　　真值表

A　B　C　D	F	A　B　C　D	F
0　0　0　0	0	1　0　0　0	1
0　0　0　1	1	1　0　0　1	0
0　0　1　0	1	1　0　1　0	0
0　0　1　1	0	1　0　1　1	1
0　1　0　0	1	1　1　0　0	0
0　1　0　1	0	1　1　0　1	1
0　1　1　0	0	1　1　1　0	1
0　1　1　1	1	1　1　1　1	0

（2）根据真值表可以写出逻辑函数表达式

$$F = A \oplus B \oplus C \oplus D$$

画出逻辑电路图，如图 5.20 所示。

（3）如果使用与非门实现该电路功能，修改电路将与或表达式转换为与非表达式，得到逻辑电路图，如图 5.21 所示。

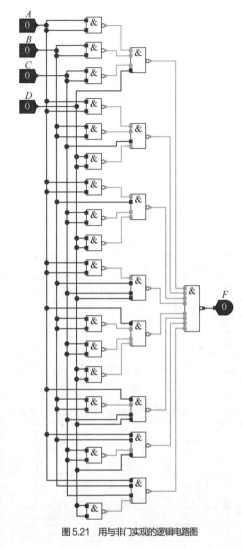

图 5.21　用与非门实现的逻辑电路图

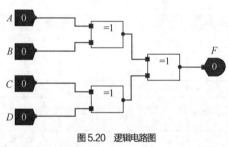

图 5.20　逻辑电路图

习题 4.6

解:（1）假设雷达 A、B、C 启动为 1，关闭为 0，发电机 X、Y 开机为 1，停机为 0。根据设计要求可以知道: 当 3 个雷达都不开启时，发电机 X 和发电机 Y 都不开; 当雷达 A 或者雷达 B 单独开启时，只需要发电机 X 单独开，而雷达 C 单独开启时，需要发电机 Y 单独开; 当雷达 A 和雷达 B 一同开启时，只需要发电机 Y 单独开，而当雷达 A 与雷达 C，或者雷达 B 与雷达 C 一同开启时，也只需要发电机 Y 单独开; 当 3 个雷达都开启时，发电机 X 和发电机 Y 都开。

据此列出电路真值表，如表 5.14 所示。

表 5.14　　　　　　　　　　　　　　　　　　　　**真值表**

A B C	X	Y
0　0　0	0	0
0　0　1	0	1
0　1　0	1	0
0　1　1	0	1
1　0　0	1	0
1　0　1	0	1
1　1　0	0	1
1　1　1	1	1

（2）分别画出 X 和 Y 的卡诺图，如图 5.22 所示。

根据卡诺图求得逻辑函数表达式

$$X = \overline{A}B\overline{C} + A\overline{B}\overline{C} + ABC = (A \oplus B)\overline{C} + ABC$$

$$Y = C + AB$$

（3）画出逻辑电路图，如图 5.23 所示。

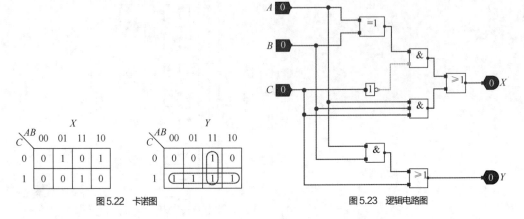

图 5.22 卡诺图   图 5.23 逻辑电路图

习题 4.7

解：（1）电路的输入输出明确，列出电路真值表，如表 5.15 所示。

表 5.15   真值表

$A\ B\ C\ D$	$W\ X\ Y\ Z$	$A\ B\ C\ D$	$W\ X\ Y\ Z$
0 0 0 0	0 0 0 1	1 0 0 0	0 1 1 1
0 0 0 1	0 0 1 0	1 0 0 1	1 0 0 0
0 0 1 0	0 0 1 1	1 0 1 0	d d d d
0 0 1 1	0 1 0 0	1 0 1 1	d d d d
0 1 0 0	0 1 0 1	1 1 0 0	d d d d
0 1 0 1	0 1 0 0	1 1 0 1	d d d d
0 1 1 0	0 1 0 1	1 1 1 0	d d d d
0 1 1 1	0 1 1 0	1 1 1 1	d d d d

分别画出 W、X、Y、Z 的卡诺图，如图 5.24 所示。

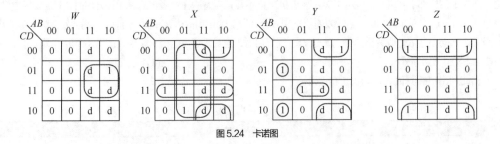

图 5.24 卡诺图

根据卡诺图求得逻辑函数表达式

$$W = AD \qquad X = B + CD + A\overline{D}$$

$$Y = A\overline{D} + BCD + \overline{A}\overline{B}(C \oplus D) \quad Z = \overline{D}$$

画出逻辑电路图，如图 5.25 所示。

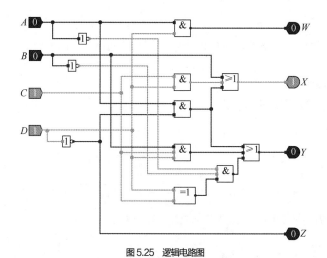

图 5.25　逻辑电路图

（2）根据真值表可得

$$W = \sum m(9) = \overline{\overline{m_9}}$$

$$X = \sum m(3,4,5,6,7,8) = \overline{\overline{m_3} \cdot \overline{m_4} \cdot \overline{m_5} \cdot \overline{m_6} \cdot \overline{m_7} \cdot \overline{m_8}}$$

$$Y = \sum m(1,2,7,8) = \overline{\overline{m_1} \cdot \overline{m_2} \cdot \overline{m_7} \cdot \overline{m_8}}$$

$$Z = \sum m(0,2,4,6,8) = \overline{\overline{m_0} \cdot \overline{m_2} \cdot \overline{m_4} \cdot \overline{m_6} \cdot \overline{m_8}}$$

利用 2 个 74LS138 译码器和与非门可以实现逻辑功能，电路如图 5.26 所示。

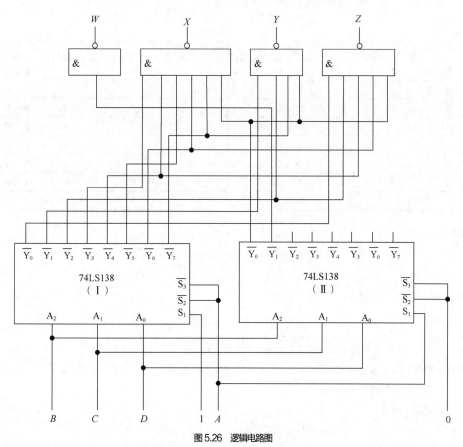

图 5.26　逻辑电路图

习题 4.8

解：假设输入两个 2 位二进制数为 A_1A_0 和 B_1B_0，这两个二进制数的乘积最大为 1001（9），所以假设输出为 $F_4F_3F_2F_1$。

（1）利用全加器和与门实现。

列出 2 位二进制数相乘的竖式：

$$
\begin{array}{rcccc}
 & & & A_1 & A_0 \\
\times & & & B_1 & B_0 \\
\hline
 & & & A_1B_0 & A_0B_0 \\
+ & & A_1B_1 & A_0B_1 & \\
\hline
 & F_4 & F_3 & F_2 & F_1 \\
\end{array}
$$

这里需要 2 个全加器和 4 个与门实现逻辑功能，如图 5.27 所示。

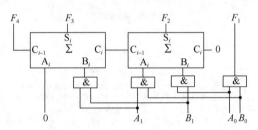

图 5.27 逻辑电路图

（2）用与非门实现，列出电路真值表，如表 5.16 所示。

表 5.16 真值表

A_1 A_0 B_1 B_0	F_4 F_3 F_2 F_1	A_1 A_0 B_1 B_0	F_4 F_3 F_2 F_1
0 0 0 0	0 0 0 0	1 0 0 0	0 0 0 0
0 0 0 1	0 0 0 0	1 0 0 1	0 0 1 0
0 0 1 0	0 0 0 0	1 0 1 0	0 1 0 0
0 0 1 1	0 0 0 0	1 0 1 1	0 1 1 0
0 1 0 0	0 0 0 0	1 1 0 0	0 0 0 0
0 1 0 1	0 0 0 1	1 1 0 1	0 0 1 1
0 1 1 0	0 0 1 0	1 1 1 0	0 1 1 0
0 1 1 1	0 0 1 1	1 1 1 1	1 0 0 1

化简后可得

$$F_4 = A_1A_0B_1B_0 \qquad F_3 = A_1\overline{A_0}B_1 + A_1B_1\overline{B_0}$$

$$F_2 = \overline{A_1}A_0B_1 + A_1\overline{A_0}B_0 + A_1\overline{B_1}B_0 + A_1B_1\overline{B_0} \qquad F_1 = A_0B_0$$

转化为与非结构后可得

$$F_4 = \overline{\overline{A_1A_0B_1B_0}} \qquad F_3 = \overline{\overline{A_1\overline{A_0}B_1} \cdot \overline{A_1B_1\overline{B_0}}}$$

$$F_2 = \overline{\overline{A_1}A_0B_1 \cdot \overline{A_1\overline{A_0}B_0} \cdot \overline{A_1\overline{B_1}B_0} \cdot \overline{A_1B_1\overline{B_0}}} \qquad F_1 = \overline{\overline{A_0B_0}}$$

逻辑电路图如图 5.28 所示。

（3）利用 74138 译码器实现电路

根据真值表，可得

$$F_4 = \sum m(15) \qquad\qquad F_3 = \sum m(10,11,14)$$

$$F_2 = \sum m(6,7,9,11,13,14) \qquad F_1 = \sum m(5,7,13,15)$$

可以使用 2 个 74138 芯片和 4 个与非门实现,电路如图 5.29 所示。

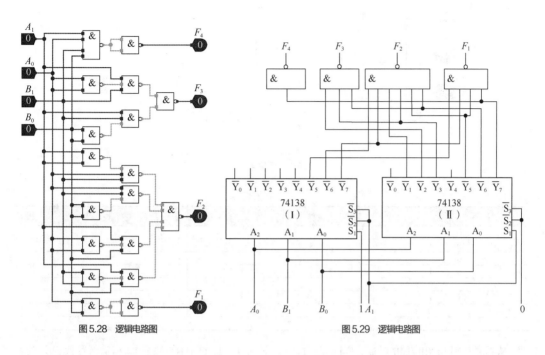

图 5.28　逻辑电路图 　　　　　　　　　　　　 图 5.29　逻辑电路图

习题 4.9

解：（1）$F = A\overline{B} + \overline{A}C + B\overline{C} = \overline{\overline{A\overline{B}} + \overline{\overline{A}C} + \overline{B\overline{C}}}$

$$F = \overline{\overline{ABC} + ABC} = \overline{\overline{ABC}} \cdot \overline{ABC}$$

逻辑电路图如图 5.30 所示,两种电路都用了 7 个与非门,图（a）电路为 6 个 2 输入与非门和一个 3 输入与非门,图（b）电路为 5 个 2 输入与非门和两个 3 输入与非门。

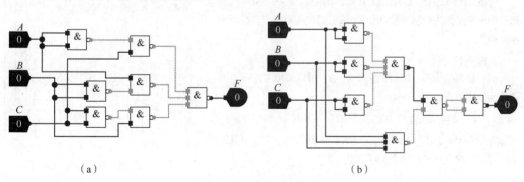

　　　　（a）　　　　　　　　　　　　　　　　　　　　（b）

图 5.30　逻辑电路图

（2）$F = \sum m(1\sim 14) = \overline{\overline{ABCD} + ABCD} = \overline{\overline{ABCD}} \cdot \overline{ABCD} = \overline{\overline{\overline{ABCD}} \cdot \overline{ABCD}}$

逻辑电路图如图 5.31 所示。

习题 4.10

解：根据电路图可以写出输出函数表达式

$$F_1 = \sum m(1,2,4,7) \qquad F_2 = \sum m(0,3,5,6)$$

列出电路真值表,如表 5.17 所示。

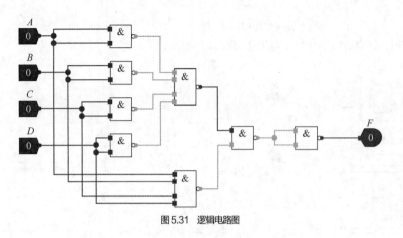

图 5.31　逻辑电路图

表 5.17　真值表

$A\ B\ C$	F_1	F_2
0　0　0	0	1
0　0　1	1	0
0　1　0	1	0
0　1　1	0	1
1　0　0	1	0
1　0　1	0	1
1　1　0	0	1
1　1　1	1	0

　　从真值表可以看出电路的功能：F_1 输出为 1，表示输入 A、B、C 中有奇数个 1；F_2 输出为 1，表示输入 A、B、C 中有偶数个 1，这是一个奇偶检测电路。

　　为了用 74153 芯片实现该电路，可以使用 A、B 为控制变量，则表达式变为

$$F_1 = \sum m(1,2,4,7) = \overline{A}\,\overline{B} \cdot C + \overline{A}B \cdot \overline{C} + A\overline{B} \cdot \overline{C} + AB \cdot C$$

$$F_2 = \sum m(0,3,5,6) = \overline{A}\,\overline{B} \cdot \overline{C} + \overline{A}B \cdot C + A\overline{B} \cdot C + AB \cdot \overline{C}$$

根据表达式，画出逻辑电路图，如图 5.32 所示。

　　分析：使用 74153 芯片实现两个逻辑函数功能时，可以任意选择两个变量作为控制变量，但两个输出函数的控制变量必须是相同的。

　　习题 4.11

　　解：根据电路图，控制变量为 A、B，可以写出 C_{out} 和 S 的逻辑函数表达式：

$$S = \overline{A}\,\overline{B}C_{\text{in}} + \overline{A}B\overline{C_{\text{in}}} + A\overline{B}\,\overline{C_{\text{in}}} + ABC_{\text{in}}$$

$$C_{\text{out}} = \overline{A}\overline{B} \cdot 0 + \overline{A}BC_{\text{in}} + A\overline{B}C_{\text{in}} + AB \cdot 1 = \overline{A}BC_{\text{in}} + A\overline{B}C_{\text{in}} + AB$$

列出电路真值表，如表 5.18 所示。

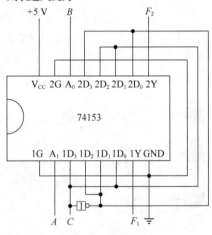

图 5.32　逻辑电路图

表 5.18　真值表

$A\ \ B\ \ C_{\text{in}}$	S	C_{out}
0　0　0	0	0
0　0　1	1	0
0　1　0	1	0
0　1　1	0	1
1　0　0	1	0
1　0　1	0	1
1　1　0	0	1
1　1　1	1	1

从真值表可以看出，电路输出 S 在输入 A、B、C_{in} 中 1 的个数为奇数时输出 1，C_{out} 在输入 A、B、C_{in} 中有两个或两个以上的 1 时输出 1，显然这个电路是 3 个 1 位二进制数的求和电路，其中 A、B、C_{in} 为 3 个 1 位二进制数，S 为和，C_{out} 为进位。

习题 4.12

解： 由 2-4 线译码器可知

$$D_0 = \overline{Y_0} = \overline{\overline{AB}} = A + B \qquad D_1 = \overline{Y_1} = \overline{\overline{A}B} = A + \overline{B}$$

$$D_2 = \overline{Y_2} = \overline{A\overline{B}} = \overline{A} + B \qquad D_3 = \overline{Y_3} = \overline{\overline{AB}} = \overline{A} + \overline{B}$$

由 4 路选择器可得

$$F = \overline{C}\overline{D} \cdot D_0 + \overline{C}D \cdot D_1 + C\overline{D} \cdot D_2 + CD \cdot D_3$$

$$= \overline{C}\overline{D} \cdot (A+B) + \overline{C}D \cdot (A+\overline{B}) + C\overline{D} \cdot (\overline{A}+B) + CD \cdot (\overline{A}+\overline{B})$$

$$= A\overline{C}\overline{D} + B\overline{C}\overline{D} + A\overline{C}D + \overline{B}\overline{C}D + \overline{A}C\overline{D} + BC\overline{D} + \overline{A}CD + \overline{B}CD$$

$$= \left(A\overline{C}\overline{D} + A\overline{C}D\right) + \left(B\overline{C}\overline{D} + BC\overline{D}\right) + \left(\overline{B}\overline{C}D + \overline{B}CD\right) + \left(\overline{A}C\overline{D} + \overline{A}CD\right)$$

$$= A\overline{C} + B\overline{D} + \overline{B}D + \overline{A}C$$

求得输出函数 F 的标准与或表达式

$$F = A\overline{B}\overline{C}\overline{D} + \overline{A}\overline{B}C\overline{D} + AB\overline{C}D + \overline{A}B\overline{C}D + A\overline{B}C\overline{D} + AB\overline{C}D +$$

$$\overline{A}BC\overline{D} + \overline{A}B\overline{C}D + ABC\overline{D} + \overline{A}\overline{B}CD + \overline{A}BCD + A\overline{B}CD$$

$$= \sum m(1\sim4,6\sim9,11\sim14)$$

分析： 求标准与或表达式时，可以不进行化简，利用增加缺少的变量求出表达式；变量数小于 5 个时，也可以利用卡诺图。

习题 4.13

解： 由全加器可知

$$S_i = A \oplus B \oplus 1 = \overline{A \oplus B} \qquad C_i = A \oplus B + AB = A + B$$

由 4 路选择器可知

$$D_0 = \overline{S_i \oplus C_i} = \overline{\overline{A} + \overline{B}} = AB \qquad D_1 = S_i \oplus C_i = \overline{A} + \overline{B}$$

$$D_2 = C_i = A + B \qquad D_3 = \overline{C_i} = \overline{A + B}$$

$$F = \overline{C}\overline{D} \cdot D_0 + \overline{C}D \cdot D_1 + C\overline{D} \cdot D_2 + CD \cdot D_3$$

$$= \overline{C}\overline{D} \cdot AB + \overline{C}D \cdot (\overline{A} + \overline{B}) + C\overline{D} \cdot (A + B) + CD \cdot \overline{AB}$$

求得输出函数 F 的标准与或表达式

$$F = AB\overline{C}\overline{D} + \overline{A}\overline{C}D + \overline{B}\overline{C}D + AC\overline{D} + BC\overline{D} + \overline{A}\overline{B}CD$$

$$= \sum m(1,3,5,6,9,10,12,14)$$

习题 4.14

解： 按照要求电路的输入应该是两个 8421 码，$A_4A_3A_2A_1$ 和 $B_4B_3B_2B_1$，可以利用一片加法器实现两个 8421 码相加，但其计算结果并不是 8421 码，而是一个 5 位二进制数 $FC_4F_4F_3F_2F_1$，需要再用一片加法器实现 5 位二进制数到 8421 码的代码转换。

两个 1 位 8421 码相加，计算结果最大为 18，因此输出应该为 2 位 8421 码，即输出为 8 位，设为 $S_8S_7S_6S_5S_4S_3S_2S_1$，其中，$S_8S_7S_6S_5$ 为十位的 8421 码，$S_4S_3S_2S_1$ 为个位的 8421 码。因为十位最大为 1，所以 $S_8S_7S_6$ 一定是 000，S_5 可能为 0 或者 1，只有当 $FC_4F_4F_3F_2F_1$ 大于等于 01010 的时候才能等于 1；当 S_5 为 1 时，个位数上的 8421 码应该是 $FC_4F_4F_3F_2F_1$ 减去 1010（即十进制数 10），相当于加上 1010 的补码 0110；当 S_5 为 0 时应该加上 0000，综合所得，应该是加上 0、S_5、S_5、0。

为了得到 S_5，可以构建真值表，如表 5.19 所示。

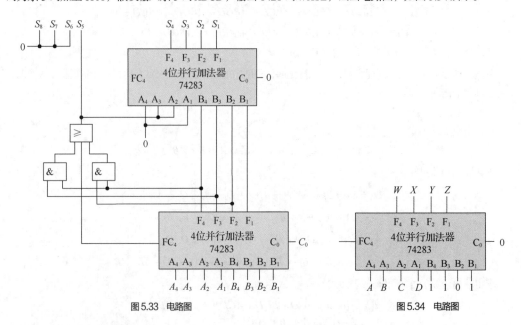

表 5.19　　　　　　　　　　真值表

FC_4 F_4 F_3 F_2 F_1	S_5	FC_4 F_4 F_3 F_2 F_1	S_5
0　0　0　0　0	0	0　1　0　1　0	1
0　0　0　0　1	0	0　1　0　1　1	1
0　0　0　1　0	0	0　1　1　0　0	1
0　0　0　1　1	0	0　1　1　0　1	1
0　0　1　0　0	0	0　1　1　1　0	1
0　0　1　0　1	0	0　1　1　1　1	1
0　0　1　1　0	0	1　0　0　0　0	1
0　0　1　1　1	0	1　0　0　0　1	1
0　1　0　0　0	0	1　0　0　1　0	1
0　1　0　0　1	0		

化简可得到最后的表达式

$$S_5 = FC_4 + F_4F_3 + F_4F_2$$

据此，画出电路图，如图 5.33 所示。

习题 4.15

解：（1）用 4 位二进制并行加法器 74283 实现余 3 码到 8421 码的转换。

根据余 3 码与 8421 码的关系可知，8421 码为余 3 码减去 3（0011），利用补码将减法转换成加法，有 8421 码为余 3 码加上 1101，假设输入余 3 码 $ABCD$，输出 8421 码 $WXYZ$，画出电路图，如图 5.34 所示。

图 5.33　电路图　　　　　　　　　　图 5.34　电路图

（2）用 4 路数据选择器实现。

假设输入余 3 码 $ABCD$，输出 8421 码 $WXYZ$，写出真值表，如表 5.20 所示。

表 5.20　　　　　　　　　　真值表

A B C D	W X Y Z	A B C D	W X Y Z
0　0　0　0	d　d　d　d	1　0　0　0	0　1　0　1
0　0　0　1	d　d　d　d	1　0　0　1	0　1　1　0
0　0　1　0	d　d　d　d	1　0　1　0	0　1　1　1
0　0　1　1	0　0　0　0	1　0　1　1	1　0　0　0
0　1　0　0	0　0　0　1	1　1　0　0	1　0　0　1
0　1　0　1	0　0　1　0	1　1　0　1	d　d　d　d
0　1　1　0	0　0　1　1	1　1　1　0	d　d　d　d
0　1　1　1	0　1　0　0	1　1　1　1	d　d　d　d

由真值表可得

$$W = \sum m(11,12) + \sum d(0,1,2,13,14,15)$$

$$X = \sum m(7,8,9,10) + \sum d(0,1,2,13,14,15)$$

$$Y = \sum m(5,6,9,10) + \sum d(0,1,2,13,14,15)$$

$$Z = \sum m(4,6,8,10,12) + \sum d(0,1,2,13,14,15)$$

画出卡诺图，如图 5.35 所示，根据卡诺图，选择 C、D 作为控制变量。

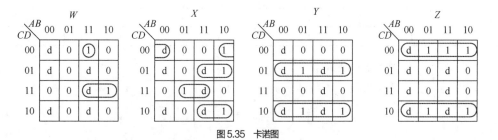

图 5.35 卡诺图

可得

$$W = \overline{CD} \cdot AB + \overline{C}D \cdot 0 + C\overline{D} \cdot 0 + CD \cdot A$$

$$X = \overline{CD} \cdot \overline{B} + \overline{C}D \cdot A + C\overline{D} \cdot A + CD \cdot B$$

$$Y = \overline{CD} \cdot 0 + \overline{C}D \cdot 1 + C\overline{D} \cdot 1 + CD \cdot 0$$

$$Z = \overline{CD} \cdot 1 + \overline{C}D \cdot 0 + C\overline{D} \cdot 1 + CD \cdot 0$$

画出电路图，如图 5.36 所示。

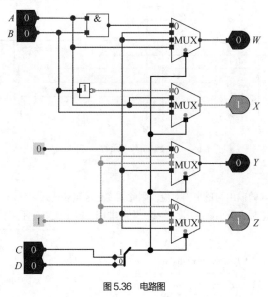

图 5.36 电路图

习题 4.16

解： 根据题意，假设输入包括被加数（被减数）为 A，加数（减数）B，来自低位的进位（借位）C，控制信号 M，输出 F 表示和（差），G 表示进位（借位），得到的真值表如表 5.21 所示。

由真值表可得

$$F = \sum m(1,2,4,7,9,10,12,15)$$

$$G = \sum m(3,5,6,7,9,10,11,15)$$

数字电路与逻辑设计实验指导与习题解析——基于虚拟仿真实验

表 5.21　　　　　　　　　　　　　真值表

M	A	B	C	F	G	M	A	B	C	F	G
0	0	0	0	0	0	1	0	0	0	0	0
0	0	0	1	1	0	1	0	0	1	1	1
0	0	1	0	1	0	1	0	1	0	1	1
0	0	1	1	0	1	1	0	1	1	0	1
0	1	0	0	1	0	1	1	0	0	1	0
0	1	0	1	0	1	1	1	0	1	0	0
0	1	1	0	0	1	1	1	1	0	0	0
0	1	1	1	1	1	1	1	1	1	1	1

由此可得电路图，如图 5.37 所示。

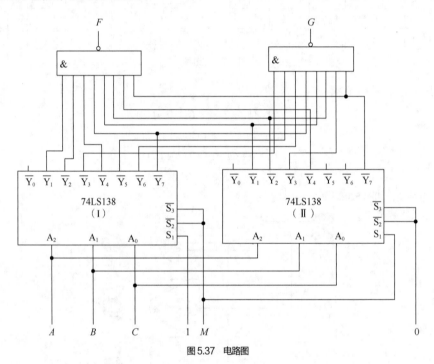

图 5.37　电路图

习题 4.17

解：由于 3-8 线译码器的输出与最小项对应，因此需要把逻辑表达式转换成最小项的形式，如果使用低电平译码的 74LS138，则把对应最小项接出，连接一个与非门，输出就对应了函数值。假设 F_1、F_2、F_3 均为 3 变量函数，可知：

$$F_1 = \sum m(0,2,6) = \overline{\overline{m_0} \cdot \overline{m_2} \cdot \overline{m_6}}$$

$$F_2 = \sum m(0,1,2,3,6,7) = \overline{\overline{m_0} \cdot \overline{m_1} \cdot \overline{m_2} \cdot \overline{m_3} \cdot \overline{m_6} \cdot \overline{m_7}}$$

$$F_3 = \sum m(0,1,6,7) = \overline{\overline{m_0} \cdot \overline{m_1} \cdot \overline{m_6} \cdot \overline{m_7}}$$

得到电路图，如图 5.38 所示。

习题 4.18

解：假设用 $ABCD$ 表示输入的 2421 码，采用奇校验时需要的奇偶校验位为 F，列出真值表，如表 5.22 所示。

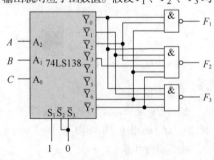

图 5.38　电路图

表 5.22　　　　　　　　　　　　　　　真值表

A B C D	F	A B C D	F
0 0 0 0	1	1 0 0 0	d
0 0 0 1	0	1 0 0 1	d
0 0 1 0	0	1 0 1 0	d
0 0 1 1	1	1 0 1 1	0
0 1 0 0	0	1 1 0 0	1
0 1 0 1	d	1 1 0 1	0
0 1 1 0	d	1 1 1 0	0
0 1 1 1	d	1 1 1 1	1

根据真值表可得

$$F = \sum m(0,3,12,15)$$

根据表达式画出电路图，如图 5.39 所示。

习题 4.19

解：设红、黄、绿 3 种灯信号分别用 A、B、C 表示，1 表示灯亮，0 表示灯灭。输出信号用 F 表示，1 表示正常，0 表示出现故障（提示：利用译码器实现时，输出编码考虑出现情况少的为 1，这样可以简化电路）。列出真值表，如表 5.23 所示。

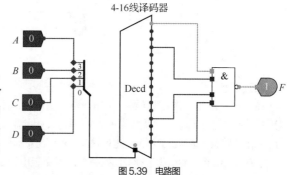

图 5.39　电路图

表 5.23　　　　　　　　　　　　　　　真值表

A B C	F	A B C	F
0 0 0	0	1 0 0	1
0 0 1	1	1 0 1	0
0 1 0	1	1 1 0	0
0 1 1	0	1 1 1	0

根据真值表可得

$$F = \sum m(1,2,4) = \overline{\overline{m_1 \cdot m_2 \cdot m_4}}$$

根据表达式，利用 3-8 线译码器和与非门实现电路，如图 5.40 所示。

习题 4.20

解：设 A 为主裁判，B、C、D 为副裁判，同意为 1，不同意为 0。F 表示比赛成绩，1 表示被承认，0 表示不被承认。列出真值表，如表 5.24 所示。

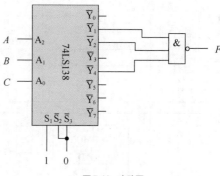

图 5.40　电路图

表 5.24　　　　　　　　　　　　　　　真值表

A B C D	F	A B C D	F
0 0 0 0	0	1 0 0 0	0
0 0 0 1	0	1 0 0 1	0
0 0 1 0	0	1 0 1 0	0
0 0 1 1	0	1 0 1 1	1
0 1 0 0	0	1 1 0 0	0
0 1 0 1	0	1 1 0 1	1
0 1 1 0	0	1 1 1 0	1
0 1 1 1	0	1 1 1 1	1

由真值表可以得到卡诺图，如图 5.41 所示。

根据卡诺图,选择 C、D 作为控制变量,可得

$$F = \overline{C}\overline{D} \cdot 0 + \overline{C}D \cdot AB + C\overline{D} \cdot AB + CD \cdot A$$

画出电路图,如图 5.42 所示。

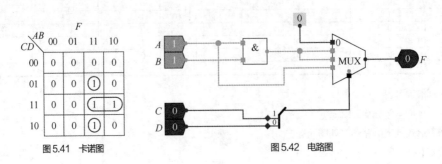

图 5.41 卡诺图　　　　　　图 5.42 电路图

习题 4.21

解: 对于 16 选 1 数据选择器,有 16 个输入端 $D_0 \sim D_{15}$,1 个输出端 F,控制端 $ABCD$。由于每个 4 路数据选择器有 4 个输入端、1 个输出端和 2 个控制端,因此需要 4 个 4 路选择器实现 16 选 1 数据选择器。另外,由于每个 4 路数据选择器只有两位地址输入,可以任意选择 A、B、C、D 中的两个作为控制端,这里假设选择 C、D 作为 4 个 4 路数据选择器的控制端,然后使用 A、B 控制端和 1 个 4 路选择实现对 4 个 4 路数据选择器的选择,即将 A、B 和信号 1(1 为最低位)作为 3-8 线译码器的控制端,而 $\overline{Y_1}$、$\overline{Y_3}$、$\overline{Y_5}$、$\overline{Y_7}$ 这 4 个输出低电平信号分别接到 4 个 4 路数据选择器的使能端,电路图如图 5.43 所示。

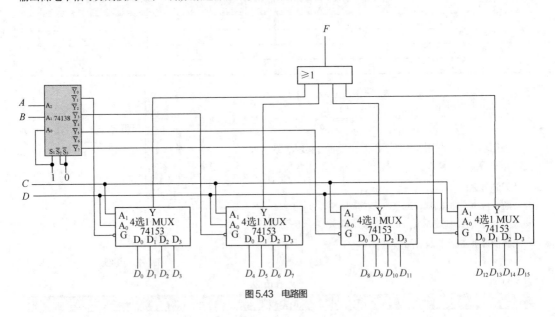

图 5.43 电路图

习题 4.22

解: 对于优先编码器 74LS148 的功能表,当 I_S 接低电平 0 时,编码器按照 $I_7 \sim I_0$ 的输入进行优先编码,其中下标号码越大,优先级越高。因此,当 $\overline{I_7}\overline{I_6}\overline{I_5}\overline{I_4}\overline{I_3}\overline{I_2}\overline{I_1}\overline{I_0} = 11011101$ 时,按照优先级对 $\overline{I_5}$ 进行编码,3 位二进制码输出 $\overline{Q_C}\overline{Q_B}\overline{Q_A} = 010$,工作状态标志 $\overline{Q_{EX}} = 0$,选通输出端 $O_S = 1$。

习题 4.23

解: 数值比较器 7485 是 4 位的数值比较器,使用 7485 构成多位数值比较器时可以使用串联或者并联方案,这里限定使用 3 个 7485,因此只能使用串联模式,电路图如图 5.44 所示。

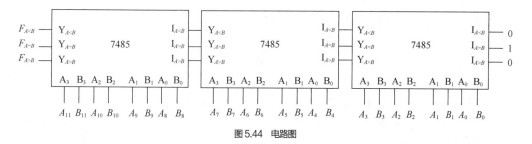

图 5.44　电路图

习题 4.24

解：（1）因为 $F_1 = AB + A\overline{C} + \overline{C}D$ 表达式中 A、B、C、D 这 4 个变量均不存在原变量与反变量同时出现的情况，所以不存在险象。

（2）因为 $F_2 = (B+C)(\overline{B}D + A) + A\overline{B}C$ 表达式中只有 B 存在原变量与反变量同时出现的情况，所以考察变量 B，如表 5.25 所示。

表 5.25　　　　　　　　　　　　　　　**真值表**

$A\ \ C\ \ D$	F_2	$A\ \ C\ \ D$	F_2
0　0　0	0	1　0　0	B
0　0　1	$B \cdot \overline{B}$	1　0　1	B
0　1　0	0	1　1　0	1
0　1　1	$\overline{B}$	1　1　1	1

由此可知，当 ACD=001 时，$F_2 = B \cdot \overline{B}$，可能出现 I 型险象，为了消除该险象，可以增加项 $\left(A + C + \overline{D}\right)$，表达式变为

$$F_2 = \left(B+C\right)(\overline{B}D + A)\left(A + C + \overline{D}\right) + A\overline{B}C$$

分析：

（1）对逻辑函数表达式进行险象判断时，不能对原有的表达式进行展开、并项等操作，因为这样做会导致对应的电路结构发生改变。

（2）增加冗余项必须不能破坏原来电路的逻辑功能，冗余项可以是或项，也可以是与项，主要根据原来表达式的形式来添加。

习题 4.25

解：（1）根据表达式画出卡诺图，如图 5.45 所示。

由卡诺图可以看出，包含 m_0、m_2、m_4、m_6 的卡诺圈与包含 m_{14}、m_{15} 的卡诺圈相切（虚线标识），因此该电路当 BCD=110 时存在险象。使用冗余项消除险象，表达式变为

$$F_1 = \overline{A}\,\overline{D} + \overline{A}\,\overline{B}C + ABC + ACD + BC\overline{D}$$

（2）根据表达式画出卡诺图，如图 5.46 所示。

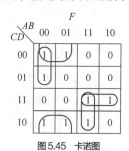

图 5.45　卡诺图

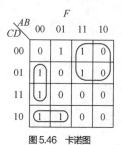

图 5.46　卡诺图

由卡诺图可以看出，有两处出现卡诺圈相切的位置，所以有

当 BCD=001 时，$F_2 = A + \overline{A}$，存在险象；

当 $ABC=001$ 时，$F_2 = D + \bar{D}$，存在险象。

使用冗余项消除险象，表达式变为

$$F_2 = A\bar{C} + \bar{A}BD + \bar{A}C\bar{D} + \bar{B}CD + \bar{A}BC$$

分析：

（1）用卡诺图判断险象时，应根据表达式画出对应的卡诺圈，再判断卡诺圈是否存在相切关系。

（2）用卡诺图判断险象一般只针对与或表达式，这是因为不能用卡诺圈与表达式中的所有与项对应时，无法通过卡诺圈相切判断与项。

5.5 第 5 章习题解析

习题 5.2

解： 图 5.34 中的 RS 触发器为一个低电平有效的与非门构成的基本 RS 触发器，根据基本 RS 触发器的功能，得到波形图，如图 5.47 所示。

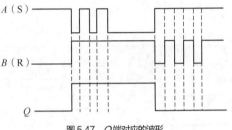

图 5.47 Q 端对应的波形

习题 5.3

解：（1）图 5.35（a）中触发器是一个在 CP 上升沿触发的 RS 触发器，$R = \bar{B}$，$S = A$，根据 RS 触发器的功能，得到状态图，如图 5.48（a）所示。

（2）图 5.35（b）中触发器是一个在 CP 下降沿触发的 D 触发器，$D = \overline{A \cdot \bar{Q}} = \bar{A} + Q$，根据 D 触发器的功能，得到状态图，如图 5.48（b）所示。

（3）图 5.35（c）中触发器是一个在 CP 下降沿触发的 T 触发器，$T = \overline{A \cdot \bar{Q}} = \bar{A} + Q$，根据 T 触发器的功能，得到状态图，如图 5.48（c）所示。

（4）图 5.35（d）中触发器是一个在 CP 下降沿触发的 JK 触发器，$J = \bar{A}$，$K = \bar{Q}$，根据 JK 触发器的功能，得到状态图，如图 5.48（d）所示。

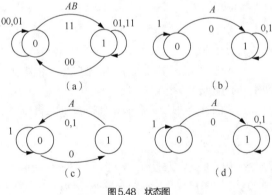

图 5.48 状态图

分析： 触发器有两个稳定状态，根据触发器的输入、类型和功能确定状态转移条件，注意，只画出带信号的触发器逻辑符号而没有特别说明的，均视作边沿触发的触发器，若端有空心圈符号，则为下降沿触发，无空心圈符号，则为上升沿触发。

习题 5.4

解： 该逻辑电路中使用了与非门构成的基本 RS 触发器，其中

$$R = \overline{CP \cdot \bar{D}} = \overline{CP} + D$$

$$S = \overline{CP \cdot D} = \overline{CP} + \bar{D}$$

Q 端波形图如图 5.49 所示。

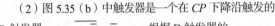

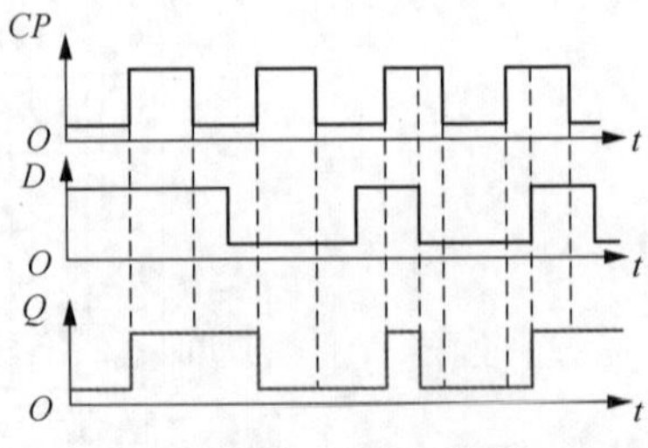

习题 5.5

解： 电路中有一个下降沿触发的 D 触发器，输入 $D = \bar{Q}$，输出状态 Q，$A = CP \cdot Q$，$B = CP \cdot \bar{Q}$，据此画出 Q、A、B 的波形图，如图 5.50 所示。

图 5.49 Q 端波形图

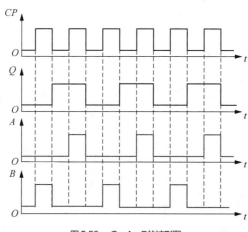

图 5.50　Q、A、B 的波形图

习题 5.6

解：该逻辑电路以下降沿触发的 JK 触发器为主要器件，其中

$$J = A \quad K = 0 \quad R_D = \overline{CP \cdot Q} = \overline{CP} + \overline{Q}$$

R_D 为直接置 0 端，当 $R_D = 0$ 时触发器状态置为 0，画出 Q 端波形图，如图 5.51 所示。

分析：一般来说，对于悬空的引脚，如 S_D 端，视作输入高电平 1。R_D 端为直接置 0 端，只要输入低电平，触发器的状态立刻变为 0 状态（$Q = 0$，$\overline{Q} = 1$），不需要时钟端的配合。

习题 5.7

解：（1）图 5.39（a）为上升沿触发的 RS 触发器，输入端 $R = Q$，$S = \overline{Q}$，画出波形图，如图 5.52 所示。

（2）图 5.39（b）为上升沿触发的 D 触发器，输入端 $D = \overline{Q}$，画出波形图，如图 5.53 所示。

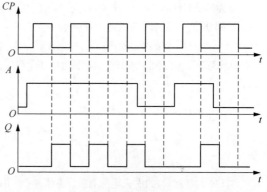

图 5.51　Q 端波形图

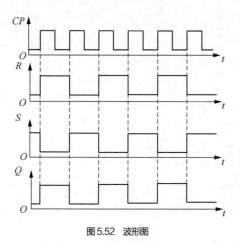

图 5.52　波形图

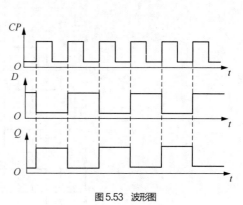

图 5.53　波形图

（3）图 5.39（c）为下降沿触发的 T 触发器，输入端 $T = \overline{Q}$，画出波形图，如图 5.54 所示。

（4）图 5.39（d）为下降沿触发的 JK 触发器，输入端 $J = Q$，$K = \overline{Q}$，画出波形图，如图 5.55 所示。

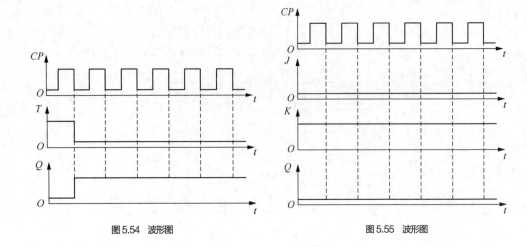

图 5.54 波形图   图 5.55 波形图

习题 5.8

解： 电路以两个上升沿触发的 RS 触发器和一个 74139 译码器作为主要器件，假设左侧的 RS 触发器输出为 Q_1，右侧的 RS 触发器输出为 Q_2。把电路分作两个部分：一部分由两个上升沿触发的触发器构成，这两个触发器的时钟端连在一起，意味着在时钟脉冲信号 CP 的上升沿，两个触发器的状态可以同时发生改变。第二个部分是一个低电平有效的 74139 译码器，正常译码时，根据 A_1A_0 的值，只有一个输出为低电平，其他输出为高电平。译码器的输入是前一部分两个触发器的状态，同时译码器的控制端 EN 连接到时钟脉冲信号 CP，这表明当 $CP=0$ 的时候，译码器能够正常译码，当 $CP=1$ 时，译码器的输出均为高电平。根据电路图可知

$$R_1 = Q_2, \quad S_1 = \overline{Q_2}$$
$$R_2 = \overline{Q_1}, \quad S_2 = Q_1$$
$$A_1 = Q_1, \quad A_0 = Q_2$$

74139 的使能端 EN 是低电平有效，意味着 $CP=0$ 时，74139 正常低电平译码。波形图如图 5.56 所示。

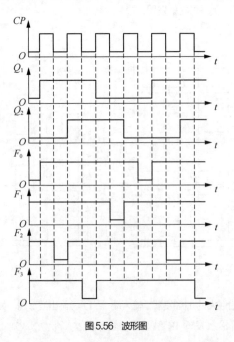

图 5.56 波形图

习题 5.9

解： 电路由两个下降沿触发器的 JK 触发器构成，两个触发器的时钟脉冲信号分别为 A 和 CP，这说明电路状态的改变发生在 A 或者 CP 的下降沿，根据此时触发器的输入确定触发器的状态。此外，第一个触发器的 R_D 端连接第二个触发器的 $\overline{Q}$ 端，因此在第二个触发器处于 1 状态的时候，第一个触发器被直接置 0。根据电路图，有

$$C_1 = A \qquad J_1 = K_1 = 1 \qquad R_\mathrm{D} = \overline{Q_2}$$
$$C_2 = CP \quad J_2 = Q_1 \quad K_2 = 1$$

画出波形图，如图 5.57 所示。

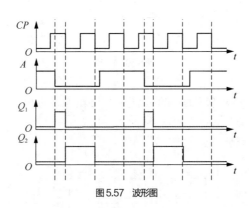

图 5.57　波形图

习题 5.10

解： 两个 D 触发器分别为上升沿触发和下降沿触发，F 为两个触发器输出结果的与非值。假设下降沿触发的 D 触发器状态为 Q_1，上升沿触发的 D 触发器状态为 Q_2，有

$$D_1 = \overline{Q_2} \qquad D_2 = Q_1 \qquad F = \overline{Q_2 \cdot Q_1} \qquad R_\mathrm{D} = Q_1$$

画出波形图，如图 5.58 所示。

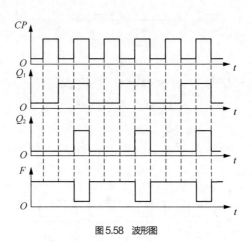

图 5.58　波形图

习题 5.11

解： 该逻辑电路由一个 JK 触发器和一个 D 触发器组成，两触发器均为下降沿触发，其中，D 触发器的时钟端连接到 JK 触发器的 Q 端，因此 D 触发器状态改变发生在 JK 触发器从状态 1 变为状态 0 的时刻。根据电路，有

$$J = \overline{Q_1} \qquad K = A \qquad C_1 = CP \qquad D = \overline{Q_2} \qquad C_2 = Q_1$$

画出波形图，如图 5.59 所示。

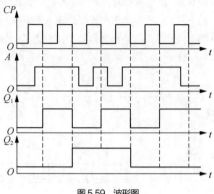

图 5.59　波形图

习题 5.12

解： 该逻辑电路由一个下降沿触发的 D 触发器与一个上升沿触发的 JK 触发器组成，根据电路，有

$$D_1 = D \qquad J_2 = K_2 = \overline{Q_1}$$

画出波形图，如图 5.60 所示。

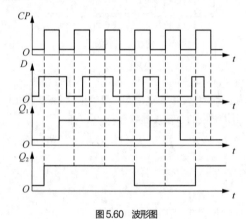

图 5.60　波形图

习题 5.13

解： 该逻辑电路由 3 个下降沿触发的 D 触发器组成，根据电路，有

$$C_1 = CP \qquad D_1 = \overline{Q_1}$$
$$C_2 = \overline{Q_1} \qquad D_2 = \overline{Q_2}$$
$$C_3 = \overline{Q_2} \qquad D_3 = \overline{Q_3}$$

画出波形图，如图 5.61 所示。

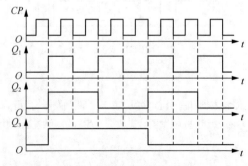

图 5.61　波形图

习题 5.14

解：该抢答器由 3 个基本 RS 型触发器、3 个三输入与非门电路和七段显示器组成。其中，3 个基本 RS 控制器的 R 输入端由复位键开关 S 控制，开关打开时为 R 输入端均为高电平，需要复位时，闭合开关 S，3 个触发器的 R 输入端变为有效低电平输入，其输出端均进行置 0 操作。

3 个基本 RS 触发器的 S 输入端分别由开关 S_1、S_2、S_3 控制，均为低电平有效。当开关 S 打开 S_1、S_2、S_3 任何一个开关闭合时，其对应的基本 RS 触发器的 S 输入端变为有效低电平输入，输出端进行置 1 操作，3 个触发器独立运行，输出不受其他触发器的影响。

下面以操作开关 S_1 选手抢答成功为例解释抢答过程，如果开关 S_1 先于开关 S_2、S_3 闭合，此时 S_1、S_2、S_3 对应的基本 RS 触发器的输出分别为 1、0、0，这 3 个信号经过与非门的处理后对应的输出分别为 0、1、1。用 G_1、G_2、G_3 分别表示 3 个与非门，由电路图可知，G_1、G_2、G_3 的输入为相应触发器的输出及其他两个与非门的输出，这样 G_1 的输出作为 G_2、G_3 的输入，当 G_1 输出为 0 后，此时无论开关 S_2、S_3 是否闭合，G_2、G_3 的输出一定为 1，使得其他人的抢答信号失效，且保证 G_1 输出为 0，即通过开关 S_1 的抢答有效。

G_1、G_2、G_3 输出的信号只可能是 011、101、110，经过译码电路通过七段显示器即可显示抢答成功的选手序号。

5.6　第 6 章习题解析

习题 6.1

解：（1）电路类型为 Mealy 型同步时序逻辑电路，包含 2 个上升沿触发的 T 触发器。

（2）电路的逻辑函数表达式为

$$Z = \overline{x_1} \cdot \overline{y_2} \quad T_1 = x_2 \quad T_2 = x_2 \overline{x_1} y_1$$

列出次态真值表，如表 5.26 所示。

表 5.26　　　　　　　　　　　　　　　　　　　　次态真值表

输入 $x_2\ x_1$	现态 $y_2\ y_1$	激励 $T_2\ T_1$	次态 $y_2^{n+1}\ y_1^{n+1}$	输出 Z	输入 $x_2\ x_1$	现态 $y_2\ y_1$	激励 $T_2\ T_1$	次态 $y_2^{n+1}\ y_1^{n+1}$	输出 Z
0 0	0 0	0 0	0 0	1	1 0	0 0	0 1	0 1	1
0 0	0 1	0 0	0 1	1	1 0	0 1	1 1	1 0	1
0 0	1 0	0 0	1 0	0	1 0	1 0	0 1	1 1	0
0 0	1 1	0 0	1 1	0	1 0	1 1	1 1	0 0	0
0 1	0 0	0 0	0 0	0	1 1	0 0	0 1	0 1	0
0 1	0 1	0 0	0 1	0	1 1	0 1	0 1	0 0	0
0 1	1 0	0 0	1 0	0	1 1	1 0	0 1	1 1	0
0 1	1 1	0 0	1 1	0	1 1	1 1	0 1	1 0	0

（3）画出状态表，如表 5.27 所示，状态图如图 5.62 所示。

表 5.27　　　　　　　　　　　　　　　　　　　　状态表

现态 $y_2\ y_1$	次态/输出 $y_2^{n+1} y_1^{n+1}$ /Z			
	$x_2 x_1 =00$	$x_2 x_1 =01$	$x_2 x_1 =10$	$x_2 x_1 =11$
0　0	00/1	00/0	01/1	01/0
0　1	01/1	01/0	10/1	00/0
1　0	10/0	10/0	11/0	11/0
1　1	11/0	11/0	00/0	10/0

（4）从状态图可以看出，该电路在输入 $x_2 x_1 =10$ 时构成了同步模 4 计数器，循环输出序列 1100。

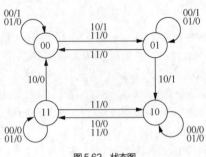

图 5.62　状态图

习题 6.2

解:（1）电路类型为 Mealy 型同步时序逻辑电路，包含两个下降沿触发的 D 触发器。

（2）电路的逻辑函数表达式为

$$Z = x(y_2 \oplus y_1) \quad D_1 = x(y_2 \oplus y_1) \quad D_2 = x\overline{y_1}$$

根据触发器类型可得电路次态方程组为

$$y_1^{n+1} = D_1 = x(y_2 + y_1) \quad y_2^{n+1} = D_2 = x\overline{y_1}$$

（3）画出电路的状态表如表 5.28 所示、状态图如图 5.63 所示。

表 5.28　　　　　　　　　　　　　　**状态表**

现态 y_2　y_1	次态/输出 $y_2^{n+1} y_1^{n+1}$/Z	
	$x=0$	$x=1$
0　0	00/0	10/0
0　1	00/0	01/1
1　0	00/0	11/1
1　1	00/0	00/0

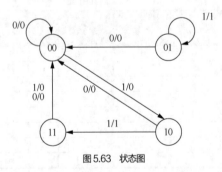

图 5.63　状态图

（4）从状态图可以看出，该电路在 $x=1$ 时实现了同步模 3 计数，有进位时输出 $Z=1$；在 $x=0$ 时，电路回到初始状态。

习题 6.3

解:（1）电路类型为 Moore 型同步时序逻辑电路，包含 3 个上升沿触发的 D 触发器。

（2）电路的逻辑函数表达式为

$$D_1 = \overline{y_1 \oplus y_3} \quad D_2 = y_1 \quad D_3 = y_2$$

根据触发器类型可得电路次态方程组为

$$y_1^{n+1} = D_1 = \overline{y_1 \oplus y_3} \quad y_2^{n+1} = D_2 = y_1 \quad y_3^{n+1} = D_3 = y_2$$

（3）画出电路的状态表如表 5.29 所示、状态图如图 5.64 所示。

（4）从状态图可以看出，该电路是一个不能自启的模 7 同步计数器，无进位输出。

表 5.29 状态表

现态			次态			现态			次态		
y_3	y_2	y_1	y_3^{n+1}	y_2^{n+1}	y_1^{n+1}	y_3	y_2	y_1	y_3^{n+1}	y_2^{n+1}	y_1^{n+1}
0	0	0	0	0	1	1	0	0	0	0	0
0	0	1	0	1	0	1	0	1	0	1	1
0	1	0	1	0	1	1	1	0	1	0	0
0	1	1	1	1	0	1	1	1	1	1	1

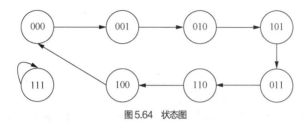

图 5.64 状态图

习题 6.4

解：（1）电路类型为 Moore 型脉冲异步时序逻辑电路，包含 3 个下降沿触发的 JK 触发器。

（2）电路的逻辑函数表达为

$$C_1 = CP \quad J_1 = \overline{y_3} \quad K_1 = 1$$
$$C_2 = y_1 \quad J_2 = K_2 = 1$$
$$C_3 = CP \quad J_3 = y_2 y_1 \quad K_3 = 1$$
$$Z = y_3$$

电路次态真值表如表 5.30 所示。

表 5.30 电路次态真值表

输入 CP	现态 $y_3\ y_2\ y_1$			激励 $C_3\ J_3\ K_3\ C_2\ J_2\ K_2\ C_1\ J_1\ K_1$									次态 $y_3^{n+1}\ y_2^{n+1}\ y_1^{n+1}$			输出
1（⎍）	0	0	0	↓	0	1	1	1	1	↓	1	1	0	0	1	0
1（⎍）	0	0	1	↓	0	1	↓	1	1	↓	1	1	0	1	0	0
1（⎍）	0	1	0	↓	0	1	1	1	1	↓	1	1	0	1	1	0
1（⎍）	0	1	1	↓	1	1	↓	1	1	↓	1	1	1	0	0	0
1（⎍）	1	0	0	↓	0	1	1	1	1	↓	0	1	0	0	0	1
1（⎍）	1	0	1	↓	0	1	↓	1	1	↓	0	1	0	1	0	1
1（⎍）	1	1	0	↓	0	1	1	1	1	↓	0	1	0	1	0	1
1（⎍）	1	1	1	↓	1	1	↓	1	1	↓	0	1	0	0	0	1

（3）画出电路的状态表，如表 5.31 所示，状态图如图 5.65 所示。

表 5.31 状态表

现态			次态			输出 Z	现态			次态			输出 Z
y_3	y_2	y_1	y_3^{n+1}	y_2^{n+1}	y_1^{n+1}		y_3	y_2	y_1	y_3^{n+1}	y_2^{n+1}	y_1^{n+1}	
			CP							CP/Z			
0	0	0	0	0	1	0	1	0	0	0	0	0	1
0	0	1	0	1	0	0	1	0	1	0	1	0	1
0	1	0	0	1	1	0	1	1	0	0	1	0	1
0	1	1	1	0	0	0	1	1	1	0	0	0	1

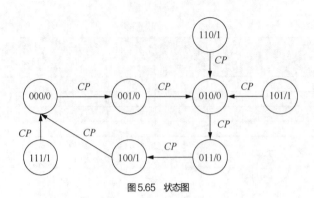

图 5.65　状态图

（4）从状态图可以看出，该电路是一个能自启的异步模 5 计数器，进位时输出 1。

习题 6.5

解：（1）电路类型为 Moore 型脉冲异步时序逻辑电路，包含 2 个下降沿触发的 D 触发器。

（2）电路的逻辑函数表达式为

$$C_1 = CP \quad D_1 = \overline{y_1} \quad C_2 = y_1 \quad D_2 = \overline{y_2} \quad Z = y_2 y_1$$

电路次态真值表如表 5.32 所示。

表 5.32　　　　　　　　　　　　　　　**电路次态真值表**

输入 CP	现态 y_2　y_1	激励 C_2	D_2	C_1	D_1	次态 y_2^{n+1}　y_1^{n+1}	输出 Z
1（⊓）	0　0		1	↓	1	0　1	0
1（⊓）	0　1	↓	0	↓	0	1　0	0
1（⊓）	1　0		1	↓	1	1　1	0
1（⊓）	1　1	↓	0	↓	0	0　0	1

（3）画出电路的状态表如表 5.33 所示、状态图如图 5.66 所示。

表 5.33　　　　　　　　　　　　　　　　**状态表**

现态 y_2　y_1	次态/输出 y_2^{n+1}　y_1^{n+1} CP	输出 Z
0　0	0　1	0
0　1	1　0	0
1　0	1　1	0
1　1	0　0	1

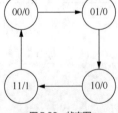

图 5.66　状态图

（4）从状态图可以看出，该电路是一个异步模 4 计数器（2 位二进制计数器），进位时输出 Z=1。

习题 6.6

解：（1）电路类型为 Moore 型同步时序逻辑电路，包含 3 个下降沿触发的 JK 触发器。

（2）电路的逻辑函数表达式为

$$J_1 = K_1 = \overline{y_3} \quad J_2 = K_2 = y_1 \quad J_3 = y_2 y_1 \quad K_3 = y_3 \quad Z = y_3$$

电路次态真值表如表 5.34 所示。

表 5.34　电路次态真值表

现态			激励						次态			输出
y_3	y_2	y_1	J_3	K_3	J_2	K_2	J_1	K_1	y_3^{n+1}	y_2^{n+1}	y_1^{n+1}	Z
0	0	0	0	0	0	0	1	1	0	0	1	0
0	0	1	0	0	1	1	1	1	0	1	0	0
0	1	0	0	0	0	0	1	1	0	1	1	0
0	1	1	1	0	1	1	1	1	1	0	0	0
1	0	0	0	1	0	0	0	0	0	0	0	1
1	0	1	0	1	1	1	0	0	0	1	1	1
1	1	0	0	1	0	0	0	0	0	1	0	1
1	1	1	1	1	1	1	0	0	0	0	1	1

（3）画出电路的状态表如表 5.35 所示、状态图如图 5.67 所示。

表 5.35　状态表

现态			次态			输出	现态			次态			输出
y_3	y_2	y_1	y_3^{n+1}	y_2^{n+1}	y_1^{n+1}	Z	y_3	y_2	y_1	y_3^{n+1}	y_2^{n+1}	y_1^{n+1}	Z
				CP							CP		
0	0	0	0	0	1	0	1	0	0	0	0	0	1
0	0	1	0	1	0	0	1	0	1	0	1	1	1
0	1	0	0	1	1	0	1	1	0	0	1	0	1
0	1	1	1	0	0	0	1	1	1	0	0	1	1

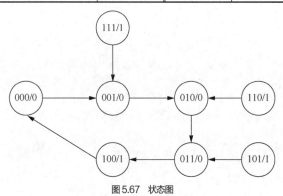

图 5.67　状态图

（4）从状态图可以看出，该电路是一个能自启的同步模 5 计数器，进位时输出 Z=1，无效状态会产生错误的输出。

习题 6.7

解：（1）电路类型为 Moore 型脉冲异步时序逻辑电路，包含 3 个下降沿触发的 T 触发器。

（2）电路的逻辑函数表达式为

$$C_1 = \overline{\overline{CP} + y_3} = \overline{CP} \cdot \overline{y_3} \quad T_1 = 1$$

$$C_2 = y_1 \quad T_2 = 1$$

$$C_3 = \overline{\overline{CP} + \overline{y_2 y_1 + y_3}} = \overline{CP} \cdot (y_2 y_1 + y_3) \quad T_3 = 1$$

电路次态真值表如表 5.36 所示，注意，时钟端表达式中输出 CP 是以 $\overline{CP}$ 的形式出现的，因此输入脉冲应使用负脉冲。

表 5.36   电路次态真值表

输入 CP	现态 y_3 y_2 y_1	激励 C_3	T_3	C_2	T_2	C_1	T_1	次态 y_3^{n+1} y_2^{n+1} y_1^{n+1}
0（⎍）	0 0 0		1		1	$\downarrow$	1	0 0 1
0（⎍）	0 0 1		1	$\downarrow$	1	$\downarrow$	1	0 1 0
0（⎍）	0 1 0		1		1	$\downarrow$	1	0 1 1
0（⎍）	0 1 1	$\downarrow$	1	$\downarrow$	1	$\downarrow$	1	1 0 0
0（⎍）	1 0 0	$\downarrow$	1		1		1	0 0 0
0（⎍）	1 0 1	$\downarrow$	1		1		1	0 0 1
0（⎍）	1 1 0	$\downarrow$	1		1		1	0 1 0
0（⎍）	1 1 1	$\downarrow$	1		1		1	0 1 1

（3）画出电路的状态表如表 5.37 所示、状态图如图 5.68 所示。

表 5.37   状态表

现态 y_3 y_2 y_1	次态 y_3^{n+1} y_2^{n+1} y_1^{n+1} (CP)	现态 y_3 y_2 y_1	次态 y_3^{n+1} y_2^{n+1} y_1^{n+1} (CP)
0 0 0	0 0 1	1 0 0	0 0 0
0 0 1	0 1 0	1 0 1	0 0 1
0 1 0	0 1 1	1 1 0	0 1 0
0 1 1	1 0 0	1 1 1	0 1 1

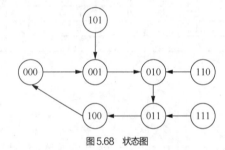

图 5.68 状态图

（4）从状态图可以看出，该电路是一个能自启的异步模 5 计数器，无进位输出。

习题 6.8

解：（1）电路类型为 Moore 型脉冲异步时序逻辑电路，包含 3 个下降沿触发的 D 触发器。

（2）电路的逻辑函数表达式为

$$Z = y_3 \quad C_1 = CP \quad D_1 = \overline{y_3}\,\overline{y_1}$$
$$C_2 = \overline{y_1} \quad D_2 = \overline{y_2}$$
$$C_3 = CP \quad D_3 = y_2 y_1$$

电路次态真值表如表 5.38 所示。

表 5.38   电路次态真值表

输入 CP	现态 y_3 y_2 y_1	激励 C_3	D_3	C_2	D_2	C_1	D_1	次态 y_3^{n+1} y_2^{n+1} y_1^{n+1}	输出 Z
1（⎍）	0 0 0	$\downarrow$	0	$\downarrow$	1	$\downarrow$	1	0 1 1	0
1（⎍）	0 0 1	$\downarrow$	0		1	$\downarrow$	0	0 0 0	0
1（⎍）	0 1 0	$\downarrow$	0	$\downarrow$	0	$\downarrow$	1	0 0 1	0
1（⎍）	0 1 1	$\downarrow$	1		0	$\downarrow$	0	1 1 0	0

续表

输入 CP	现态 y_3 y_2 y_1	激励 C_3 D_3 C_2 D_2 C_1 D_1	次态 y_3^{n+1} y_2^{n+1} y_1^{n+1}	输出 Z
1 (⎍)	1 0 0	↓ 0 1 ↓ 0	0 0 0	1
1 (⎍)	1 0 1	↓ 0 1 ↓ 0	0 0 0	1
1 (⎍)	1 1 0	↓ 0 0 ↓ 0	0 1 0	1
1 (⎍)	1 1 1	↓ 1 0 ↓ 0	1 1 0	1

（3）画出电路的状态表，如表 5.39 所示。电路的状态图，如图 5.69 所示。

表 5.39 状态表

现态 y_3 y_2 y_1	次态 y_3^{n+1} y_2^{n+1} y_1^{n+1} CP	输出 Z	现态 y_3 y_2 y_1	次态 y_3^{n+1} y_2^{n+1} y_1^{n+1} CP	输出 Z
0 0 0	0 0 1	0	1 0 0	0 0 0	1
0 0 1	0 1 0	0	1 0 1	0 0 1	1
0 1 0	0 1 1	0	1 1 0	0 1 0	1
0 1 1	1 0 0	0	1 1 1	0 1 1	1

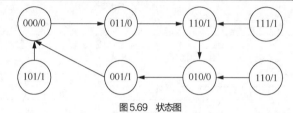

图 5.69 状态图

（4）从状态图可以看出，该电路是一个能自启的异步模 5 计数器，有进位时输出 $Z=1$。

习题 6.9

解：（1）电路类型为 Moore 型脉冲异步时序逻辑电路，包含 4 个下降沿触发的 JK 触发器。

（2）电路的逻辑函数表达式为

$$Z = y_4 y_1 \quad C_1 = CP \quad J_1 = K_1 = 1$$
$$C_2 = y_1 \quad J_2 = \overline{y_4} \quad K_2 = 1$$
$$C_3 = y_2 \quad J_3 = K_3 = 1$$
$$C_4 = CP \quad J_4 = y_3 y_2 \quad K_4 = 1$$

电路次态真值表如表 5.40 所示。

表 5.40 电路次态真值表

输入 CP	现态 y_4 y_3 y_2 y_1	激励 C_4 $J_4 K_4$ C_3 $J_3 K_3$ C_2 $J_2 K_2$ C_1 $J_1 K_1$	次态 y_4^{n+1} y_3^{n+1} y_2^{n+1} y_1^{n+1}	输出 Z
1	0 0 0 0	↓ 01 11 11 ↓ 11	0 0 0 1	0
1	0 0 0 1	↓ 01 11 ↓ 11 ↓ 11	0 0 1 0	0
1	0 0 1 0	↓ 01 11 11 ↓ 11	0 0 1 1	0
1	0 0 1 1	↓ 01 ↓ 11 ↓ 11 ↓ 11	0 1 0 0	0
1	0 1 0 0	↓ 01 11 11 ↓ 11	0 1 0 1	0
1	0 1 0 1	↓ 01 11 ↓ 11 ↓ 11	0 1 1 0	0
1	0 1 1 0	↓ 11 11 01 ↓ 11	1 1 1 1	0
1	0 1 1 1	↓ 11 ↓ 11 ↓ 01 ↓ 11	1 0 0 0	0
1	1 0 0 0	↓ 01 11 11 ↓ 11	0 0 0 1	0
1	1 0 0 1	↓ 01 11 ↓ 11 ↓ 11	0 0 1 0	1

续表

输入 CP	现态 $y_4\ y_3\ y_2\ y_1$	激励 C_4	J_4K_4	C_3	J_3K_3	C_2	J_2K_2	C_1	J_1K_1	次态 $y_4^{n+1}\ y_3^{n+1}\ y_2^{n+1}\ y_1^{n+1}$	输出 Z
1	1 0 1 0	↓	01		11		11	↓	11	0 0 1 1	0
1	1 0 1 1	↓	01	↓	11	↓	11	↓	11	0 1 0 0	1
1	1 1 0 0	↓	01		11		11	↓	11	0 1 0 1	0
1	1 1 0 1	↓	01		11		11	↓	11	0 1 1 0	1
1	1 1 1 0	↓	11		11		11	↓	11	0 1 1 1	0
1	1 1 1 1	↓	11	↓	11	↓	11	↓	11	0 0 0 0	1

注意，触发器 1 和触发器 4 最先改变，然后触发器 1 输出端出现的下降沿使触发器 2 改变，此时触发器 2 激励 J_2 端的 $\overline{y_4}$ 应该是 $\overline{y_4^{n+1}}$，而不是 $\overline{y_4^{n}}$，最后触发器 2 输出端出现的下降沿使触发器 3 发生改变。

（3）画出电路的状态表如表 5.41 所示、状态图如图 5.70 所示。

表 5.41 状态表

现态 $y_4\ y_3\ y_2\ y_1$	次态 $y_4^{n+1}\ y_3^{n+1}\ y_2^{n+1}\ y_1^{n+1}$ CP	输出 Z	现态 $y_4\ y_3\ y_2\ y_1$	次态 $y_4^{n+1}\ y_3^{n+1}\ y_2^{n+1}\ y_1^{n+1}$ CP	输出 Z
0 0 0 0	0 0 0 1	0	1 0 0 0	0 0 0 1	0
0 0 0 1	0 0 1 0	0	1 0 0 1	0 0 1 0	1
0 0 1 0	0 0 1 1	0	1 0 1 0	0 0 1 1	0
0 0 1 1	0 1 0 0	0	1 0 1 1	0 1 0 0	1
0 1 0 0	0 1 0 1	0	1 1 0 0	0 1 0 1	0
0 1 0 1	0 1 1 0	0	1 1 0 1	0 1 1 0	1
0 1 1 0	1 1 1 1	0	1 1 1 0	0 1 1 1	0
0 1 1 1	1 0 0 0	0	1 1 1 1	0 0 0 0	1

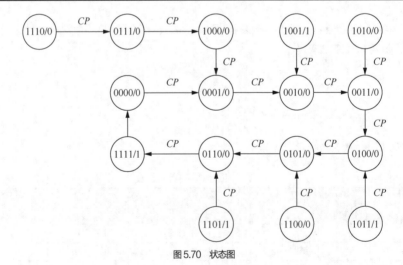

图 5.70 状态图

（4）从状态图可以看出，该电路是一个能自启的异步模 8 计数器，有进位时输出 Z=1，无效状态中存在错误输出。

习题 6.10

解：（1）Mealy 型电路的原始状态图和原始状态表

假设状态 A 为初始状态，状态 B 表示接收到了与之前不同的 0（即前一个输入为 1），状态 C 表示接收到了与之前不同的 1（即前一个输入为 0），由此可得原始状态图，如图 5.71 所示。

由此得到原始状态表，如表 5.42 所示。

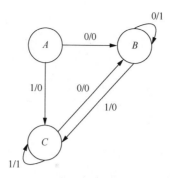

图 5.71 原始状态图

表 5.42 原始状态表

现态	次态/输出	
	$x=0$	$x=1$
A	$B/0$	$C/0$
B	$B/1$	$C/0$
C	$B/0$	$C/1$

（2）Moore 型电路的原始状态图和原始状态表

假设状态 A 为初始状态，状态 B 表示接收到了与之前不同的 0（即前一个输入为 1），状态 C 表示接收到了与之前不同的 1（即前一个输入为 0），状态 D 表示接收到了 00，状态 E 表示接收到了 11，由此得到原始状态图，如图 5.72 所示。

由此得到原始状态表，如表 5.43 所示。

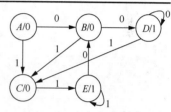

图 5.72 原始状态图

表 5.43 原始状态表

现态	次态		输出
	$x=0$	$x=1$	
A	B	C	0
B	D	C	0
C	B	E	0
D	D	C	1
E	B	E	1

习题 6.11

解： 根据原始状态表得到隐含表，如图 5.73 所示。

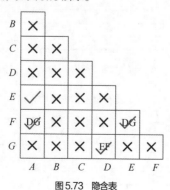

图 5.73 隐含表

从隐含表可以判断等效对：A-E，A-F，D-G，E-F。

由此得到最大等效类：$\{A, E, F\}$，$\{D, G\}$，$\{B\}$，$\{D\}$。

令 $\{A, E, F\}$ 为 a，$\{D, G\}$ 为 b，$\{B\}$ 为 c，$\{C\}$ 为 d，可以得到最简状态表，如表 5.44 所示。

表 5.44 最简状态表

现态	次态/输出	
	x=0	x=1
a	a/0	b/1
b	b/1	a/1
c	c/0	b/0
d	b/1	a/0

习题 6.12

解：（1）根据设计要求，画出电路的原始状态图，如图 5.74 所示，原始状态表如表 5.45 所示。

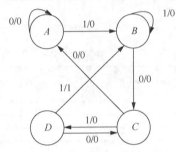

图 5.74 原始状态图

表 5.45 原始状态表

现态	次态/输出	
	x=0	x=1
A	A/0	B/0
B	C/0	B/0
C	A/0	D/0
D	C/0	B/1

（2）利用观察法可知，原始状态表已经是最简状态表。

（3）进行状态编码。状态变量用 $y_2 y_1$ 表示，采用的状态编码方案如图 5.75 所示，A: 00，B: 01，C: 10，D: 11。

得到二进制状态表，如表 5.46 所示。

图 5.75 状态编码方案

表 5.46 二进制状态表

现态		次态 $y_2^{n+1} y_1^{n+1}$/输出 Z	
y_2	y_1	x=0	x=1
0	0	00/0	01/0
0	1	10/0	01/0
1	0	00/0	11/0
1	1	10/0	01/1

（4）根据 D 触发器、JK 触发器、T 触发器的激励得到激励函数和输出函数真值表，如表 5.47 所示。

表 5.47 激励函数和输出函数真值表

输入 X	现态 y_2 y_1	次态 y_2^{n+1} y_1^{n+1}	激励 D_2 D_1	激励 J_2 K_2 J_1 K_1	激励 T_2 T_1	输出 Z
0	0 0	0 0	0 0	0 d 0 d	0 0	0
0	0 1	1 0	1 0	1 d d 1	1 1	0
0	1 0	0 0	0 0	d 1 0 d	1 0	0
0	1 1	1 0	1 0	d 0 d 1	0 1	0
1	0 0	0 1	0 1	0 d 1 d	0 1	0
1	0 1	0 1	0 1	0 d d 0	0 0	0
1	1 0	1 1	1 1	d 0 1 d	0 1	0
1	1 1	0 1	0 1	d 1 d 0	1 0	1

由此可以得到输出函数表达式为 $Z = xy_2y_1$。

D 触发器激励函数为

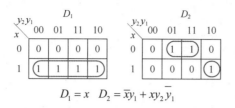

$$D_1 = x \quad D_2 = \overline{x}y_1 + xy_2\overline{y_1}$$

JK 触发器激励函数为

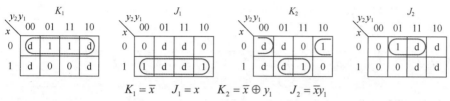

$$K_1 = \overline{x} \quad J_1 = x \quad K_2 = \overline{x} \oplus y_1 \quad J_2 = \overline{x}y_1$$

T 触发器激励函数为

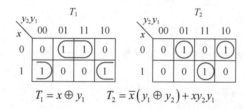

$$T_1 = x \oplus y_1 \qquad T_2 = \overline{x}(y_1 \oplus y_2) + xy_2y_1$$

从表达式来看，使用 JK 触发器使用的逻辑门最少，达到最简，画出电路图，如图 5.76 所示。

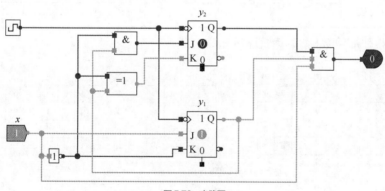

图 5.76　电路图

习题 6.13

解：（1）由于设计要求指定电路的类型为 Mealy 型，模 9 计数器需要 4 个状态 $y_4y_3y_2y_1$，电路的状态图如图 5.77 所示，状态表如表 5.48 所示。

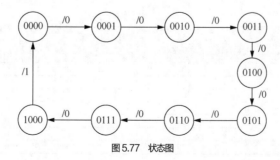

图 5.77　状态图

表 5.48 状态表

现态				次态/输出				现态				次态/输出			
y_4	y_3	y_2	y_1	y_4^{n+1}	y_3^{n+1}	y_2^{n+1}	y_1^{n+1}/Z	y_4	y_3	y_2	y_1	y_4^{n+1}	y_3^{n+1}	y_2^{n+1}	y_1^{n+1}/Z
0	0	0	0	0	0	0	1/0	1	0	0	0	0	0	0	0/1
0	0	0	1	0	0	1	0/0	1	0	0	1	d	d	d	d/d
0	0	1	0	0	0	1	1/0	1	0	1	0	d	d	d	d/d
0	0	1	1	0	1	0	0/0	1	0	1	1	d	d	d	d/d
0	1	0	0	0	1	0	1/0	1	1	0	0	d	d	d	d/d
0	1	0	1	0	1	1	0/0	1	1	0	1	d	d	d	d/d
0	1	1	0	0	1	1	1/0	1	1	1	0	d	d	d	d/d
0	1	1	1	1	0	0	0/0	1	1	1	1	d	d	d	d/d

（2）根据 D 触发器的激励得到激励函数和输出函数真值表，如表 5.49 所示。

表 5.49 激励函数和输出函数真值表

现态				次态				激励				输出
y_4	y_3	y_2	y_1	y_4^{n+1}	y_3^{n+1}	y_2^{n+1}	y_1^{n+1}	D_4	D_3	D_2	D_1	Z
0	0	0	0	0	0	0	1	0	0	0	1	0
0	0	0	1	0	0	1	0	0	0	1	0	0
0	0	1	0	0	0	1	1	0	0	1	1	0
0	0	1	1	0	1	0	0	0	1	0	0	0
0	1	0	0	0	1	0	1	0	1	0	1	0
0	1	0	1	0	1	1	0	0	1	1	0	0
0	1	1	0	0	1	1	1	0	1	1	1	0
0	1	1	1	1	0	0	0	1	0	0	0	0
1	0	0	0	0	0	0	0	0	0	0	0	1
1	0	0	1	d	d	d	d	d	d	d	d	d
1	0	1	0	d	d	d	d	d	d	d	d	d
1	0	1	1	d	d	d	d	d	d	d	d	d
1	1	0	0	d	d	d	d	d	d	d	d	d
1	1	0	1	d	d	d	d	d	d	d	d	d
1	1	1	0	d	d	d	d	d	d	d	d	d
1	1	1	1	d	d	d	d	d	d	d	d	d

由此可以得到输出函数和激励函数的卡诺图及表达式：

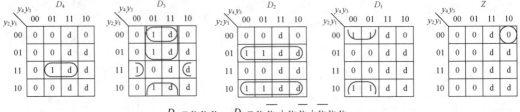

$$D_4 = y_3 y_2 y_1 \qquad D_3 = y_3 \overline{y_2} + y_3 \overline{y_1} + \overline{y_3} y_2 y_1$$

$$D_2 = y_1 \oplus y_2 \qquad D_1 = \overline{y_4}\, \overline{y_1} \qquad Z = \overline{y_4}\, \overline{y_3}\, \overline{y_2}\, \overline{y_1}$$

考虑到设计的是 Mealy 型同步时序电路，假设输入的时钟脉冲信号为 CP，将输出 Z 改为

$$Z = CP y_4 \overline{y_3}\, \overline{y_2}\, \overline{y_1}$$

对无效状态进行检查，如表 5.50 所示，可以看出所有的无效状态都能够回到有效状态，且无错误输出产生。

表 5.50 无效状态检查情况

现态				激励				次态				输出
y_4	y_3	y_2	y_1	D_4	D_3	D_2	D_1	y_4^{n+1}	y_3^{n+1}	y_2^{n+1}	y_1^{n+1}	Z
1	0	0	1	0	0	1	0	0	0	1	0	0
1	0	1	0	0	0	1	0	0	0	1	0	0
1	0	1	1	0	1	0	0	0	1	0	0	0
1	1	0	0	0	1	0	1	0	1	0	1	0
1	1	0	1	0	1	1	0	0	1	1	0	0
1	1	1	0	0	1	1	0	0	1	1	0	0
1	1	1	1	1	0	0	0	1	0	0	0	0

（3）画出电路图，如图 5.78 所示。

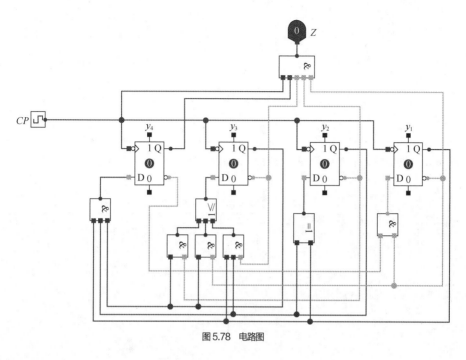

图 5.78　电路图

习题 6.14

解：（1）由于设计要求中没有指定电路的类型，可以任意选择，因此这里采用 Mealy 型，电路的状态图如图 5.79 所示，状态表如表 5.51 所示。

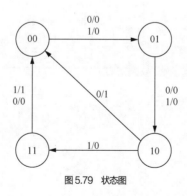

图 5.79　状态图

表 5.51 　　　　　　　　　　　　　　状态表

现态		次态/输出 $y_2^{n+1} y_1^{n+1}$ /Z	
y_2	y_1	x=0	x=1
0	0	0　1/0	0　1/0
0	1	1　0/0	1　0/0
1	0	0　0/1	1　1/0
1	1	0　0/0	0　0/1

（2）根据 JK 触发器的激励得到激励函数和输出函数真值表，如表 5.52 所示。

表 5.52　　　　　　　　　　　激励函数和输出函数真值表

输入 x	现态 $y_2 \quad y_1$		次态 $y_2^{n+1} \quad y_1^{n+1}$		激励 $J_2 \quad K_2 \quad J_1 \quad K_1$				输出 Z
0	0	0	0	1	0	d	1	d	0
0	0	1	1	0	1	d	d	1	0
0	1	0	0	0	d	1	0	d	1
0	1	1	0	0	d	1	d	1	0
1	0	0	0	1	0	d	1	d	0
1	0	1	1	0	1	d	d	1	0
1	1	0	1	1	d	0	1	d	0
1	1	1	0	0	d	1	d	1	1

由此可以得到输出函数和激励函数的卡诺图及表达式：

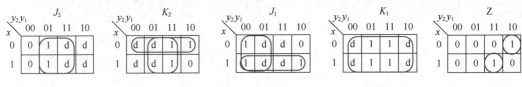

$$J_2 = y_1 \qquad K_2 = \overline{x} + y_1 \qquad J_1 = x + \overline{y_2} \qquad K_1 = 1 \qquad Z = \overline{x}y_2\overline{y_1} + xy_2y_1$$

（3）画出电路图，如图 5.80 所示。

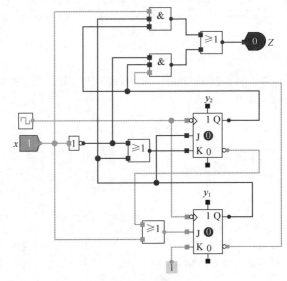

图 5.80　电路图

习题 6.15

解：（1）由于设计要求中没有指定电路的类型，可以任意选择，因此这里采用 Mealy 型，假设输入脉冲信号为 x，电路的状态图如图 5.81 所示，状态表如表 5.53 所示。

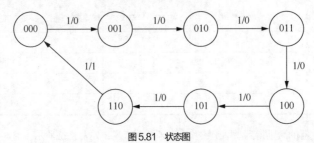

图 5.81　状态图

表 5.53   状态表

现态			次态/输出		
y_3	y_2	y_1	y_3^{n+1}	y_2^{n+1}	y_1^{n+1} /Z
				$x=1$	
0	0	0	0	0	1/0
0	0	1	0	1	0/0
0	1	0	0	1	1/1
0	1	1	1	0	0/0
1	0	0	1	0	1/0
1	0	1	1	1	0/0
1	1	0	0	0	0/1

（2）根据 D 触发器的激励得到激励函数和输出函数真值表，如表 5.54 所示。注意，状态不变时使用时钟端为 0 的激励。

表 5.54   激励函数和输出函数真值表

输入	现态			次态			激励						输出
x	y_3	y_2	y_1	y_3^{n+1}	y_2^{n+1}	y_1^{n+1}	C_3	D_3	C_2	D_2	C_1	D_1	Z
1	0	0	0	0	0	1	0	d	0	d	1	1	0
1	0	0	1	0	1	0	0	d	1	1	1	0	0
1	0	1	0	0	1	1	0	d	0	d	1	1	0
1	0	1	1	1	0	0	1	1	1	0	1	0	0
1	1	0	0	1	0	1	0	d	0	d	1	1	0
1	1	0	1	1	1	0	0	d	1	1	1	0	0
1	1	1	0	0	0	0	1	0	1	0	0	d	1

由此可以得到输出函数和激励函数的卡诺图及表达式：

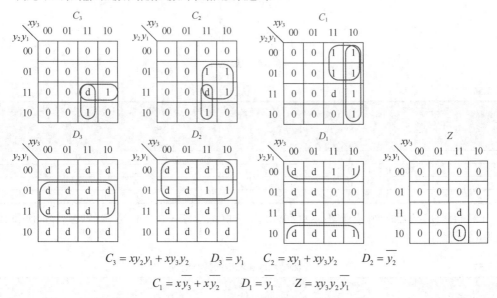

$$C_3 = xy_2y_1 + xy_3y_2 \qquad D_3 = y_1 \qquad C_2 = xy_1 + xy_3y_2 \qquad D_2 = \overline{y_2}$$

$$C_1 = x\overline{y_3} + x\overline{y_2} \qquad D_1 = \overline{y_1} \qquad Z = xy_3y_2\overline{y_1}$$

对无效状态进行检查，如表 5.55 所示。可以看出无效状态 111 的次态为有效状态 101，且无错误输出产生。

表 5.55   无效状态检查情况

输入	现态			激励						次态			输出
x	y_3	y_2	y_1	C_3	D_3	C_2	D_2	C_1	D_1	y_3^{n+1}	y_2^{n+1}	y_1^{n+1}	Z
1	1	1	1	1	1	1	0	0	0	1	0	1	0

（3）画出电路图，如图 5.82 所示。

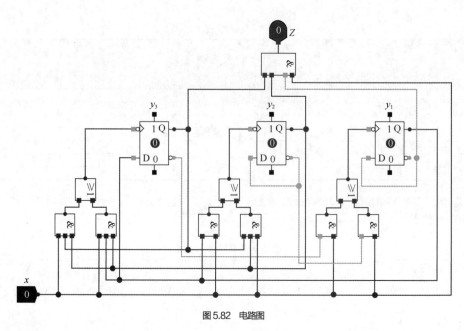

图 5.82 电路图

习题 6.16

解:(1)假设输入脉冲信号为 x,输出为状态,模 4 环形计数器的状态图如图 5.83 所示,状态表如表 5.56 所示。

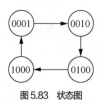

图 5.83 状态图

表 5.56 状态表

现态				次态			
				y_4^{n+1}	y_3^{n+1}	y_2^{n+1}	y_1^{n+1}
y_4	y_3	y_2	y_1	$x=1$			
0	0	0	1	0	0	1	0
0	0	1	0	0	1	0	0
0	1	0	0	1	0	0	0
1	0	0	0	0	0	0	1

(2)根据 D 触发器的激励得到激励函数和输出函数真值表,如表 5.57 所示。注意,状态不变时使用时钟端为 0 的激励。

表 5.57 激励函数和输出函数真值表

输入	现态				次态				激励			
x	y_4	y_3	y_2	y_1	y_4^{n+1}	y_3^{n+1}	y_2^{n+1}	y_1^{n+1}	$C_4 J_4 K_4$	$C_3 J_3 K_3$	$C_2 J_2 K_2$	$C_1 J_1 K_1$
1	0	0	0	1	0	0	1	0	0 d d	0 d d	1 1 d	1 d 1
1	0	0	1	0	0	1	0	0	0 d d	1 1 d	1 d 1	0 d d
1	0	1	0	0	1	0	0	0	1 1 d	1 d 1	0 d d	0 d d
1	1	0	0	0	0	0	0	1	1 d 1	0 d d	0 d d	1 1 d

由此可以得到输出函数表达式为

$$C_4 = x(y_4 \oplus y_3) \quad J_4 = K_4 = 1 \quad C_3 = x(y_3 \oplus y_2) \quad J_3 = K_3 = 1$$

$$C_2 = x\left(y_2 \oplus y_1\right) \quad J_2 = K_2 = 1 \quad C_1 = x\left(y_4 \oplus y_1\right) \quad J_1 = K_1 = 1$$

由此可以画出状态图，如图 5.84 所示，可以看出该电路不能自启。

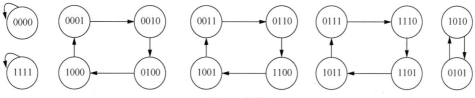

图 5.84 状态图

如果需要自启可以对 C_1 进行修正，修正的规则是除了 0000，其他的无效状态均通过将次态最低位是 1 的改为 0 以减少 1 的数目达到自启的目的，0000 则是将次态的最低位改为 1，修正后的卡诺图及表达式：

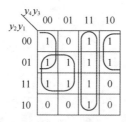

$$C_1 = x\left(y_4 y_3 + \overline{y_4} y_1 + \overline{y_3}\,\overline{y_2}\right)$$

修正后的状态图如图 5.85 所示。

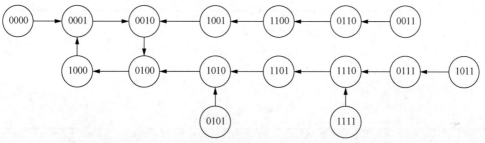

图 5.85 修正后的状态图

（3）画出电路图，如图 5.86 所示。

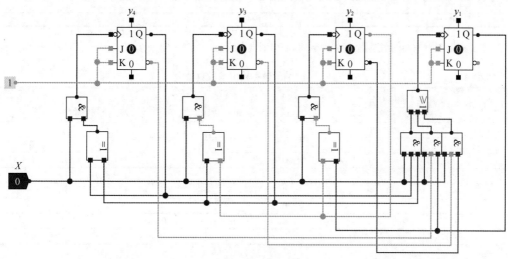

图 5.86 电路图

习题 6.17

解：（1）根据设计要求，选择 Moore 型脉冲异步时序逻辑电路，电路有两个脉冲输入 x_1 和 x_2，有一个输出 Z，电路的原始状态图如图 5.87 所示，原始状态表如表 5.58 所示。

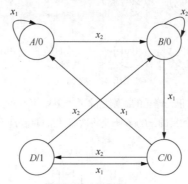

图 5.87　原始状态图

表 5.58　　　　　　　　　　　　　　**原始状态表**

现态	次态		输出
	x_1	x_2	Z
A	A	B	0
B	C	B	0
C	A	D	0
D	C	B	1

（2）利用观察法可知，原始状态表已经是最简状态表。

（3）进行状态编码。状态变量用 $y_2 y_1$ 表示，采用的状态编码方案如图 5.88 所示，A: 00，B: 01，C: 11，D: 10。

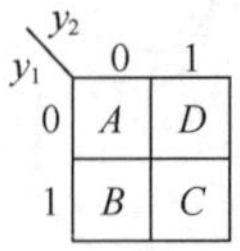

得到二进制状态表，如表 5.59 所示。

y_1 \ y_2	0	1
0	A	D
1	B	C

图 5.88　状态编码方案

表 5.59　　　　　　　　　　　　　　**二进制状态表**

现态	次态 $y_2^{n+1} y_1^{n+1}$		输出
y_2　y_1	x_1	x_2	Z
0　0	0 0	0 1	0
0　1	1 1	0 1	0
1　1	0 0	1 0	0
1　0	1 1	0 1	1

（4）根据 T 触发器的激励得到激励函数和输出函数真值表，如表 5.60 所示。

表 5.60　　　　　　　　　　　　　　**激励函数和输出函数真值表**

输入	现态	次态	激励	输出
x_2　x_1	y_2　y_1	y_2^{n+1}　y_1^{n+1}	C_2　T_2　C_1　T_1	Z
0　1	0　0	0　0	0　d　0　d	0
0　1	0　1	1　1	1　1　0　d	0
0　1	1　1	0　0	1　1　1　1	0
0　1	1　0	1　1	0　d　1　1	1
1　0	0　0	0　1	0　d　1　1	0
1　0	0　1	0　1	0　d　0　d	0
1　0	1　1	1　0	0　d　1　1	0
1　0	1　0	0　1	1　1　1　1	1

由此可以得到输出函数和激励函数表达式为

$$C_2 = x_1 y_1 + x_2 y_2 \overline{y_1} \qquad C_1 = x_1 y_2 + x_2 y_2 + x_2 \overline{y_1} \qquad T_2 = T_1 = 1 \qquad Z = y_2 \overline{y_1}$$

（5）画出电路图，如图 5.89 所示。

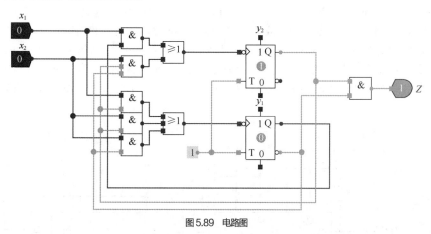

图 5.89　电路图

习题 6.18

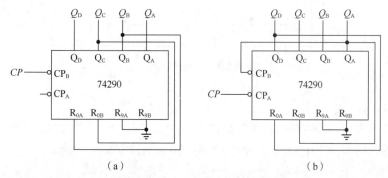

（a）　　　　　　　　　　　　（b）

解:（1）图（a）中的 74290，时钟脉冲信号从 CP_B 端输入，CP_A 端无输入，使用模 5 计数器，当 $Q_C =1$ 和 $Q_B =1$ 时，74290 进行异步清零操作，因此该电路构成了一个模 3 计数器，状态图如图 5.90 所示。

（2）图（b）中的 74290，时钟脉冲信号从 CP_A 端输入，Q_A 连接到了 CP_B 端，构成了 8421 码的模 10 计数器，当 $Q_D Q_C Q_B Q_A =1001$ 时，74290 进行异步清零操作，因此该电路构成了一个模 9 计数器，状态图如图 5.91 所示。

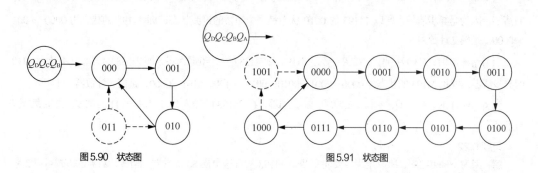

图 5.90　状态图　　　　　　　　　　图 5.91　状态图

习题 6.19

解: 两个 74193 的计数脉冲从 CP_D 端输入，CP_U 端为 1，因此均工作在减法计数状态；第一个 74193 的 $\overline{Q}_{CB}$ 端连接到第二个 74193 的 CP_D 端，两个 74193 实现级联，且 74193 的清零和置数功能均未使用，因此两个 74193 级联后构成了二百五十六（16×16=256）进制减法计数器。

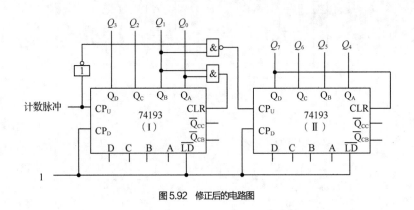

图 5.92　修正后的电路图

习题 6.20

解: 两个 74193 的计数脉冲从 CP_U 端输入,CP_D 端为 1,因此均工作在加法计数状态;第一个 74193 在 $Q_DQ_CQ_BQ_A$ =0011 时异步清零,是一个模 3 计数器,第二个 74193 在 $Q_DQ_CQ_BQ_A$ = 1000 时异步清零,是一个模 8 计数器,因此两个 74193 级联构成了一个二十四(3×8=24)进制的计数器。

这个电路在工作时不能满足正常工作的条件,因为第一个 74193 的清零信号作为第二个 94193 的输入计数脉冲信号,但是清零信号是一个瞬时的信号,不能够满足时序逻辑电路对输入信号的要求(脉冲宽度能够保证触发器可靠翻转),修正后的电路图如图 5.92 所示,对于第一个 74193 增加进位输出信号直接输入第二个的 74193。

习题 6.21

解: 74153 有两个控制输入端 x_1x_0,4 个输入端 D_0、D_1、D_2、D_3,分别与 74138 的 $\overline{Y_0}$、$\overline{Y_2}$、$\overline{Y_6}$、$\overline{Y_7}$ 端连接,输出端取反与 74193 的 CLR 相连,74193 具有累加计数的功能,因此,

$$F = \overline{x_1}\,\overline{x_0}D_0 + \overline{x_1}x_0D_1 + x_1\overline{x_0}D_2 + x_1x_0D_3$$

$$CLR = \overline{F} = \overline{\overline{x_1}\,\overline{x_0}D_0 + \overline{x_1}x_0D_1 + x_1\overline{x_0}D_2 + x_1x_0D_3}$$

当 x_1x_0 = 00 时,$F = D_0 = \overline{Y_0}$,$CLR = \overline{\overline{Y_0}}$,74193 在 74138 的 $\overline{Y_0}$ =0 时清零,即 74138 的输入 $A_2A_1A_0$ =000 时清零,因此 74193 的状态为 0000→0000。

当 x_1x_0 = 01 时,$F = D_1 = \overline{Y_2}$,$CLR = \overline{\overline{Y_2}}$,74193 在 74138 的 $\overline{Y_2}$ =0 时清零,即 74138 的输入 $A_2A_1A_0$ =010 时清零,因为是异步清零,所以 74193 的 0010 状态是一个短暂的过渡状态,即 74193 的状态为 0000→0001→0000,是模 2 计数器。

当 x_1x_0 = 10 时,$F = D_2 = \overline{Y_6}$,$CLR = \overline{\overline{Y_6}}$,74193 在 74138 的 $\overline{Y_6}$ =0 时清零,即 74138 的输入是 $A_2A_1A_0$ =110 时异步清零,因此 74193 的状态为 0000→0001→0010→0011→0100→0101→0000,是模 6 计数器。

当 x_1x_0 = 11 时,$F = D_3 = \overline{Y_7}$,$CLR = \overline{\overline{Y_7}}$,同理,在 74138 的输入为 $A_2A_1A_0$ =111 时清零,此时是模 7 计数器。

习题 6.22

解: 因为 16<60<256,所以至少需要使用两个 74193 实现这个模 60 计数器。构造计数器的方式可以 2 个级联构成模 256 计数器,然后清零,也可以分别构造模 6 计数器和模 10 计数器,然后级联,或者分别构造模 5 计数器和模 12 计数器,然后级联,这里选择构造模 6 计数器和模 10 计数器,然后级联的方法,为了保证电路工作正常,以及整个模 60 计数器的进位输出,因此需要在 59(0101 1001)时输出进位信号,电路图如图 5.93 所示。

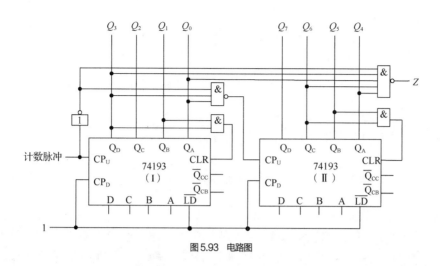

图 5.93　电路图

习题 6.23

解： 由于倒计时电路为 30s 和 60s，假设输入为 1 Hz 的倒计时脉冲，则需要使用两个 74193，其中，低位的 74193 为状态从 1001～0000（模 10）的计数器，高位的 74193 为状态从 0011～0000 或者 0110～0000 的计数器。

第一个 74193 使用清零（置 0）功能实现初始化，置数功能满足状态循环要求（1111 时置为 1001）；第二个 74193 使用置数功能实现初始化，当 x=0 时，$DCBA$=0011；当 x=1 时，$DCBA$=0110。综合可得，第二个 74193 的 $DCBA$=0x1$\bar{x}$。

电路图如图 5.94 所示。

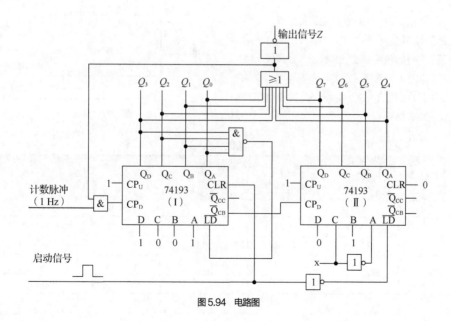

图 5.94　电路图

习题 6.24

解： 由于有效状态为 0010～1011，需要使用 74193 的置数功能，并且 74193 拥有的是异步置数功能，因此需要在 1100 时进行置数，置为 0010，电路图如图 5.95 所示。

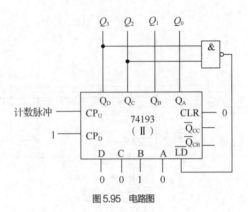

图 5.95 电路图

习题 6.25

解： 利用 74290 构造一个模 10 计数器（8421 码），此时状态输出 $Q_D Q_C Q_B Q_A$ 从 0000～1001。

利用 4 路选择器实现模 2、模 4、模 6、模 8 计数器的计数功能选择。模 2 计数器应该在 0010 时清零，所以 $D_0 = Q_B$；模 4 计数器应该在 0100 时清零，所以 $D_1 = Q_C$；模 6 计数器应该在 0110 时清零，所以 $D_2 = Q_C Q_B$；模 8 计数器应该在 1000 时清零，所以 $D_3 = Q_D$。

由于题目要求的是可变分频器，意味着电路应该有输出脉冲，直接使用清零信号作为脉冲不符合要求，同时为了简单，可以利用模 2、模 4、模 6、模 8 计数器电路的公用状态 0000 进行脉冲信号的输出，$Q_{CC} = \overline{CP} \overline{Q_D} + Q_C + Q_B + \overline{Q_A} = \overline{CP Q_D \overline{Q_C} \overline{Q_B} Q_A}$。

电路图如图 5.96 所示。

习题 6.26

答： 根据 7 位并行-串行转换电路的要求，需要使用 2 个双向移位寄存器 74194，假设使用右移功能实现并行-串行的转换，最左的状态（最高位）输出用于控制 74194 的功能是置数还是右移，7 位并行输入从两个 74193 的 ABCD 端输入，所以电路的功能状态转换如表 5.61 所示。

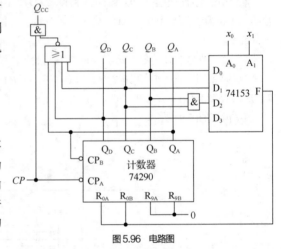

图 5.96 电路图

表 5.61   功能状态转换

时钟脉冲信号 CP	右移输入 D_R	控制信号 S_1 S_0		74194 功能	74194 Ⅰ状态				74194 Ⅱ状态			
		S_1	S_0		Q_A	Q_B	Q_C	Q_D	Q_A	Q_B	Q_C	Q_D
0	0	1	1	初始状态	0	0	0	0	0	0	0	0
1	1	1	1	并行输入	1	x_6	x_5	x_4	x_3	x_2	x_1	x_0
2	1	0	1	右移	1	1	x_6	x_5	x_4	x_3	x_2	x_1
3	1	0	1	右移	1	1	1	x_6	x_5	x_4	x_3	x_2
4	1	0	1	右移	1	1	1	1	x_6	x_5	x_4	x_3
5	1	0	1	右移	1	1	1	1	1	x_6	x_5	x_4
6	1	0	1	右移	1	1	1	1	1	1	x_6	x_5
7	0	0	1	右移	0	1	1	1	1	1	1	x_6
8	1	1	1	并行输入	1	x_6	x_5	x_4	x_3	x_2	x_1	x_0

因此 D_R 端循环输入 0111111（从右至左配合时钟脉冲信号），电路图如图 5.97 所示。

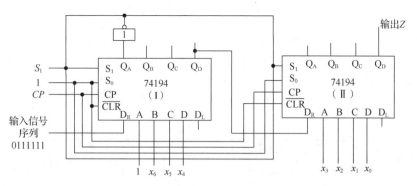

图 5.97　电路图

习题 6.27

解：根据利用移位寄存器构成扭环计数器的规律。$2n=6$，解得 $n=3$，即由寄存器从左至右（右移从左开始数）第 3 位状态输出通过非门连接到右移控制端 D_R 时，即可构成右移模 6 扭环型计数器，这里只需要使用 1 个 74194 即可，电路图如图 5.98 所示。

习题 6.28

解：根据利用移位寄存器构成扭环计数器的规律。$2n=18$，解得 $n=9$，即由寄存器从右至左（左移从右开始数）第 9 位状态输出通过非门连接到左移控制端 D_L 时，即可构成左移模 18 扭环型计数器，这里需要将 3 个 74194 串联，电路图如图 5.99 所示。

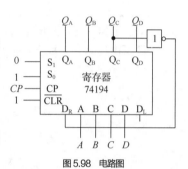

图 5.98　电路图

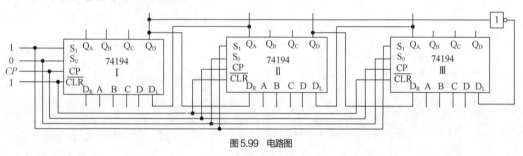

图 5.99　电路图

习题 6.29

解：假设使用计数器 74193 和 8 路选择器 74152 来实现该电路，这样，当 $x=0$ 时，74193 实现模 8 计数，8 路选择器的 $D_0 \sim D_7$ 端输入 10011011；当 $x=1$ 时，74193 实现模 6 计数，8 路选择器的 $D_0 \sim D_7$ 端输入 110101dd。

综合可知，8 路选择器的 $D_0 \sim D_7$ 端输入 $1x01\bar{x}x11$，$A_2A_1A_0$ 控制端连接计数器 74193 的 $Q_CQ_BQ_A$ 端，74193 使用清零实现模 8 计数和模 6 计数，模 8 不用清零，由此可知清零信号为 xQ_CQ_B。

由此，电路图如图 5.100 所示。

注意：

（1）如果需要切换时能够从 0000 状态开始，可以增加一个 D 触发器和异或门用于判断 x 是否发生改变，若发生改变可直接置 0。

（2）可以使用计数器和 74138 译码器，或者双向移位寄存器 74194 实现，如果使用双向移位寄存器 74194，需要注意，当控制端 $x=0$ 时，输出序列 10011011 中存在重复的 011，因此需要使用 4 个触发器（4 个状态）才能够实现功能。

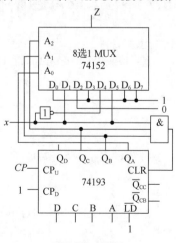

图 5.100　电路图

习题 6.30

解： 从设计要求可知，首先，由于电路输入的时钟脉冲信号频率为 5 Hz，而每个彩灯每秒亮灭 1 次，所以需要一模 5 计数器实现输入时钟脉冲信号频率从 5 Hz 到 1 Hz 的转换；其次，流水灯单次持续 3+2+3=8（s），可以使用一个模 8 计数器来实现，状态循环从 000～111，电路有 3 个输出 X、Y、Z，$X=1$ 表示红灯亮，$Y=1$ 表示黄灯亮，$Z=1$ 表示绿灯亮，由此可以得到输出真值表，如表 5.62 所示。

表 5.62 真值表

状态			输出			状态			输出		
Q_C	Q_B	Q_A	X	Y	Z	Q_C	Q_B	Q_A	X	Y	Z
0	0	0	1	0	0	1	0	0	0	1	0
0	0	1	1	0	0	1	0	1	0	0	1
0	1	0	1	0	0	1	1	0	0	0	1
0	1	1	0	1	0	1	1	1	0	0	1

可以采用 74138 实现输出 X、Y、Z 的功能。

综上所述，采用 74290 分别构造模 5 计数器和模 8 计数器（8421 码），实现电路如图 5.101 所示。

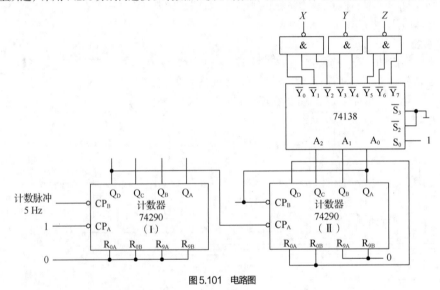

图 5.101 电路图

5.7 第 7 章习题解析

习题 7.1

解： 根据电路可知，正向阈值电压和回差电压分别为

$$V_{T+} = \left(1 + \frac{R_1}{R_2}\right)V_{TH} = 7.8\text{V}$$

$$\Delta V_T = V_{T+} - V_{T-} = 2\frac{R_1}{R_2}V_{TH} = 3.6\text{V}$$

将 $V_{TH} = V_{CC}/2$，$R_2 = 20\text{ k}\Omega$ 带入可以求得

$$R_1 = 6\text{ k}\Omega，\quad V_{cc} = 12\text{V}$$

习题 7.2

解： 根据电路图，与非门 G_1 和 G_2 构成了基本 RS 触发器，且与非门 G_2 的一个输入连接了一个反向的二极管。

当 v_i 从 0 开始逐渐增大时，若 v_i 没有达到非门 G_3 的开门电平 V_{on}，G_3 输入为低电平，此时输出 v_{o1} 为低电平，输出 v_{o2} 为高电平；一旦 $v_i = V_{on}$ ，G_3 输入变为高电平，此时输出 v_{o1} 为高电平，输出 v_{o2} 为低电平。施密特触发器的正向阈值电平 $V_{T+} = V_{on}$ 。

当 v_i 从最高值逐渐下降时，若 v_i 没有达到非门 G_3 的关门电平 V_{off} ，G_3 输入为高电平，此时输出 v_{o1} 为高电平，输出 v_{o2} 为低电平；一旦 $v_i = V_{off}$ ，G_3 输入变为低电平，此时输出 v_{o1} 为低电平，输出 v_{o2} 为高电平。施密特触发器的负向阈值电平为 $V_{T-} = V_{off}$ 。

因此，回差电压 $\Delta V_T = V_{T+} - V_{T-} = V_{on} - V_{off}$ ，电压传输特性曲线如图 5.102 所示。

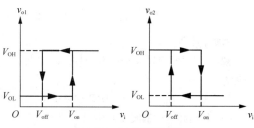

图 5.102　电压传输特性曲线

习题 7.3

解：根据电路，有

$$v_A = \frac{R_2 R_3}{R_1 R_2 + R_1 R_3 + R_2 R_3} v_i + \frac{R_1 R_3}{R_1 R_2 + R_1 R_3 + R_2 R_3} v_{co} + \frac{R_1 R_2}{R_1 R_2 + R_1 R_3 + R_2 R_3} v_o$$

在 v_i 从 0 开始升高过程中，首先输出低电平，一旦 v_i 上升到 V_{TH} ，则输出高电平，此时有 $v_i = V_{T+}$ ，$V_{TH} = \dfrac{V_{cc}}{2}$ ，$v_o = V_{oL} = 0$ ，由此可以得到

$$v_A = V_{TH} = \frac{V_{cc}}{2} = \frac{R_2 R_3}{R_1 R_2 + R_1 R_3 + R_2 R_3} V_{T+} + \frac{R_1 R_3}{R_1 R_2 + R_1 R_3 + R_2 R_3} V_{co}$$

$$V_{T+} = \frac{R_1 R_2 + R_1 R_3 + R_2 R_3}{2 R_2 R_3} V_{cc} - \frac{R_1 R_3}{R_2 R_3} V_{co}$$

在 v_i 从最高值开始下降过程中，首先输出高电平，一旦 v_i 下降到 V_{TH} ，则输出低电平，此时有 $v_i = V_{T+}$ ，$V_{TH} = \dfrac{V_{cc}}{2}$ ，$v_o = V_{oH} = 2V_{TH}$ ，由此可以得到

$$v_A = V_{TH} = \frac{R_2 R_3}{R_1 R_2 + R_1 R_3 + R_2 R_3} V_{T-} + \frac{R_1 R_3}{R_1 R_2 + R_1 R_3 + R_2 R_3} V_{co} + \frac{R_1 R_2}{R_1 R_2 + R_1 R_3 + R_2 R_3} 2V_{TH}$$

$$V_{T-} = \frac{R_1 R_3 + R_2 R_3 - R_1 R_2}{2 R_2 R_3} V_{cc} - \frac{R_1 R_3}{R_2 R_3} V_{co}$$

回差电压

$$\Delta V_T = V_{T+} - V_{T-} = \frac{R_1}{R_3} V_{cc}$$

习题 7.4

解：根据逻辑符号可知，该电路为反向输出的施密特触发器，所以输出信号的波形如图 5.103 所示。

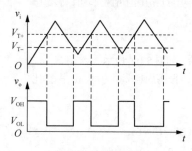

图 5.103　输出信号的波形

习题 7.5

解：由 5G555 构成的施密特触发器电路可知，当电源电压 $V_{CC} = 10\,\text{V}$ 时，有

$$V_{T+} = \frac{2}{3} V_{cc} \approx 6.67\,\text{V}$$

$$V_{T-} = \frac{1}{3}V_{cc} \approx 3.33\,\text{V}$$

$$\Delta V_T = V_{T+} - V_{T-} = \frac{1}{3}V_{cc} \approx 3.33\,\text{V}$$

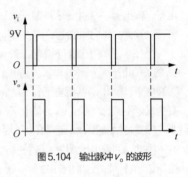

图 5.104　输出脉冲 v_o 的波形

习题 7.6

解：（1）由于脉冲宽度由充电回路 RC 决定，因此输出脉冲 v_o 的宽度为

$$t_w \approx 1.1RC = 1.485\,\text{ms}$$

（2）输出脉冲 v_o 的波形如图 5.104 所示。

习题 7.7

解：根据电路结构，可以看出，电源 V_{CC} 通过电阻 R_2 对电容 C 充电，而电容 C 通过 R_2 和 R_1 经 5G555 的 D 端放电，因此可得

$$T_H \approx 0.7R_2C \qquad T_L \approx 0.7(R_1 + R_2)C$$

因此，电路的振荡频率

$$f = \frac{1}{T_W} = \frac{1}{T_H + T_L} = \frac{1}{0.7(R_1 + 2R_2)C} = 816\,\text{Hz}$$

占空比

$$q = \frac{T_H}{T_W} = \frac{R_1}{R_1 + 2R_2} = 0.428$$

（2）根据（1）中得到的占空比公式可得

$$q = \frac{T_H}{T_W} = \frac{R_1}{R_1 + 2R_2} = 0.5$$

当 $R_1 = 2R_2$ 时满足条件。

习题 7.8

解：用 5G555 构成单稳态触发器，如图 5.105 所示。

其中，R_W 使用可调电阻，电容 $C = 100\,\mu\text{F}$，为了满足脉冲宽度在 $1\sim$ 10 s 范围内可调，即 $1 < t_w < 10$，可调电阻 R_w 的最大、最小值分别为

$$R_{Wmin} = \frac{t_{Wmin}}{1.1C} = 9.1\,\text{k}\Omega$$

$$R_{Wmax} = \frac{t_{Wmax}}{1.1C} = 91\,\text{k}\Omega$$

因此只要可调电阻 R_W 在 $9.1\sim91\text{k}\Omega$ 范围内可调，就可以满足脉冲宽度在 $1\sim10\,\text{s}$ 范围内可调。

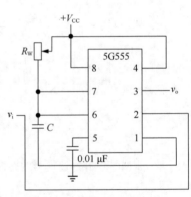

图 5.105　5G555 构成单稳态触发器

习题 7.9

解：用 5G555 构成多谐振荡器，如图 5.106 所示。

根据要求设计电容 $C = 10\,\mu\text{F}$，振荡周期 T_W 为 1 s，占空比 $q = \frac{2}{3}$，由此可得

$$T_W = 0.7(R_1 + 2R_2)C = 1\,\text{s}$$

$$q = \frac{T_H}{T_W} = \frac{R_1 + R_2}{R_1 + 2R_2} = \frac{2}{3}$$

解得 $R_1 = R_2 = 47.6\,\text{k}\Omega$。

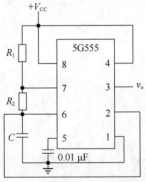

图 5.106　5G555 构成多谐振荡电路

5.8　第 8 章习题解析

习题 8.1

解： 当数字量为 00000 时，输出电压最小值 $v_{\min} = 0$ V；当输入数字量为 11111 时，可以求出输出电压

$$v_{\max} = -\frac{R}{2} \cdot \frac{-5}{2^4 R} \left(2^4 \times 1 + 2^3 \times 1 + 2^2 \times 1 + 2^1 \times 1 + 2^0 \times 1 \right) \text{V} \approx 4.8 \text{ V}$$

因此电路输出电压的范围为 0～4.8 V。

当输入数字量为 10010 时，电路的输出电压

$$v_{\text{o}} = -\frac{R}{2} \cdot \frac{-5}{2^4 R} \left(2^4 \times 1 + 2^3 \times 0 + 2^2 \times 0 + 2^1 \times 1 + 2^0 \times 0 \right) \text{V} \approx 2.8 \text{ V}$$

习题 8.2

解： 当数字量为 00000 时，输出电压最小值 $v_{\min} = 0$ V；当输入数字量为 11111 时，可以求出输出电压

$$v_{\max} = -\frac{R}{2} \cdot \frac{-8}{2^5 R} \left(2^4 \times 1 + 2^3 \times 1 + 2^2 \times 1 + 2^1 \times 1 + 2^0 \times 1 \right) \text{V} = 3.875 \text{ V}$$

因此电路输出电压的范围为 0～3.875 V。

当输入数字量为 10100 时，电路的输出电压

$$v_{\text{o}} = -\frac{R}{2} \cdot \frac{-8}{2^5 R} \left(2^4 \times 1 + 2^3 \times 0 + 2^2 \times 1 + 2^1 \times 0 + 2^0 \times 0 \right) \text{V} = 2.5 \text{ V}$$

习题 8.3

答： DAC 的分辨率通常用 DAC 最小输出模拟量与最大输出模拟量之比表示，因此 8 位 DAC 的分辨率为 $\dfrac{1}{2^8 - 1}$，10 位 DAC 的分辨率为 $\dfrac{1}{2^{10} - 1}$。

习题 8.4

解： 根据 DAC 的分辨率，有

$$\frac{1}{2^n - 1} = \frac{V_{\text{LSB}}}{V_{\text{m}}}$$

由此，DAC 的位数

$$n = \log_2 \left(\frac{V_{\text{m}}}{V_{\text{LSB}}} + 1 \right) = \log_2 \left(\frac{5}{5 \times 10^{-3}} + 1 \right) \approx 10$$

习题 8.6

解： 对于 4 位并行比较型 ADC，由于基准电压 $V_{\text{REF}} = 15$ V，输入电压

$$v_{\text{i}} = 1.5 \text{V} = 15 \text{V} \times \frac{3.1}{31} = \frac{3.1}{31} V_{\text{REF}}$$

在 $(3/31 \sim 5/31) V_{\text{REF}}$ 范围内，输出数字量为 0010。

当输出的 4 位数字量为 1001 时，输入电压的范围为 $(17/31 \sim 19/31) V_{\text{REF}}$，为 8.2～9.2V。

习题 8.7

答： 对于 n 位逐次渐进型 ADC，完成一次转换需要 $(n+2)$ 个时钟脉冲周期，因此，8 位逐次渐进型 ADC 在输入时钟脉冲信号为 1 Hz 的情况下完成一次转换需要 $(8+2) \times 1\text{s} = 10\text{s}$。

习题 8.8

答：（1）一般而言，ADC 能够区分的最小差异为

$$V_{\text{imax}} / 2^n \leqslant 0.1 \text{mV}$$

$$2^n \geqslant 2 / \left(0.1 \times 10^{-3} \right)$$

可以求得 $n=15$。因此，二进制计数器的容量为 2^{15}，位数为 15。

（2）双积分型 ADC 的采样-保持时间 T_H 即电路对输入电压进行积分的时间

$$T_H = 2^n \times \frac{1}{f_{CP}} = 2^{15} \times \frac{1}{200 \times 10^3} \text{ ms} = 163.84 \text{ ms}$$

（3）输出电压最大值

$$|V_o| = \frac{|V_i|}{RC} t$$

其中，t 为计数 2^n 次所花费的时间，

$$t = 2^n / f_{CP}$$

带入得

$$|V_o| = \frac{|V_i| \cdot 2^n}{RC \cdot f_{CP}} = 5 < \frac{|V_{REF}| \cdot 2^n}{RC \cdot f_{CP}} = \frac{2 \times 2^{15}}{RC \times 200 \times 10^3}$$

所以求得积分电路的常数

$$RC < \frac{5 \times 200 \times 10^3}{2 \times 2^{15}} \approx 15.26$$

习题 8.9
答：能分辨的最小电压值为

$$V_{LSB} = \frac{5}{2^{10}} \text{ V} \approx 4.9 \text{ mV}$$

5.9　第 9 章习题解析

习题 9.4
答：对于一个容量为 1024×8 的 PROM 芯片，地址线的位数 n=10，数据线的位数 m=8，存储元的数量为 2^{10}×8 个。

习题 9.12
答：Xilinx ISE 环境下的 FPGA 的开发流程一般包括设计规划、设计输入、设计综合、设计实现、FPGA 配置等主要步骤。

习题 9.15
答：根据在 FPGA 开发流程中切入点的不同，仿真可分为行为仿真、综合后仿真和实现后仿真。

行为仿真又称功能仿真、RTL 级仿真，它是指在编译之前对用户所设计的电路进行逻辑功能验证，此时的仿真可以用来检查代码中的语法错误，判断代码行为的正确性，但不包括延时信息，仅对初步的功能进行检测。

综合后仿真又称为门级仿真，其目的在于检查综合结果是否与原设计一致。综合后仿真通过把综合生成的标准延时文件反标注到综合仿真模型中，可估计门延时带来的影响，但不能估计走线延时，因此与布线后的实际情况还有一定的差距，并不十分准确。

实现后仿真又称为时序仿真，其目的与综合后仿真目的一致，但实现后的时序仿真加入了走线延时信息，使得仿真与 FPGA 本身运行状态一致。

第 6 章
虚拟仿真实验平台简介

数字电路与逻辑设计课程的实验主要通过各类虚拟实验平台仿真实现，本章将介绍使用的主要虚拟仿真平台，包括 Logisim 软件、数字电路虚拟实验平台、头歌实践教学平台，以及它们的基本使用方法和特点。

6.1 Logisim 软件

Logisim 软件是一款用于设计和模拟数字逻辑电路的工具，可提供本实践课程所涉及的各种元器件和逻辑结构，是一种强大而高效的工具，可帮助读者快速验证学习成果。读者可以通过 Logisim 软件的官方网站下载该工具，也可以使用 Logisim 软件华科改良版，该版本相比原版提供中文支持，并修复了少量漏洞，运行更稳定。

6.1.1 Logisim 软件的安装和使用

Logisim 软件是采用 Java 语言编写的，提供了 EXE 和 JAR 两个版本，不需要安装，Windows 平台可以使用 EXE 文件，而 macOS 或者 Linux 平台需要使用 JAR 文件。运行 Logisim 软件需要安装 Java 10 或更高版本。

正确安装 Java 环境后，运行 Logisim 软件，打开的界面如图 6.1 所示。Logisim 软件的主界面包括菜单栏、工具栏、管理窗、属性窗及画布 5 个部分。

（1）菜单栏：位于 Logisim 软件界面的顶部，包含各种操作和设置选项，如"文件""编辑""工程""电路仿真""窗口""帮助"等。

（2）工具栏：位于菜单栏下方，列举了较为常用的几个工具，如图 6.2 所示。

图 6.1 Logisim 软件的界面

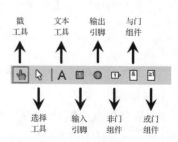

图 6.2 Logisim 软件的工具栏

读者也可以自行编辑工具栏，通过单击菜单栏中的"工程"，选择子菜单"选项"，在弹出的界面中选择工具栏标签，即可对工具栏进行编辑。

（3）管理窗：位于界面左侧上方，包含电路库、存储库、组件库等，可以通过管理窗添加、删除和编辑电路，或者选择需要加入电路的各类组件，如逻辑门、存储器等。

（4）属性窗：位于界面左侧下方，用于显示和修改所选组件的属性，包括名称、位宽、标签等。

（5）画布：位于界面右侧，用于绘制电路图，可以在画布上添加、删除、编辑组件，以及连接导线等。

Logisim 软件提供了一些比较常用且方便的快捷键，记住这些快捷键会极大地提升绘制电路和调试电路的工作效率，常用快捷键如表 6.1 所示。

表 6.1　　　　　　　　　　　　　　　　**Logisim 软件常用快捷键**

序号	快捷键	功能描述
1	Ctrl+N	新建一个电路文件
2	Ctrl+O	打开一个已有的电路文件
3	Ctrl+Shift+W	关闭当前电路文件
4	Ctrl+S	保存电路文件
5	Ctrl+Z	撤销上一步操作
6	Ctrl+X	剪切
7	Ctrl+C	复制
8	Ctrl+V	粘贴
9	Ctrl+D	创建副本，布置时可以重复上一个组件的布置
10	键盘方向键	为选中的逻辑门快速指定朝向
11	键盘数字键	为选中的逻辑门快速指定输入信号的个数
12	Alt+数字键	为选中的输入/输出快速设置位宽
13	Ctrl+E	启动/关闭自动仿真
14	Ctrl+R	电路复位，所有组件恢复到初始状态
15	Ctrl+I	信号单步传递
16	Ctrl+T	时钟单步
17	Ctrl+K	时钟连续

6.1.2　Logisim 软件常用组件

1．戳工具

戳工具是调试电路必不可少的工具，激活该工具后，鼠标指针会显示成手形，此时单击输入引脚或触发器可以改变对应的输入或状态值，单击线路可以查看线路的值。

2．选择工具

选择工具用于在进行电路布局时选择、移动、旋转、调整组件或线路的属性，激活后，鼠标指针变成箭头的形状。

3．文本工具

文本工具用于在电路中添加或编辑文本标签，提升电路的可读性。

4．输入引脚和输出引脚

Logisim 中引脚分为输入引脚和输出引脚，圆形或圆角矩形表示输出引脚，正方形或矩形表示输入引脚。单击工具栏中的"输入引脚"，可在画布中添加一个输入引脚；单击工具栏中的

"输出引脚",可在画布中添加一个输出引脚,如图 6.3(a)所示。可以通过方向键快速改变引脚的朝向,也可以按住 Alt 键后,按数字键改变输入的数据位宽。

为了区分不同引脚,可为引脚添加不同的标签。单击引脚图标按钮,在左下角的属性窗的"标签"栏中输入"x",则该引脚的上侧会出现标签 x(可通过属性窗中的"标签位置"来修改标签的位置),如图 6.3(b)所示。

也可以通过设置属性窗中的"输出引脚?"来进行输入引脚和输出引脚的切换。

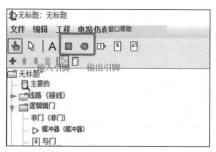
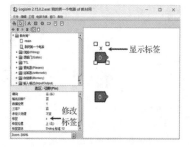

（a）快捷栏图标　　　　　　　　　　（b）输入引脚及标签样式

图6.3　输入引脚和输出引脚

5. 常用逻辑门

Logisim 软件中常用的逻辑门包括与门、或门、非门、异或门等,通过工具栏中的"与门""或门""非门"添加对应的逻辑门,也可以通过管理窗中的"逻辑门"中对应的选项在画布中添加需要的逻辑门。所有逻辑门组件可以使用方向键快速更改朝向。画布中逻辑门中蓝色的点表示输入引脚,红色的点表示输出引脚。允许有多个输入引脚的逻辑门系统默认的是两个输入引脚和一个输出引脚,可以使用数字键改变该逻辑门输入引脚的个数,也可以在属性窗中修改输入引脚的数量。

与真实的电路不同,对于某些逻辑门,Logisim 软件允许引脚保持悬空状态。例如,即便与门的部分输入引脚悬空,电路同样可以运行仿真并给出正确的结果,但一般不建议让引脚悬空。

此外,需要注意的是,Logisim 软件提供的异或门组件允许有多个输入,其逻辑功能可以通过属性窗中的"多输入行为"进行定义,如图 6.4 所示。

6. 探针

探针是一种简单显示电路中给定点的值的元件,用于显示连接线路的数据值,如图 6.5 所示。探针组件只有一个引脚,它将作为探针的输入,适应任何宽度的输入。

在大多数情况下,探针与输出引脚功能相同,但是当电路被用作子电路组件时,输出引脚是接口的一部分,而探针则不是,因此探针可以作为输出中间结果的标签。

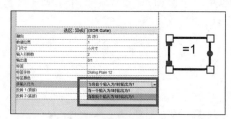
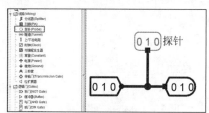

图6.4　异或门逻辑功能的定义　　　　　　　　图6.5　探针的应用

7. 常量

常量用于表示特定形式的二进制位,可作为逻辑门、复用器等的输入。也可以用管理窗中"线路"下面的"电源"和"接地"来表示常量 1 和常量 0。

8. 隧道

隧道类似于导线，当需要连接电路中相隔很远的点时，可用相同标签名称的隧道来代替导线，即如果两个隧道的标签名称一样，那么相当于它们之间有导线连接，是连通的。图 6.6 中，两个具有标签 A 的隧道相当于连接在一起，两个具有标签 B 的隧道相当于连接在一起。

9. 分线器

分线器可以把一个多位的输入拆分为若干位，也可反过来把若干位的输入合并为一个多位输出，可通过属性窗设置其分线端口数、位宽、外观及分线端口对应位等，如图 6.7 所示。

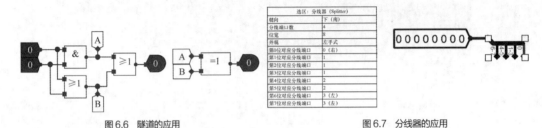

图 6.6　隧道的应用　　　　　　　　　　　　　　　　图 6.7　分线器的应用

6.1.3　使用 Logisim 软件搭建电路

下面开始在 Logisim 软件中搭建一个简单的电路。

1. 添加电路

首先单击工具栏下方的绿色加号，或者通过"工程"菜单中的"添加电路"功能，创建一个新的电路，并输入电路名称，如图 6.8 所示。新建电路后，可以通过单击加号旁边的上下按钮调整该电路在列表中的位置，也可以单击红色垃圾桶按钮删除该电路。注意，只有一个电路时，位置调整和删除操作都是无效的。

2. 添加输入引脚和输出引脚

当选择工具处于激活状态（鼠标指针显示为箭头图标）时，单击工具栏中的"输入引脚"，在画布的合适位置添加输入引脚。利用快捷键 Ctrl+D 重复添加另一个输入引脚，并给两个输入引脚分别添加标签 x 和 y。随后，单击工具栏中的"输出引脚"，在画布中添加一个输出引脚，并给其添加一个标签 z。

3. 搭建电路

单击工具栏中的"与门组件"，在画布中添加一个逻辑与门，并进行连线。使选择工具处于激活状态，当鼠标指针悬浮在引脚位置时，在引脚上会出现绿色的圆形标记，代表这些地方可以引出线路。单击组件上的引脚，并拖动鼠标到另一个引脚上，即可将两个引脚连接起来。最后，连接好的与门电路如图 6.9 所示。

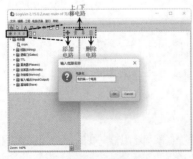
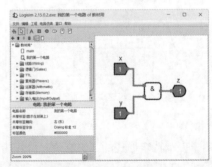

图 6.8　新建电路　　　　　　　　　　　　　　图 6.9　连接好的与门电路

4. 仿真

Logisim 软件默认开启了信号模拟仿真功能，使用戳工具单击输入引脚可以修改输入信号，输出信号会随着输入信号的改变而改变。若电路未开启信号模拟仿真功能，可单击"电路仿真"菜单中的"启用自动仿真"或使用快捷键 Ctrl+E 开始仿真。本例中与门引脚的数据位宽为 1，用戳工具单击输入信号时，输入信号的值会在 0 和 1 之间跳变。当 x 和 y 引脚的值都跳变为 1 时，输出引脚的数值自动变为 1，即与门的所有输入信号均为 1 信号时，其输出一个 1 信号。

6.1.4 组合逻辑电路的自动生成

使用 Logisim 软件设计复杂的组合逻辑电路时，可能会进行大量的拖曳、布局和连线操作，这不仅耗时、费力，而且容易出现错误。因此，Logisim 软件提供自动生成组合逻辑电路的功能，可以快速生成组合逻辑电路，减少手动连线的时间和错误。通过单击"工程"菜单中的"分析组合逻辑电路"（Analyze Circuit）功能可以进入 Logisim 软件的组合逻辑电路分析界面。Logisim 软件提供了"真值表"（Table）、"表达式"（Expression）和"最小项"（Minimized）3 种自动生成组合逻辑电路的方式，如图 6.10 所示。

图 6.10　3 种自动生成组合逻辑电路的方式

在自动生成组合逻辑电路之前，需要先添加输入和输出。在"输入"和"输出"页面的文本框中输入变量名称，然后单击"添加"按钮即可将该变量加入电路中。选中已经添加的变量，单击"重命名"可以更改名称，也可以单击右侧的按钮将其删除，或者上下移动修改其位置。

依次添加输入变量 cin1、cin2、cin3，添加输出变量 cout1、cout2。这时，在真值表栏和最小项栏中已经可以看到添加的输入输出变量了。

如图 6.11（a）所示，通过单击"真值表"里的数字可以修改真值表，也可以在"表达式"中直接输入输出值的表达式[输入时非运算的输入符号为～，异或运算的输入符号为^，但显示在公式编辑框上方公式中的依然是正常的逻辑运算符号，见图 6.11（b）]，也可以在"最小项"中修改表格中的值[见图 6.11（c）]。3 种方式是互相关联的，修改任意一种方式中的值都会使其他方式中的值发生相应的改变。编辑完成后，单击下方的"生成电路"按钮，在弹出的窗口中可以选择是否只使用两输入的逻辑门组件，如果选择不使用，则生成的电路中可能包含多输入的逻辑门组件[见图 6.11（d）]。

如果在当前电路的画布中已经存在输入引脚或者输出引脚，单击"分析组合逻辑电路"后，就可以直接在窗口中看到这些引脚变量。对于画布中的电路（不包含多位输入），单击"分析组合逻辑电路"后，可以直接在窗口中查看其真值表、表达式和卡诺图（即窗口中的"最小项"）。

（a）

（b）

图 6.11　3 种自动生成模式以及生成结果

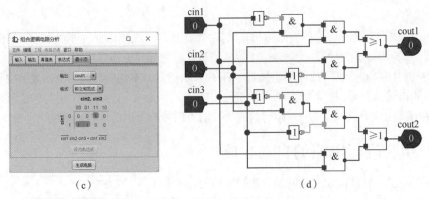

（c）　　　　　　　　　　　　　　（d）

图6.11　3种自动生成模式以及生成结果（续）

6.1.5　电路中线路的状态

在 Logisim 软件中，线路会呈现不同的颜色，不同颜色的线路代表不同的含义，如图 6.12 所示。

（1）绿色线路：浅绿和深绿的线代表不同的电平信号，方便仿真的时候观测信号的传输过程。浅绿表示线路的值为 1，即高电平；深绿表示线路的值为 0，即低电平。

（2）红色线路：表示线路存在冲突、短路或者因为输入不完整造成的输出不确定。电路图中如果出现红色线路，需要检查电路是否存在错误。如果电路只在某些输入取值时出现红色线路，通常是因为操作失误，无意连接了多余的线，导致同一根导线既连高电平，又连低电平，这种错误会很隐蔽，多余的线通常被某些组件所覆盖，可以选择暂时删除覆盖在线路上面的组件来观察下面是否出现多余的连线。

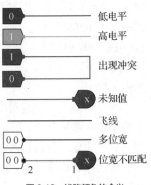

图6.12　线路颜色的含义

（3）蓝色线路：表示线路的值未知。

（4）灰色线路：表示线路未连接到任何组件，即飞线。

（5）黑色线路：对应多位宽线路传输，不管每路电平高低，其颜色均为黑色。

（6）橙色线路：表示线路两端位宽不匹配，需要修改线路两端的位宽，保证电路正常运行。

6.1.6　电路仿真

仿真是 Logisim 软件的重要功能，"电路仿真"菜单主要有以下功能。

（1）"启用自动仿真"：勾选"启用自动仿真"功能即可进行自动的电路仿真，通常情况下，该功能是默认开启的。

（2）"电路复位"：单击"电路复位"可以重置电路中的所有信号，即所有线路中的信号都会变为初始值。

（3）"信号单步传递"：取消勾选"启用自动仿真"复选框后，可以单击"信号单步传递"进行单步仿真，该功能可以帮助读者更直观地观察信号的传递过程，方便查找和定位问题。

（4）"进入到/退出到"：随着电路的复杂化，电路中可能会嵌套多个子电路。如果在仿真过程中出现连接子电路组件的线路变红的情况，可能是子电路存在问题。这时可以选中子电路组件后，使用"电路仿真"菜单中的"进入到/退出到"功能，可以方便地在父子电路间反复切换。也可以单击工具栏中的戳工具，直接双击想要进入的子电路。单击"工程"菜单中的"查看仿真视图"功能也具有同样的作用，这时左侧的电路列表就会变成父电路嵌套子电路的形式，双击要进入的电路即可，这种方法可以方便地进入嵌套较深的子电路。

（5）"时钟单步"：当搭建一个时序电路后，可以单击"时钟单步"获取一次时钟信号变化进行仿真，该功能也可以通过使用戳工具单击时钟输入组件来实现。

（6）"时钟连续"：勾选"时钟连续"后，可以使时钟自动地进行周期性变化。

（7）"时钟滴答频率"：可以通过修改"时钟滴答频率"来修改时钟变化周期。

（8）"日志记录"：单击"日志记录"功能，将弹出日志窗口。在"选择区"栏选择并添加需要监测的输入输出信号，"日志表单"栏中将记录下仿真过程中监测对象的历史信号，在"文件"栏中，可以选择导出记录下的历史信号并保存为文件。

6.1.7　电路封装和调用

在 Logisim 软件中，可以对多个组件组合成的子电路进行封装，将其视作一个单独的组件，以便在其他电路中使用。例如，可以对 6.16 节中实现的与门电路进行封装，将封装后的电路作为一个单独的组件，其拥有 x、y 两个输入和 z 一个输出，该组件可以在其他电路中被使用。

图 6.13 中单击"编辑子电路外观"按钮进入子电路外观编辑界面。进入编辑界面后，可以看到该子电路有两个输入引脚和一个输出引脚，与子电路在画布中的引脚个数对应。单击引脚可以在右下角看到其在子电路中的位置和标签，该功能也能很方便地查看子电路的大致实现结构。此时工具栏中的工具自动切换成用于编辑子电路外观的工具，用户可以给子电路添加任意图案及文字。添加图案后，可以使用 Shift+上下方向键（或鼠标右键）调整该图案的先后显示顺序，实现遮挡效果，如同 Photoshop 中的图层概念一样。编辑好子电路的外观后，可以将该子电路作为一个特殊的组件，添加到其他的电路中使用。

封装好的子电路可以很方便地应用到其他电路中，以更简洁的方式实现复杂的功能。如图 6.14 所示，首先双击管理窗中的 main 电路，切换到该电路的设计界面中，此时可以在管理窗中看到 main 电路上显示了一个放大镜图标，放大镜图标指示当前正在编辑的电路。在画布中同样添加两个输入引脚和一个输出引脚。随后，单击管理窗中的"我的第一个电路"，该电路的图标上会显示青色的圆圈图标，代表该子电路处于被选中状态，这时再将鼠标指针移动到画布上则可以看到刚才编辑好的该子电路的外观，单击画布，即可将该封装好的子电路添加到 main 电路中进行使用。鼠标指针在封装子电路的引脚上悬浮可以显示引脚的标签，以帮助用户正确地连接线路和使用该子电路。

图 6.13　进入子电路外观编辑界面

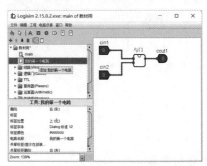

图 6.14　在其他电路中调用封装好的子电路

6.1.8　常见问题

1. 电路的封装外观发生更改

通过全选并复制的操作可以将电路 A 复制到空白电路 B 中，将电路 A 的功能完整地赋予电路 B。但需要注意的是，这种复制操作并不会复制电路 A 的封装外观，因此在封装外观上，电路 A 和电路 B 的引脚位置可能不同，直接在调用电路 A 的其他电路中使用电路 B 替换电路 A 将导致引脚与连接线路的错位，进而导致电路仿真出现故障。因此，在复制电路后，需自行调整电路封装外观，以免影响其他电路。

此外，在使用"分析组合逻辑电路"功能自动生成电路时，也可能会改变电路的封装外观，因此需要谨慎检查该电路的封装外观是否发生改变。

2. 同名隧道的查找

当电路结构较为复杂且使用了较多的隧道时，由于隧道之间不存在线路连接，难以找到某个隧道对应的其他同名隧道，在这种情况下，可以使用戳工具单击连接该隧道的线路，此时 Logisim 软件会在画布中高亮显示所有连接到对应同名隧道的线路，如图 6.15 所示。

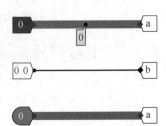

3. 无法在画布中删除特定组件

由于 Logisim 软件出错或者.circ 文件的损坏，可能会出现无法在画布中删除某个特定组件的情况，此时需要通过修改.circ 文件进行删除操作。使用文本编辑器打开.circ 文件后，可以通过标签

图 6.15　使用戳工具查找同名隧道

名称，及其在电路中的位置等信息定位到该特定组件，然后删除由<comp></comp>构成的部分，保存后重新读入 Logisim 软件中，可以发现该特定组件已经被删除了。同样，如果某个.circ 文件因部分损坏无法用 Logisim 软件打开时，也可以使用文件编辑方式进行恢复。

4. 电路振荡

当电路中存在反馈电路时，电路可能难以进入稳态，这就是电路振荡。如图 6.16 所示，当输入信号为低电平时，电路可以正常运行，而当输入信号变为高电平时，电路进入振荡，Logisim 软件会给出振荡的提示（Oscillation Apparent），并将出现振荡的引脚标红。发生振荡时，Logisim 软件会自动关闭仿真功能（"电路仿真"菜单中的"启用自动仿真"功能会自动取消），这时单击"电路仿真"菜单中的"信号单步传递"或使用快捷键 Ctrl+I 可以查看信号的单步传递过程，可以看到输出信号会在高电平和低电平之间振荡而非输出一个固定的信号。

消除振荡主要使用排除法，通过断开电路中的部分回路，观察振荡是否消失。若振荡消失，则表明是该处回路导致了振荡，需要进行修改。

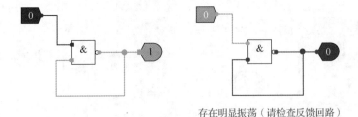
存在明显振荡（请检查反馈回路）

图 6.16　电路的振荡现象

5. 险象与毛刺

Logisim 软件可以模仿组件的延迟（但不能精准地模拟延迟，Logisim 软件仿真过程中所有组件的延迟时间是一样的），只要有组件的延迟存在，就会出现信号的竞争现象，进而导致电路出现险象及毛刺。

如图 6.17（a）所示，与门的一个引脚直接与一个时钟脉冲信号相连接，该时钟脉冲信号经过一个非门和与门的另一个引脚连接。假如不存在组件延迟，与门的输入是一对互补的信号，其输出一直为 0。因此，理论上，只有左侧的计数器数字会发生变化，而右侧的计数器的数字应该一直为 0。但实际上，当激活时钟脉冲信号开始电路仿真后，右侧的计数器数字会发生变化，这是因为 Logisim 软件中每个组件传递信号都存在延迟。当时钟脉冲信号发生变化时，与门的下引脚会先接收到变化后的时钟脉冲信号，而上引脚与时钟脉冲信号中间由于存在一个非门，会延迟接收到变化的信号，这将导致与门短暂地输出一个高电平，然后迅速变回输出低电平，即产生一个毛刺，计数器会检测到这个毛刺，并记录下来。

要消除这种信号传递的延迟导致的毛刺现象，一方面可以利用组合逻辑电路中利用冗余项消除险象的方法进行处理，另一方面可以通过添加若干个缓冲器的方法来保证信号传递的同步性。如图 6.17（b）所示，当添加缓冲器以后，时钟脉冲信号的变化会以相同的延时传递给与门，与门的输入为一对互补的输入，因此不会再产生毛刺。

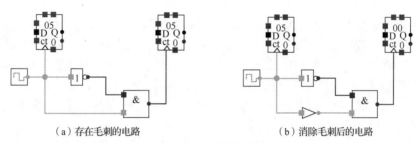

（a）存在毛刺的电路　　　　　　　（b）消除毛刺后的电路

图 6.17　毛刺的出现及消除

6.2　数字电路虚拟实验平台

数字电路虚拟实验平台是一款专业而高效的数字电路设计和仿真工具，旨在为教育领域提供卓越的芯片级的教学体验。其简洁、直观的用户界面使得数字电路设计变得轻松，通过简单的鼠标操作即可完成电路的构建和仿真。无论是初学者还是有经验的用户，都能迅速掌握数字电路虚拟实验平台的使用方法，将注意力更集中地放在概念理解和创造性设计上。

6.2.1　新手上路

为了使读者初步认识数字电路虚拟实验平台，这里从 74LS138（3 线-8 线二进制译码器）入手介绍平台的使用方法。74LS138 译码器的引脚排列如图 6.18 所示，当一个选通端 G_1 为高电平，另两个选通端 $\overline{G_{2A}}$ 和 $\overline{G_{2B}}$ 为低电平时，可将地址端（C、B、A）的二进制编码在 $\overline{Y_0}$ 至 $\overline{Y_7}$ 对应的输出端以低电平译出。例如，当 CBA=110 时，$\overline{Y_6}$ 输出端输出信号 0，其他输出端输出信号 1。为了验证此芯片单元，在平台中搭建电路并进行仿真测试。

图 6.18　74LS138 译码器的引脚排列

6.2.2　首次运行

首次运行数字电路虚拟实验平台，主界面如图 6.19 所示。系统界面主要分为 6 个部分，分别是菜单栏、工具栏、管理窗、画布、属性区和观测区。

菜单栏位于整个界面的顶端，除了添加芯片之外的其他操作，如系统控制、平台设计、布局、布线等，都可以由菜单栏来完成。

图6.19　平台主界面

工具栏中主要包含菜单中常用的一些快捷操作，如图 6.20 所示。"工具选择"用于选择管理窗三大板块，"编辑工具"可以对画布的器件进行选择、删除及移动，"网格图"可以在画图区域中显示网格，"仿真"用于开始仿真和结束仿真，"原理图"可以针对某个器件添加原理图信息，"可编程 ROM"可以对芯片进行刻录和擦除，"GAL 芯片"可以根据用户需要定义或删除一个芯片，"查找"可以根据器件名称快速定位，"背景"及"导线"可以根据用户个人喜好进行颜色选择。

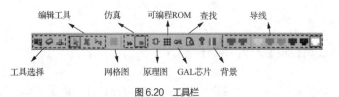

图6.20　工具栏

管理窗提供平台所有的基本组件，分为"平台器件""芯片单元""导线连接"三大板块。画布是主要的操作区域，用户可以将需要的组件拖曳到画布完成电路的布局和布线。属性区用于显示当前选择器件的详细原理、图文信息及进行仿真演示的信息。观测区用于查看仿真演示时器件引脚的输出信号情况。

平台提供了一些比较常用且方便的快捷键，记住这些快捷键会极大地提升绘制电路和调试电路的工作效率，常用快捷键如表 6.2 所示。

表 6.2　　　　　　　　　　　数字电路虚拟实验平台常用快捷键

序号	快捷键	功能描述
1	Ctrl+N	新建一个实验文件
2	Ctrl+O	打开一个实验文件
3	Ctrl+S	保存当前实验文件到本地
4	Ctrl+B	开始仿真
5	Ctrl+E	结束仿真
6	Ctrl+G	在画布显示网格或关闭网格显示
7	Ctrl+M	移动器件

6.2.3　搭建平台和器件

平台通过"系统控制"菜单中"平台设计""装配芯片""布线"3 种状态的选择，确定当前进行的操作，3 种状态互锁。"平台设计"状态对应底层平台的设计，用户可以对平台的器件进行操作，如数字译码器、芯片插槽、单脉冲按钮等；"装配芯片"状态可以实现芯片的装配操作，用户能够从工作区的"芯片单元"分支中选择所需要的芯片，并通过双击该芯片将其安插到平台中对应的插槽上；"布线"状态则可以实现电路的布线操作，用户可以根据"导线"菜单或者导线颜色选择工具条所提供的导线，选择不同颜色的导线，实现平台上各器件之间的连接。下面对"平台设计"和"装配芯片"进行介绍。

1. 平台设计

平台设计工作主要包括引脚接插单元、电源和输入输出信号引脚的布置。

（1）布置引脚接插单元。由于 74LS138 芯片有 16 个引脚，所以需要布置一个包含 16 个引脚的接插单元。在左侧的"平台器件"中找到该单元，或者直接从菜单栏的"平台设计"中选择，然后双击拖曳到画布。

（2）放置电源引脚。芯片工作前必须接电源引脚，否则无法正确仿真。电源引脚包括一个电源和一个接地接线柱，从左侧管理窗中找到相应的器件并拖曳至合适的位置。通常电源引脚分别靠近芯片的电源和接地引脚以缩短导线的长度。

（3）放置输入输出信号引脚。输入信号包括用于手动输入电平的手动开关，用于手动输入脉冲的按压式单脉冲开关，以及用于自动信号输入的方波信号。这里主要使用手动开关实现电平信号的输入，它包括一个开关和一个接线柱，从 K00 开始按顺序编号。手动开关向上，表示接线柱接高电平；手动开关向下，表示接线柱接低电平。

输出信号主要包括观察电平的 LED 灯和观察波形的示波器。LED 灯包含一个指示灯和一个连接柱，从 L00 开始按顺序编号。信号为高电平时灯亮，表示逻辑值 1；信号为低电平时灯灭，表示逻辑值 0。

2. 装配芯片

同样，在左侧的"芯片单元"中找到 74LS138 译码器，双击拖曳到画布。请注意，芯片应该放置在芯片插接单元的中间区域。此外，如果所插芯片所需引脚数量与接插单元引脚数量不统一，无法正确插入。当器件处于可以布置的位置时呈现绿色蒙版，处于不可以布置的位置时呈现红色蒙版。在可以布置的情况下，单击鼠标左键，则该芯片被布置到平台上。在布置的过程中，单击鼠标右键，则取消布置，系统将器件立即删除。

完成平台和器件的部署后，布局如图 6.21 所示。

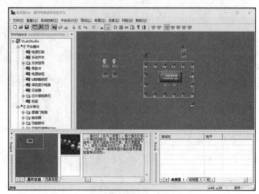

图 6.21　完成平台和器件部署后的布局

在布置过程中，可以使用工具栏的"编辑工具"来选中它，并将它移动到理想的位置，也可以使用"编辑工具"中的"删除"功能直接将它删除。在放置每个电路器件的时候，如果需要继续放置相同的器件，不需要重新定位，则直接拖曳即可，可以继续用鼠标左键添加，或者用鼠标右键退出编辑状态。

6.2.4　添加线路

当用户在画布搭建完实验器件后，就可以进行连线。单击工具栏中的"布线"图标进入布线状态，此时无法进行"平台器件"和"芯片单元"的编辑。用户可以从工具栏中选择喜欢的导线颜色，可以单击接线柱并拖曳到目的地，或者可以快速单击目的地接线柱直接由平台自动连接。

根据原理图进行连线，输入端 C、$\overline{G_{2A}}$ 和 $\overline{G_{2B}}$（3、5、4 号引脚）连接手动开关 K00；输入端 A、B 和 G_1（1、2、6 号引脚）连接手动开关 K01；输出端 $\overline{Y_3}$（12 号引脚）接 LED 灯的 L00 接线柱，如图 6.22 所示。连接导线时不需要完全对准接线柱，只要将鼠标指针放在接线柱附近就可以实现连接。

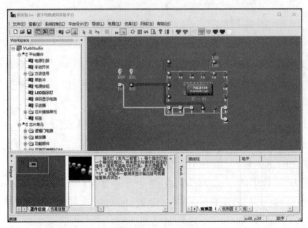

图 6.22　电路完整连接

注意，在布线状态下，可以通过管理窗选中 74LS138 芯片，此时属性区可以查看到芯片的详细信息，单击芯片的引脚可以出现芯片的引脚放大图。

6.2.5　添加标签

电路正常运行时并不要求添加标签，但添加标签可以增强电路的可读性。在管理窗的"平台器件"中可以选择标签或者直接在菜单栏中添加标签。用户可以设置标签内容及字体大小，双击标签可以进行更改，如图 6.23 所示。

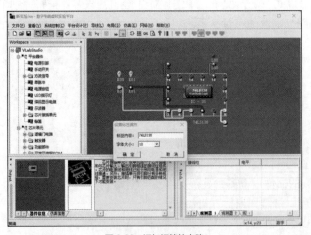

图 6.23　添加标签的电路

6.2.6　仿真测试

电路连线完成后，可以进行电路仿真以测试电路功能。开始仿真后，可以看到此时 L00 灯处于点亮的状态，这是因为开关 K00 和开关 K01 都处于低电平输入状态，使得 74LS138 芯片

的 G_1 输入低电平，74LS138 处于无效译码状态，所有输出均为高电平。

将鼠标指针放置到 K01 手动开关处，鼠标指针会变成手形，单击可以改变手动开关 K01 的状态为高电平，此时 74LS138 芯片的 G_1 输入高电平，$\overline{G_{2A}}$ 和 $\overline{G_{2B}}$ 输入低电平，译码器正常译码；输入信号 $CBA=011$，只有 $\overline{Y_3}$ 输出低电平，其他输出高电平。观察 L00 灯的状态，如果灯灭，且仿真信息没有错误输出，说明电路测试正确，如图 6.24 所示。

为了进一步查看各接线柱的电平情况。可以在仿真测试过程中单击各器件用鼠标右键添加到下方的观测表（只有开启仿真才能添加，否则该功能置灰）。一共有 3 个观测器，可以根据用户个人使用情况添加。这里统一添加到观测器 1，当 K00 和 K01 分别是低电平和高电平时可以看到相应接线柱的电平信息，如图 6.25 所示。仿真完成后可以通过"文件"菜单对设计好的电路进行保存。

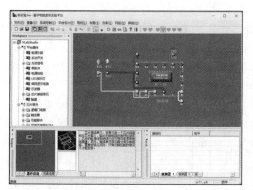

图 6.24 电路仿真测试

图 6.25 电路观测表

6.2.7 常见问题

1. 元器件无法放置

在进行电路布局时，如果出现鼠标指针位置的虚拟元器件以红色蒙版显示，则表示该元器件不能放置在当前的位置，此时应当移动鼠标指针；当虚拟元器件以绿色蒙版显示时，表示当前位置可以放置该元器件，可以单击布置该元器件。

2. 如何删除多余的元器件

在删除元器件时，首先应该进入对应的状态，例如，删除芯片接插单元或者手动开关时，应进入"平台设计"状态，而删除芯片时则应进入"装配芯片"状态，然后通过鼠标指针选择相应的元器件，再按 Delete 键，就可以实现删除操作。也可以利用菜单栏的"拆卸所有芯片"或者"清空当前平台"实现删除操作。

3. 如何删除导线

删除导线时，首先应该进入"布线"状态，然后通过鼠标指针选择需要删除导线的接线柱，此时接线柱上连接的导线会出现选中框，使用 Delete 键就可以实现导线删除操作。也可以利用菜单栏的"拆卸所有线路"或者"清空当前平台"实现删除操作。

6.3 头歌实践教学平台

头歌实践教学平台是中国高校计算机教育 MOOC（慕课）联盟实践教学工委、全国人工智能职业教育集团实践教学工作委员会官方合作平台，它作为一个在线实践教学服务平台，为高校和企业的实践与创新能力提升赋能。其集成了云端编程环境、远程桌面、远程命令行、虚拟仿真、交互式笔记等功能，支持多种编程语言和场景。用户可以通过在线编程、在线评测、在线测试、在线部署等方式进行实践教学和学习，还可以参与社区互动和讨论。

本书中的综合性实验可基于头歌实践教学平台实现在线实践教学，通过将综合性实验逐步分解为多个子电路实验，让读者通过闯关模式完成整个实验过程，获得极强的成就感。同时，自动评测功能为读者的自主学习提供了支持，读者在闯关过程中可以随时进行评测，判断电路功能是否满足测试用例，为读者提供及时的实验指导，减少了指导教师的重复性工作，同时指导教师可通过云平台了解读者的进展。

6.3.1　使用步骤

读者可以通过以下步骤来使用头歌实践教学平台。

（1）打开头歌实践教学平台，使用邮箱、手机号或第三方账号（如微信、QQ 等）来注册并登录。

（2）加入本书对应的实践课程，读者可以通过搜索或者通过课程邀请码或链接来加入本书对应的课程。

（3）学习和练习本书对应的实践课程，读者可以在任务页面查看实践课程的介绍、项目、评测等内容，根据课程的要求和进度来学习和练习对应的实践任务。

（4）实验采用 Logisim 软件离线设计电路、上线测评电路的方式，因此读者在加入实践课程后，首先需要在实践任务栏中找到 Logisim 软件和实验电路框架包的下载地址，并将其下载至本地。

（5）在本地使用 Logisim 软件设计及调试电路，确认得到正确的电路后，将文件提交给头歌实践教学平台进行在线测评。Logisim 软件所保存的.circ 文件实际上是 XML 文本文件，因此可以使用文本编辑器（如 Windows 自带的记事本）打开.circ 文件，将其中的内容全选复制后，粘贴到头歌实践教学平台中的代码区即可进行测评。读者可先单击"自测"按钮查看是否可以得到正常输出，确认无误以后，再单击"评测"按钮提交代码，得到测评的结果。

（6）参与和交流实践课程，读者可以在课程的评论区提出问题、建议或想法，与其他学习者或教师进行交流和讨论，也可以在课程的评价区中给出对课程的评价和反馈，帮助课程改进和优化。

6.3.2　借助 Excel 设计状态转换组合逻辑电路

在实践课程中，对于很多时序电路，读者需要自行设计状态转换图，生成激励函数和输出函数。在某些实验中，输入较多，生成激励函数较为复杂，实践课程将提供 Excel 工具辅助读者生成基于 D 触发器的激励函数电路。该工具需要读者填写状态转换表，在表中输入现态，在各种输入信号作用下，转移到相应次态，完成状态转移表的填写后，可自动得到激励函数的逻辑表达式。

以交通灯控制器激励函数设计为例，读者可以在下载的实验电路框架包中找到对应的 Excel 工具"交通灯控制系统状态图激励函数自动生成.xlsx"，打开该文件后，单击状态转移表，如图 6.26（a）所示，表头中包含现态的 3 个输入 y_2、y_1、y_0，8 个输入信号 $H \sim T_1$，以及次态的 3 个输出 N_2、N_1、N_0，分别对应图 6.26（b）中 Logisim 软件对应子电路的输入输出引脚。读者需要根据具体的实践课程任务要求，填写状态转换表后，切换至触发器输入函数自动生成表，如图 6.27（a）所示，在逻辑表达式行会自动生成 N_2、N_1、N_0 对应的逻辑表达式。打开 Logisim 软件中的"分析组合逻辑电路"功能，将表达式复制到对应输出的表达式栏中，如图 6.27（b）所示，单击"生成电路"按钮，即可生成状态转换表对应的状态转换组合逻辑电路。

输入（填1或0，不填为无关项x）											输出（只能为1的情况）		
y_2	y_1	y_0	H	MR	SR	Online	T_4	T_3	T_2	T_1	N_2	N_1	N_0
0	0	1				0					1	0	1
0	0	1				0					0	0	0
0	1	0				0					1	0	0

（a）状态转换表　　　　　　　（b）只包含输入输出引脚的 Logisim 软件子电路

图 6.26　Excel 中的状态转换表及对应待设计的 Logisim 软件子电路

（a）

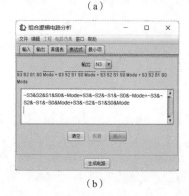

（b）

图 6.27　使用 Excel 自动生成的逻辑表达式生成 Logisim 软件电路

6.3.3　常见问题

如果读者将代码上传至头歌实践教学平台后运行得不到正确的输出，可能是由以下因素导致的。

1. 删除了提供的模板.circ 文件中的子电路或修改了其名称

使用头歌实践教学平台进行测试时，头歌实践教学平台后端会自行调用模板文件中的测试电路对实验结果进行验证，假如读者删除了该测试电路或者修改了该测试电路的名称，则会导致头歌实践教学平台找不到对应的测试电路，因而无法给出正确的测试结果。因此，读者不应随意删改模板中已经存在的子电路，如果因误操作导致该情况的发生，需重新下载模板.circ 文件。

2. 子电路的封装外观发生变化

测试电路中的线路是预先连接好的，因此测试电路中所用到的子电路引脚位置发生变化将导致测试电路出错。使用"分析组合逻辑电路"功能自动生成电路将有可能导致子电路外观发生变化。另外，将某个子电路复制到另一个空白的子电路中并不会复制该子电路的封装外观，使用复制后的子电路也会因外观发生变化而导致类似的错误。因此，读者在修改子电路后，应检查子电路外观是否发生改变，如果发现引脚位置或者锚点位置发生改变，需对引脚位置或锚点进行修改，与模板文件保持一致。

3. 系列实验的前置实验未保存

本书的同一实验的不同子电路之间存在前后顺序关系和互相关联关系，某些子电路可能用到前置实验中设计好的子电路。但在模板.circ 文件中，所有实验对应的子电路均未设计完成，直接调用模板中的子电路可能会存在问题。因此，读者在每完成一次实验后，都需要保存对应的.circ 文件。在进行下次实验时，读者需要先读取上一次实验所保存的.circ 文件，并基于此文件进行修改以完成下次实验的任务。